야하! 교과서
식물 도감

글·사진 **김 완 규** (야생화사진가)

지식서관

여름날 동네 어귀 둑길에 달맞이꽃이 활짝 피어 있었습니다. 마침 둑에서 놀던 아이들에게 이 꽃의 이름을 아느냐고 물었습니다. 머뭇거리던 한 아이가 작은 목소리로 계란꽃이라고 대답했습니다. 노란색 꽃잎이 계란의 노른자와 같은 색이라서 그렇게 부른답니다.

저도 농촌 출신이지만 어릴 적엔 담장 밑이나 논둑에 지천으로 널려 있던 풀 중에서 이름을 제대로 아는 것은 별로 없었습니다. 고작해야 국을 끓여 먹던 쑥이나 냉이 정도였습니다. 아무도 풀이름을 가르쳐 주지 않았습니다. 그래서 아이들끼리 제멋대로 이름을 붙였습니다. 옛날 하사관 계급장처럼 잎이 갈라지던 자귀풀은 하사풀, 길가에 자라서 등하교 길에 밟고 다니던 질경이는 뱁쟁이, 잎을 따 먹으면 매운 맛이 나던 씀바귀는 매운개, 꽃망울을 눌러 터뜨리면 자주색 물이 나오던 자주달개비는 잉크꽃으로 불렀습니다. 그래도 뱁쟁이 꽃대를 서로 걸어 줄다리기를 하고 까맣게 익은 까마중 열매를 따 먹던 기억은 오래도록 가슴에 남아 있습니다.

　꽃사진을 찍으며 조금씩 식물을 공부하고 자료를 모았습니다. 렌즈를 통해서 보는 식물의 모습, 특히 꽃은 더욱 아름답습니다. 그리고 모르고 있던 풀과 나무의 이름을 알게 되면서 사람의 이름처럼 식물의 이름에도 나름대로 깊은 뜻과 사연이 배어 있음을 알았습니다. 봄이면 산기슭을 하얗게 물들이는 조팝나무에는 배고픈 백성들의 아픔이 들어 있었고, 오랑캐꽃으로 불리는 제비꽃에는 외세의 잦은 침략을 받았던 민족의 애환이 담겨 있었습니다.

　조금씩 알게 된 풀과 나무의 이름과 식물이야기를 아이들에게 알려주고 싶습니다. 그래서 제비꽃이 피면 남쪽 지방에서 제비들이 날아올 것을 짐작해 보게 하고, 묵은 밭이 쑥대밭으로 변하기 전에 서둘러 갈아엎는 농부의 마음을 배우게 하고 싶습니다.

　기회를 만들어 주신 안승일 선생님과 문순열님, 박찬수님, 이홍식님, 김경호님, 김석규님, 한영일님께 감사드립니다.

2004년 7월 1일

김 완 규 (야생화사진가)

차 례 CONTENTS

9~108

꽃밭 ·
집주변의
식물

109~340

산과 들의
식물 · 버섯

341~390

곡식 ·
채소 · 과일

391~414

415~440

441~493

부록
- 해설/442
- 꽃과 잎의 구조/470
- 식물 용어 사전/474
- 찾아보기/482

벌레잡이
식물

물가의
식물

CONTENTS

강아지풀	320
개구리밥	406
개망초	279
갯까치수영	232
갯메꽃	243
겨우살이	129
계요등	241
고추3	74
곰취	298
괭이눈	177
괭이밥	203
구기자나무	70
구절초	281
국수나무	180
금낭화	162
까마중	71
까치수영	233
꽃마리	245
꽃무릇	98
꽃잔디	59
꽃창포	318
꽈리	72
꿩의다리	41
꿩의바람꽃	148
끈끈이주걱	418
나리	304
나팔꽃	66
냉이	170
노루귀	142
노루발풀	229
노루오줌	178
누리장나무	247
느티나무	117
다래나무	160
단풍나무	207
달래	303
달맞이꽃	224
닭의장풀	259
담배	372
담쟁이덩굴	37
당근	368
도깨비바늘	283
돌단풍	178
동백나무	46
동의나물	145
둥굴레	307
땅콩	353
떡갈나무	119
마가목	181

마타리	271
매발톱꽃	145
맨드라미	16
며느리밑씻개	124
며느리밥풀꽃	263
며느리배꼽	123
명아주	137
목련	22
무궁화	48
물달개비	402
물레나물	173
물매화풀	179
미모사	195
미치광이풀	258
바위솔	176
박주가리	240
박쥐나무	215
반하	325
배롱나무	53
백일홍	81
백합	87
뱀딸기	182
버즘나무	23
범부채	319
벼	386
벽오동	44
병꽃나무	268
복수초	151
봉숭아	43
부들	407
부레옥잠	341
부처꽃	215
분꽃	28
분홍바늘꽃	225
불두화	267
붓꽃	322
비비추	86
뻐꾹채	285
뽕나무	13
사위질빵	151
사철나무	42
산딸나무	221
삼백초	157
삼지구엽초	156
상사화	94
상수리나무	118
생강나무	138
서향나무	212
선개불알풀	261

솜다리	289
쇠뜨기	110
수국	30
수련	395
수박	363
수박풀	211
수선화	96
수세미오이	56
술패랭이꽃	132
싸리나무	198
쏜풀	238
씀바귀	293
앉은부채	325
애기똥풀	163
애기나리	312
양귀비	165
양지꽃	184
억새	321
얼레지	311
여뀌	126
여주	56
오갈피나무	222
오이풀	186
옥잠화	88
용담	238
우산이끼	408
원추리	314
원추천인국	83
은방울꽃	313
은행나무	10
이질풀	205
익모초	256
인동덩굴	269
인삼	367
자귀풀	201
자주꽃방망이	274
자주달개비	92
작약	26
잔대	276
잣나무	115
장구채	135
장미	34
점현호색	166
접시꽃	52
제비꽃	217
제비동자꽃	132
족도리풀	158
조팝나무	188
종덩굴	152

주름잎	266	처녀치마	316	풍접초	19
주목	116	천남성	326	피뿌리풀	214
쥐똥나무	237	철쭉나무	59	할미꽃	155
쥐방울덩굴	159	층층나무	221	함박꽃나무1	28
지느러미엉겅퀴	296	칠엽수	37	해바라기	85
진달래	232	토란	379	향나무	13
질경이	266	톱풀	301	회양목	42
짚신나물	187	투구꽃	153		
찔레나무	190	튤립나무	129		

재미있는 꽃이야기

식물에 얽힌 전설과 꽃이야기

갈대	405	무궁화	48	익모초	56
감나무	370	물망초	64	인동덩굴	269
강아지풀	320	미치광이풀	258	인삼	367
개나리	62	민들레	288	자귀나무	197
개미취	299	백일홍	81	자두나무	352
고구마	371	백합	87	작약	26
골담초	38	복숭아나무	350	장미	36
과꽃	76	봉숭아	43	제비꽃	220
구기자나무	70	부들	407	진달래	232
국화	79	분꽃	28	질경이	267
꽃무릇	98	붓꽃	323	짚신나물	187
꽃창포	316	사라세니아	432	찔레나무	190
꽈리	72	사프란	100	채송화	15
꿩의바람꽃	149	산마늘	310	철쭉나무	59
나리	306	산수유나무	54	초롱꽃	275
나팔꽃	66	삼지구엽초	156	취	202
네펜데스	426	상사화	95	카네이션	19
느티나무	117	서향나무	212	톱풀	301
달맞이꽃	224	석류나무	366	튤립	91
담배	372	소나무	114	패랭이꽃	133
도라지	376	쇠비름	121	팬지	45
동백나무	46	수련	395	풍란	328
동자꽃1	31	수선화	97	피뿌리풀	214
마늘	380	싸리나무	199	한삼덩굴	120
만병초	230	쑥	291	할미꽃	155
맨드라미	210	쑥부쟁이	292	해당화	192
맹종죽	103	양귀비	165	해바라기	85
머루	17	엉겅퀴	294	호박	364
모란	24	용담	239	홍초	108
목련	22	원추리	315	히아신스	93
목화	359	은방울꽃	313		

일러두기

1. 이 책에는 꽃밭·집 주변의 식물·산과 들의 식물·곡식·채소·과일·물가의 식물·버섯·벌레잡이 식물 등 1,000여 종을 1,200여 컷의 사진으로 수록하였습니다.

2. 수록 식물의 표제는 다수의 식물 도서가 채택한 것으로 정하였으며, 일부 지방의 속명과 별명도 수록하였습니다.

3. 식물의 해설은 성상·분포지·잎과 꽃과 열매의 특징 순으로 기술하였으며, 식용·약용 등의 용도는 간략하게 소개하였습니다.

4. 식물의 해설은 본문에 사진과 함께 수록하는 것을 원칙으로 하되, 같은 부류의 식물은 대표적인 것은 본문에 수록하고, 그 외의 것은 부록에 수록하였으며, 식물의 학명은 <찾아보기>에 함께 수록하였습니다.

5. 특히, 식물에 대해 친근감을 가질 수 있게 하기 위해 식물 이름의 유래와 식물에 얽힌 전설 등을 모은 <아하>와 <재미있는 꽃이야기>를 다수 수록하고, 보다 깊은 이해를 돕기 위해 식물의 과에 대한 자세한 설명을 <CLOSE UP>에 수록하였습니다.

6. 부록으로, 본문에 사진만 수록된 식물에 대한 <해설>, 식물에 대한 기본적인 상식을 위한 <꽃과 잎의 구조>, 해설에 씌어진 식물 용어의 이해를 돕기 위한 <식물 용어 사전>, <찾아보기>를 수록하였습니다.

아하! 교과서 식물도감

꽃밭·집 주변의 식물

씨(은행)

열매

은행나무
〔은행나무과〕

갈잎큰키나무. 높이 5~10m이나 40m 정도까지 자라는 것도 있다. 잎은 어긋나고 부채꼴이며 잎맥은 2개씩 갈라진다. 꽃은 암수딴그루이며 4월에 피고 잎과 함께 짧은 가지에 달린다. 열매는 핵과이고 10월에 노란색으로 익으며, 공 모양이고 노란색으로 익으며 씨는 달걀 모양이다. 열매의 겉껍질에서는 역한 냄새가 난다. 씨를 식용하고 잎과 씨를 약재로 쓴다.

아하!
은처럼 하얀 살구
씨가 은처럼 흰색이고 노랑색 열매의 겉모양이 살구와 비슷하기 때문에 '은행(銀杏)나무' 라고 한다. 공룡시대부터 강한 생명력으로 살아남아 '화석나무' 라고도 불린다.

용문사의 은행나무

경기도 양평군 용문면 신점리 산 99-1 용문사에 있다. 수령 약 1,100년의 노거수로서 천연기념물 제30호로 지정되어 보호되고 있다. 우리 나라에서 가장 큰 나무이자 나이가 가장 많은 나무로 유명하다.

이 나무는 신라 마지막 임금인 경순왕의 아들인 마의태자가 나라를 잃은 슬픔을 안고 금강산으로 가는 길에 심었다고도 하고, 신라의 고승 의상대사가 짚고 다니던 지팡이를 꽂은 것이 자라 이 은행나무가 되었다고도 전한다.

이 나무가 서 있는 용문사의 유래도 두 가지여서 신라 신덕왕 2년 대경대사가 창건했다고도 하고, 또 경순왕이 친히 행차하여 이 절을 세웠다고도 한다.

이 때를 기준으로 이 은행나무의 나이를 1,100년 이상으로 추정하고 있다.

이 은행나무는 여러 가지 신비스런 일을 행하여 신목(神木)으로 추앙받고 있다.

옛날 어떤 사람이 이 나무를 자르려고 도끼로 내려치자 그 자리에서 피가 쏟아져 나오고 맑던 하늘에서는 갑자기 천둥 번개가 쳤다고 한다. 특히 정미 의병 때 일본 군대가 쳐들어와 절을 불태워 용문사의 사천왕전이 불타 없어지고 이 은행나무만이 살아남자, 그 때부터 용문사에서는 이 나무를 천왕목(天王木)으로 삼고 있다고 한다.

또, 이 나무는 나라에 큰 일이 있을 때마다 소리내어 울어서 미리 알렸다고 한다.

소철
[소철과]

늘푸른떨기나무. 주로 관상수로 재배하며 높이 1~4m 자란다. 원줄기는 잎자루로 덮이고 가지가 없다. 잎은 사방으로 돌려나고 깃꼴겹잎이며 작은잎은 선형이다. 꽃은 암수딴그루고 황갈색이며 8월에 핀다. 수꽃은 많은 열매 조각으로 된 원기둥 모양이고 곧게 서며, 암꽃은 원줄기 끝에 둥글게 모여 달린다. 씨는 편평하며 식용한다.

측백나무

[측백나무과]

늘푸른큰키나무. 인가 부근에 심으며 높이 10m 정도 자란다. 잎은 비늘같이 생기고 마주나거나 3개씩 두루 달리고, 어릴 때는 바늘잎이지만 성장 후에는 비늘같이 부드럽게 되는 것도 있다. 꽃은 암수한그루고 짧은 가지 끝이나 잎겨드랑이에 달린다. 열매는 구과이고 목질이며 씨에 날개가 있다. 잎과 가지와 씨를 약재로 쓴다.

잎이 옆으로 자라는 식물

잎이 옆을 향해 나는 귀한 식물이라는 뜻으로 '측백(側柏)나무'라고 불렀다. 예로부터 왕릉에는 소나무를 많이 심고 왕족의 묘지 주위에는 측백나무를 심었다.

재미있는 꽃이야기

불로장생의 선수(仙樹)

옛날 중국의 진나라 때 모녀라는 궁녀가 있었는데 도둑떼가 쳐들어오자 그녀는 산 속으로 도망쳤다.

"간신히 도둑을 피해 목숨은 부지하게 되었지만 먹을 것이 없구나."

모녀가 산 속에서 먹을 것을 찾아 헤매고 있을 때 한 선인이 나타났다.

"측백나무 잎을 먹어 보아라."

모녀에게 그 말을 하고는 선인은 사라졌다.

"측백나무 잎이라고? 어디 찾아보자. 아, 저기 있구나!"

모녀가 측백나무 잎을 먹었더니 과연 시장기를 느끼지 않게 되었다.

"정말 신기하구나. 이럴 수가! 마치 밥을 먹은 것처럼 든든하구나."

모녀가 산 속에서 살면서 그 잎을 계속 먹었더니 겨울에는 춥지 않고 여름에도 더위를 모르게 되었다.

모녀는 궁으로 돌아가는 것을 잊고 그 산 속에서 혼자 부족함 없이 살아갔다.

그 후 한나라 때 어떤 사냥꾼이 종남산에서 옷도 입지 않고 온몸에는 검은 털이 난 이상한 사람이 훨훨 나는 듯 뛰어다니는 것을 잡고 보니 그 사람이 모녀였다.

그때는 이미 진나라 때로부터 200여 년이 지난 후였기 때문에, 이 전설은 측백나무가 '불로장생의 선수'임을 암시적으로 말해 주고 있다.

향나무

〔측백나무과〕 노송나무

늘푸른큰키나무. 높이 20m 정도 자란다. 잎은 마주나거나 돌려나고 빽빽하게 달린다. 꽃은 암수한그루고 4월에 피며, 수꽃은 노랑색이고 가지 끝에서 긴 타원형을 이루며, 암꽃은 교대로 마주달린 비늘조각 안에 있다. 열매는 구과이고 다음해 9~10월에 흑자색으로 익는다.

아하! 향내가 나는 나무

이 식물은 목재에서 나오는 그 청정한 향 때문에 '향(香) 나무'라 불리며, 제사 때 등의 분향 재료로 많이 쓰인다.

뽕나무

〔뽕나무과〕 오디나무

갈잎큰키나무. 주로 누에를 치기 위해 심으며 높이 5m 정도 자란다. 잎은 달걀 모양이고 3~5갈래로 갈라지며, 가장자리에 둔한 톱니가 있고 끝이 뾰족하다. 꽃은 암수딴그루고 6월에 피며, 열매는 둥글고 6월에 검은색으로 익는다. 열매를 오디라고 한다. 열매를 식용하고 잎을 누에의 사료로 쓴다.

아하! 방귀를 잘 뀌게 하는 나무

열매에 어떤 성분이 있어 많이 먹으면 방귀가 자주 나오게 되므로 '뽕나무'라는 이름이 붙었다. 또, 열매를 오디라 하기 때문에 '오디나무'라고도 부른다.

버드나무
〔버드나무과〕

갈잎큰키나무. 들이나 냇가에서 높이 20m 정도 자란다. 잎은 어긋나고 긴 타원형이며, 끝이 뾰족하고 가장자리에 안으로 굽은 톱니가 있다. 꽃은 암수딴그루고 흑자색이며 4월에 잎이 나기 전에 핀다. 열매는 삭과이고 5월에 익으며 흰 털이 달린 씨가 들어 있다. 가로수와 풍치목으로 심는다.

미류나무
〔버드나무과〕

갈잎떨기나무. 북아메리카 원산이고 가로수로 많이 심으며 높이 30m 정도 자란다. 나무껍질이 터져서 검은빛이 도는 짙은 갈색이 된다. 잎은 세모진 달걀 모양이고 가장자리에 톱니가 있으며, 밑부분에 2~3개의 꿀샘이 있다. 꽃은 3~4월에 핀다. 열매는 삭과이고 5월에 익으며 씨에 털이 많다.

채송화
〔쇠비름과〕

한해살이풀. 남아메리카 원산이며 키 20cm 정도 자라고 줄기는 붉은색이다. 잎은 어긋나고 다육질의 원기둥 모양이며 잎겨드랑이에 흰털이 난다. 꽃은 7~10월에 자주색·홍색·황색·흰색 등 여러 가지로 피고, 가지 끝에 1~2송이씩 달린다. 꽃잎은 5장이고 꽃줄기는 없다. 열매는 삭과이고 막질이며, 9~10월에 익고 씨가 많다.

재미있는 꽃 이야기

꽃이 된 보석

보석을 유난히 좋아하는 여왕이 있었다. 나라의 모든 세금을 보석으로 바치라는 명령에 백성들의 한숨과 원망 소리는 날로 높아만 갔다.

어느 날, 여왕의 소문을 들은 한 노인이 동쪽 나라에서 찾아왔다. 그 노인은 큰 상자 열두 개 속에 보석을 가득 채워서 코끼리 등에 싣고 와서 여왕을 만났다.

"어떻게 해야 그 보석들을 내게 주시겠소?"

"네, 여왕마마. 이 상자 속에 든 보석 한 개와 사람 한 명씩을 바꾸어 주십시오."

여왕의 기쁨은 이루 말할 수 없었다. 상자 안의 보석은 여왕의 백성들을 다 바꿀 정도로 많았다. 마지막으로 보석이 한 개 남자, 노인은 웃으면서 말했다.

"여왕님께서는 제 보석과 바꿀 사람도 없으니, 이 보석은 제가 가져가겠습니다."

여왕은 어떻게 해서든 마지막 한 거마저 갖고 싶어 좋은 생각이 없느냐고 물었다.

"그럼 이 한 개의 보석과 여왕님과 바꾸면 어떻겠습니까? 나는 사람이 필요하니까 좋고, 여왕님은 보석을 좋아하니까 서로 손해를 보지 않겠지요?"

노인의 말에 여왕은 얼른 승낙해 버렸다. 여왕이 한 개 남은 보석을 받아들자마자 그 보석은 폭발했고, 놀란 여왕은 그 자리에서 숨을 거두고 말았다. 커다란 보석이 폭발하면서 흘러나온 작은 보석들이 제각기 제 빛깔대로 꽃을 피우기 시작했다.

이렇게 보석처럼 피어난 꽃을 사람들은 '채송화'라고 불렀다.

맨드라미

〔비름과〕

　한해살이풀. 열대 아시아 원산이며 높이 90cm 정도 자라고 줄기에는 붉은빛이 돈다. 잎은 어긋나고 달걀 모양이며 잎자루가 길다. 꽃은 7~8월에 노랑색·홍색·흰색 등으로 피고, 편평한 꽃줄기 끝에 작은 꽃이 빽빽하게 달린다. 열매는 달걀 모양이고 꽃받침에 싸여 있으며 익으면 갈라져 뚜껑처럼 열린다.

사람이 만들어 놓은 꽃

　꽃의 모양이 사람이 일부러 만들어 놓은 것 같다고 하여 '맨드라미'라는 이름이 붙었다. 또 닭의 벼슬과 같다 하여 '계관화(鷄冠花)'라고도 부른다.

재미있는 꽃이야기

지네를 물리친 수탉

옛날 중국에 쌍희(雙喜)라는 사람이 있었는데, 하루는 산에 나무를 하러 갔다가 늦은 귀가길에 산길에서 울고 있는 여인을 만나게 되었다. 여인이 길을 잃었다고 하자 쌍희는 자기 집으로 데려가 하룻밤을 묵게 하였다.

다음날 아침. 여인이 일찍 일어나 밖으로 나가자, 집안에서 기르던 큰 붉은 수탉이 갑자기 미친 듯이 달려들어 쪼아대며 공격하였다. 여인은 닭의 갑작스런 공격에 놀라 기절하였고 쌍희가 얼른 달려와 여인을 구해 주었다.

며칠 뒤 지극한 간병으로 기운을 차린 여인이 집으로 돌아간다고 하여 쌍희는 여인을 고갯마루까지 바래다 주었다. 고개에 다다르자 갑자기 여인은 무서운 귀녀로 변하여 쌍희에게 덤벼들었다. 여인의 정체는 사람을 해치던 큰 지네로, 처녀로 변하여 쌍희를 노렸지만 수탉의 방해로 뜻을 이루지 못하다가 가까스로 쌍희를 쓰러뜨린 후 피를 빨아먹으려고 하는데 수탉이 나타나서 지네와 싸움이 벌어졌다. 격렬한 싸움 끝에 지네는 죽었고 지친 붉은 수탉도 숨을 거두었다.

한참 후 독기가 가셔 깨어난 쌍희는 옆에 죽어 있는 큰 지네와 붉은 수탉을 발견하고 그 사정을 깨닫게 되었다. 쌍희는 죽은 수탉을 산 위에 묻어 주었는데 그 무덤에서 꽃 한 송이가 피었다. 마치 닭의 벼슬(볏) 같아서 그 닭의 화신이라 하여 맨드라미를 '계관화' 라고 부르기도 한다.

안개꽃
〔석죽과〕

한해살이풀. 유럽 원산이며 키 30~45cm 자란다. 잎은 마주나고 위쪽 것은 피침형이며, 통통하고 끝이 뾰족하다. 꽃은 여름에서 가을에 걸쳐 작고 흰 꽃이 가지 끝에서 무리지어 달린다. 꽃잎은 5장이고 끝이 오목하다. 담홍색이나 선홍색의 품종도 있다.

카네이션

〔석죽과〕

　여러해살이풀. 유럽과 아시아 서부 원산이며 키 40~50cm 자라고 전체가 분처럼 흰색을 띤다. 잎은 마주나고 선형이며, 밑부분이 줄기를 감싸고 끝이 뾰족하다. 꽃은 7~8월에 여러 가지 색으로 피고 잎겨드랑이와 줄기 끝에 2~3송이씩 달린다. 열매는 삭과이고 달걀 모양이며 꽃받침에 싸여 있다.

카네이션과 어머니날

미국의 웨이브스터라는 작은 동네에 사는 자비스라는 부인은 마을 주일학교의 모든 학생들로부터 마치 어머니처럼 존경을 받았다.

"어머니, 시원한 샘물을 좀 떠 왔어요."

"오, 고맙구나. 잘 마실게."

마음 속에 고민이 있는 학생들도 자비스 부인을 찾아왔다. 부인은 늘 모든 이야기를 마치 어머니처럼 들어주었다.

"왜 울어? 무슨 일이 있니?"

"네, 아빠와 엄마가 이혼을 하신대요."

"그래? 나랑 공원을 산책하면서 이야기를 나누지 않겠니?"

그런 자비스 부인이 갑자기 병으로 세상을 떠나자, 학생들은 그 어머니를 추모하기 위해 교회로 모였는데, 그의 딸 안나는 자기 집 뜰에 핀 하얀 카네이션 꽃을 한아름 안고 와 돌아가신 어머니 영전에 바치게 되었다.

해마다 이런 행사가 계속되면서 결국 많은 사람들이 여기에 따랐고, 1908년에 시애틀에서 처음으로 이 날을 '어머니날'로 정하고 잔치를 베풀었다.

그 후 미국 의회에서는 5월 둘째 일요일을 어머니날로 정식으로 정하기에 이르렀다. 그래서 이 날에는 어머니가 살아 계신 사람은 붉은색 카네이션 꽃을, 어머니가 돌아가셔서 안 계시는 사람은 흰색 카네이션 꽃을 다는 풍습이 생겼다.

우리 나라에서도 5월 8일을 어머니날로 정해 왔으나 1973년부터 이 날을 '어버이날'로 정했다.

풍접초

〔풍접초과〕

한해살이풀. 열대아메리카 원산. 키 1m 정도 자라며 긴 털과 잔가시가 흩어져 난다. 잎은 어긋나고 손바닥 모양으로 갈라진 겹잎이다. 작은잎은 긴 피침형이며 가장자리가 밋밋하다. 꽃은 8~9월에 홍자색 또는 흰색으로 피며 원줄기 끝에 모여 달린다. 열매는 선형이고 익으면 저절로 벌어지며, 씨는 콩팥 모양이다.

나비를 닮은 꽃

바람에 산들산들 흔들리는 꽃의 모습이 날개를 퍼덕이며 날아드는 나비와 비슷하다고 하여 풍접초(風蝶草)라고 부른다.

공작선인장   옥용   석무

선인장
[선인장과]

흔히 재배하는 것은 북아메리카 원산이며 높이 2m 정도 자란다. 편평한 가지가 많으며 잎이 없는 다육질의 큰 줄기가 특징이다. 겉에 길이 1~3cm의 가시가 2~5개씩 돋는다. 꽃은 여름에 노랑색으로 피며 꽃받침조각과 꽃잎이 많다. 열매는 장과이고 서양배같이 생기고 많은 씨가 들어 있다.

비모란

크라인지아(위에서 본 모습)

크라인지아

목련
(목련과)

갈잎큰키나무. 숲 속에서 높이 10m 정도 자란다. 잎은 넓은 달걀 모양이고 끝이 급히 뾰족해진다. 꽃은 3~4월에 잎이 나기 전에 흰색으로 피고 가지 끝에 1송이씩 달린다. 열매는 골돌과이고 9~10월에 익으며, 씨는 타원형이고 붉은색이다. 꽃봉오리를 약재로 쓴다.

아하!

나무에 피는 연꽃

원래 나무에 핀 난초꽃 같다 하여 '목란(木蘭)'이라고 하였으나 불교에서 나무에 핀 연꽃 같다 하여 '목련(木蓮)'이라고 한 것이 널리 퍼졌다고 한다.

재미있는 꽃이야기

백목련과 자목련

옛날 하늘나라 왕에게 아름다운 공주가 있었다. 많은 귀공자들이 공주에게 청혼을 했는데 그녀는 모두 거절하였다.

"공주님, 온 세상의 보물을 다 바치겠다는데 왜 싫다고 하시나요?"

"저는 공주님께 제 나라를 다 바치겠습니다."

공주에게는 이미 사랑하는 사람이 있었다. 그는 늠름한 북쪽 바다지기 사나이였다.

"공주야, 인제 그만 신랑감을 정하거라. 나이가 있는데 언제까지 모두 거절할 테냐?"

'아버님의 독촉이 너무 심해서 안 되겠구나. 내가 그분을 찾아가 봐야겠다.'

어느 날 몰래 궁전을 빠져 나온 공주는 먼 길을 걸어 바다지기에게 갔다. 그런데 이미 그에게는 아내가 있었다.

'아, 인제 나는 어쩌면 좋지?'

공주는 못 이룬 사랑을 비관하여 바다에 몸을 던졌다. 이 사실을 뒤늦게 안 바다지기 사나이는 공주를 고이 묻어 주었고, 자기의 아내도 잠자는 약을 먹여 공주 옆에 묻었다.

그 후 이 사실을 안 하늘나라에서는 공주를 백목련으로, 바다지기의 아내는 자목련으로 만들었다. 그리하여 목련의 꽃봉오리는 늘 북쪽을 향해 구부러진다고 한다.

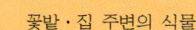

자목련

버즘나무

〔버즘나무과〕 플라타나스

　갈잎큰키나무. 아시아 서부 원산이며 높이 30m 정도 자란다. 나무 껍질이 큰 조각으로 떨어지고 회백색으로 얼룩진다. 잎은 어긋나고 넓은 달걀 모양이며 5~7개로 깊게 갈라진다. 꽃은 암수한그루이고 수꽃은 검붉은색이며 잎겨드랑이에 달리고, 암꽃은 연두석이고 가지 끝에 달린다. 열매는 구과이고 공 모양이며, 긴 자루가 있고 9~10월에 익는다.

아하!

껍질에 버즘이 퍼진 나무

　하얗게 벗겨진 나무껍질이 가치 사람의 피부에 난 버즘 같아서 '버즘나무' 라고 한다. 북한에서는 방울처럼 귀여운 열매가 달린다고 하여 '방울나무' 라고 부른다.

모란

〔미나리아재비과〕
목단

갈잎떨기나무. 중국 원산이며 높이 2m 정도 자란다. 잎은 어긋나고 깃털 모양이며, 뒷면에 잔털이 있고 가장자리에 톱니가 있다. 꽃은 붉은색 겹꽃이고 5월에 피며, 가지 끝에 1송이씩 달린다. 열매는 골돌과이고 9월에 익으며, 씨는 둥글고 검은색이다. 개량종이 많아 꽃빛깔은 여러 가지가 있다.

재미있는 꽃 이야기

선덕 여왕의 지혜

신라 제27대 선덕 여왕은 지혜가 뛰어나 앞일을 미리 꿰뚫어보는 놀라운 힘이 있었다. 그녀가 나라를 다스리는 16년 동안, 닥쳐올 앞일을 정확하게 짚어 낸 일이 종종 있었다.

어느 해, 당나라의 태종이 붉은빛과 자줏빛과 흰빛을 가진 모란꽃 그림과 꽃씨 3되를 보내 온 일이 있었다. 그 꽃씨는 모란꽃의 씨였다.

선덕 여왕은 그 3가지 색 모란꽃 그림을 보고 말했다.

"이 꽃은 아름답긴 하나 분명 향기가 없을 것이다."

이듬해, 궁인들이 궁궐 안에 꽃씨를 뿌려 꽃이 피었는데 과연 향기가 없었다.

"정말 향기가 없구려. 우리 마마께서는 직접 꽃을 보시기도 전에 어찌 향기 없음을 아셨을꼬?"

신하들이 이를 이상히 여겨 선덕 여왕에게 묻자, 여왕은 방긋 웃으며 대답하였다.

"그건 간단하도다. 모란꽃 그림 주위에 나비와 벌이 없지 않은가? 꽃에 향기가 있다면 어찌 나비와 벌이 모여들지 않겠느냐? 이는 당 태종이 결혼하지 않고 혼자 사는 나를 은근히 조롱하려는 것이다."

여왕의 말을 들은 신하들은 모두 고개를 끄덕이며 여왕의 슬기에 감탄하였다.

라넌큘러스
[미나리아재비과]

여러해살이풀. 유럽 남동부와 아시아 서남부 원산이며 키 15~40cm 자란다. 줄기에 잔털이 많고 덩이뿌리가 있다. 잎은 깃털 모양이다. 꽃은 4~5월에 노랑색으로 피고 긴 꽃줄기 끝에 1~4송이가 달린다. 꽃잎은 5장이나 원예종은 겹꽃이 대부분이다. 분홍색·붉은색·연노랑색·흰색 등 많은 품종이 있다.

아네모네
[미나리아재비과]

여러해살이풀. 관상용으로 심으며 키 20~40cm 자란다. 잎은 알뿌리에서 모여 나고 깃털 모양이며, 작은잎은 가늘고 끝이 뾰족하다. 꽃은 4~5월에 피고 꽃은 줄기 끝에서 1송이씩 달리는데 노랑색·분홍색·빨강색·자주색·흰색 등 여러 가지가 있으며, 가운데에 흰색 또는 붉은색의 둥근 무늬가 있다.

작약

[미나리아재비과] 적작약 · 함박꽃

　여러해살이풀. 산지에서 키 60cm 정도 자란다. 뿌리는 뾰족한 원기둥 모양으로 굵으며 줄기는 여러 개가 한 포기에서 나온다. 잎은 어긋나고 깃털 모양의 겹잎이다. 꽃은 5~6월에 붉은색 · 흰색 등으로 피고 줄기 끝에 1송이씩 달린다. 열매는 골돌과이고 달걀 모양이며 익으면 내봉선을 따라 갈라진다.

아하!

뿌리가 붉어 적작약

　작약은 뿌리를 자르면 붉은 빛이 돌기 때문에 '적작약(赤芍藥)'이라고 불린다. 흔히 재배하는 것은 '작약'이라고 한다.

재미있는 꽃 이야기

작약 꽃으로 변한 공주

　옛날 유럽에 파에온이라는 공주가 있었다.
　그런데 공주가 사랑하는 왕자가 먼 나라의 전쟁에 나가게 되었다.
　"공주, 내가 돌아올 때까지 기다려 줄 수 있겠소?"
　"기다리고말고요. 제 생명이 다하는 날까지 기다릴 거예요."
　"반드시 돌아오리다!"
　왕자는 기쁜 마음으로 전쟁터로 떠났다.
　공주는 이제나저제나 왕자가 돌아오기만을 기다렸다. 그러나 공주가 기다리는 왕자는 돌아오지 않은 채 세월이 흘렀다.
　그러던 어느 날, 눈먼 악사 한 사람이 대문 앞에서 노래를 부르기에 귀를 기울여 들으니 왕자가 고국과 자기를 기다리는 공주를 그리워하다가 전쟁터에서 죽었다는 사연이었다. 그리고 왕자는 죽어서 모란꽃이 되어 이국땅에서 살고 있다는 것이었다.
　노래를 들은 공주는 크게 슬퍼하며 악사의 노래 속에 나오는 이국땅에 찾아가 모란꽃으로 변한 왕자의 곁으로 갔다. 다시는 왕자의 곁을 떠나지 않겠다고 결심한 공주는 작약꽃으로 변하여 모란꽃과 나란히 사이좋게 지내게 되었다고 한다.
　작약에 파에온(paeonia)이라는 속명이 붙은 것은 이런 유래에서 비롯되었다.

유채
〔십자화과〕

두해살이풀. 농가의 밭에서 재배하며 키 1m 정도 자란다. 잎은 깃털 모양으로 갈라지고 밑이 원줄기를 감싸는 넓은 피침형이며 가장자리에 톱니가 있다. 꽃은 4월에 노랑색으로 피고 가지와 원줄기 끝에 여러 송이가 모여 달린다. 열매는 각과이고 원기둥 모양이며 5~6월에 익는다. 씨는 검은 갈색이다.

분꽃

〔분꽃과〕

한해살이풀. 남아메리카 원산이며 키 1m 정도 자란다. 뿌리는 굵고 흑색이다. 잎은 마주나고 끝이 뾰족한 달걀 모양이며 가장자리가 밋밋하다. 꽃은 나팔 모양이고 6~10월에 피며 가지 끝에 달린다. 꽃빛깔은 노란색·분홍색·흰색 등 여러 가지이다. 열매는 둥글고 검은색으로 익으며 주름살이 많다.

꽃의 빛깔이 섞여 있는 것도 있다.

아하!
분가루 화장품을 가진 꽃

타원형 씨 속에 흰 가루가 들어 있는데, 이 씨 가루를 옛날에는 화장용으로 얼굴에 발랐다고 한다. 흰 분처럼 얼굴을 희게 한다고 하여 '분꽃'이라고 불린다.

재미있는 꽃이야기

꽃으로 변한 미나빌리스의 칼

옛날 유럽에 넓은 영토를 가진 성주가 있었는데 재산을 물려줄 아들이 없어서 늘 걱정이었다. 그래서 아들을 얻으려고 정성을 다해 기도를 올렸지만 귀여운 딸을 얻게 되었다.

성주는 딸에게 미나빌리스라는 남자 이름을 지어주고 남자 옷을 입혔다. 그리고 활쏘기·창던지기·말달리기 등을 가르쳤다. 미나빌리스는 너무나 용맹스러워서 전쟁에 나가서도 언제나 용감하게 앞장서서 싸웠다.

세월이 흘러서 미나빌리스도 처녀가 되었고 자신의 부하 중 한 미남 청년을 사랑하게 되었다. 고민 끝에 그 사실을 성주에게 알렸다.

"너도 별수없는 계집애였구나. 그러나 그는 이미 처자가 있는 몸이다. 단념해라."

성주는 크게 낙심을 하여 소리쳤다. 슬픔에 빠진 미나빌리스는 들고 있던 칼을 땅바닥에 꽂으며 소리쳤다.

"저는 이제부터 남자 행세를 그만두겠어요. 사랑하는 사람의 아기를 낳고 싶어요."

미나빌리스는 슬피 울면서 어디론가 떠나버렸다.

그러자 땅바닥에 꽂힌 미나빌리스의 칼이 한 떨기 꽃으로 변했으며, 사람들은 이 꽃을 미나빌리스라고 불렀다.

미나빌리스(Mirabilis)는 분꽃의 속명으로, 밤에 피었다가 아침에 시들고, 이어 까만 열매가 달렸다. 열매 속은 미나빌리스의 마음처럼 깨끗한 흰색 가루로 가득 차 있었다.

흰 꽃

제라늄

〔쥐손이풀과〕 양아욱

여러해살이풀. 관상용으로 재배하며 키 30∼50cm 자란다. 잎은 잎자루가 길고 염통 모양이며 가장자리에 둔한 톱니가 있다. 꽃은 7∼3월에 피고 잎보다 긴 꽃줄기 끝에 모여 달린다. 처음에는 꽃봉오리가 밑으로 처졌다가 위를 향한다. 꽃빛깔은 품종에 따라 여러 가지이다.

수국

〔범의귀과〕

    갈잎떨기나무. 관상용으로 심으며 키 1m 정도 자란다. 잎은 마주나고 달걀 모양이며, 두껍고 가장자리에 톱니가 있다. 꽃은 6~10월에 피며 가지 끝에 무리지어 달리는데 꽃잎이 아주 작다. 꽃잎처럼 보이는 꽃받침잎은 4~5개이며 연한 자주색에서 하늘색으로, 다시 연한 홍색이 된다.

아하!

물을 좋아하는 국화

    꽃의 가장자리에 있는 무성화가 국화의 설상화와 비슷하고 습기가 많은 곳에서 잘 자라므로 '물을 좋아하는 국화' 라고 하여 '수국(水菊)' 이라 불리는 것으로 추정된다.

장 미 과

예쁜 꽃과 맛있는 열매를 키운다

장미과 식물의 특징

- 전세계에 3,000여 종이 있으며 우리 나라에는 120종이 있다.
- 나무가 많고 풀도 있다.
- 잎은 어긋나고 드물게 마주나며 대개 턱잎이 있다.
- 풀 종류의 잎은 겹잎이거나 깃꼴겹잎이 많다.
- 꽃잎과 꽃받침은 5장씩이다.
- 뱀딸기는 꽃받침 밑부분이 합쳐져 있다. 암술과 수술이 많이 있어 열매를 맺으면 집합과가 된다.

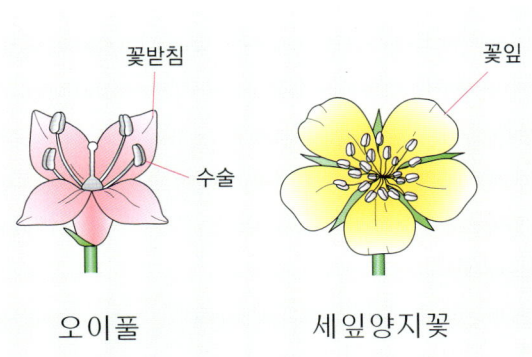

꽃받침
수술
오이풀

꽃잎
세잎양지꽃

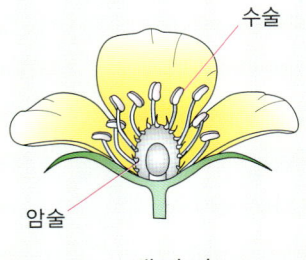

수술
암술
뱀딸기

백매
〔장미과〕

갈잎떨기나무. 관상용으로
재배하고 높이 1.5m 정도 자
라며, 가지가 빽빽하게 벋는
다. 잎은 어긋나고 넓은 피침
형이며 가장자리에 물결 모
양의 잔톱니가 있다. 꽃은 5
월에 흰색으로 피며 겹꽃이
다. 열매는 핵과이고 둥글며
여름에 붉게 익는다.

황매화
〔장미과〕

갈잎떨기나무. 절이나 마을 부근에서 높
이 2m 정도 무성하게 자란다. 잎은 어긋나
고 긴 달걀 모양이며 가장자리에 겹톱니가
있다. 꽃은 4~5월에 노란색으로 피고 옆가
지 끝에 달린다. 꽃잎은 5장이며 꽃잎이 많
은 것을 죽단화라고 한다. 열매는 견과이고
달걀 모양이며 9월에 검은 갈색으로 익는다.

겹황매화
〔장미과〕 죽도화

갈잎떨기나무. 습기가 있는 곳에서 높이
2m 정도 자라며 줄기는 녹색이다. 잎은 어
긋나고 긴 타원형이며 가장자리에 겹톱니가
있다. 꽃은 5월에 노랑색으로 피고 옆가지
끝에 달리며 겹꽃이다. 열매는 맺지 않는다.

명자나무
〔장미과〕

갈잎떨기나무. 관상용으로 심으며 높이 2~3m 자란다. 잎은 어긋나고 타원형이며 가장자리에 톱니가 있다. 꽃은 4월에 적색으로 피고 짧은 가지 끝에 여러 송이가 모여 달린다. 열매는 이과이고 타원형이며 7~8월에 누렇게 익는다. 여러 가지 원예 품종이 있다.

벚나무
〔장미과〕

갈잎큰키나무. 산과 마을 부근에서 높이 20m 정도 자란다. 나무껍질은 검은 자갈색이고 옆으로 벗겨진다. 잎은 어긋나고 달걀 모양이며 가장자리에 바늘 같은 겹톱니가 있다. 꽃은 4~5월에 분홍색 또는 흰색으로 피며 2~5송이씩 달린다. 열매는 핵과이고 둥글며, 6~7월에 적색에서 흑색으로 익으며 버찌라고 부른다.

버찌

장미
[장미과]

갈잎떨기나무. 원예용으로 재배하며 높이 2~3m 정도 자라고 가지에 날카로운 가시가 많다. 잎은 어긋나고 끝이 뾰족한 타원형이며 가장자리에 예리한 톱니가 있다. 꽃은 품종에 따라 색깔, 피는 시기가 다르고 홑꽃에서 겹꽃까지 수많은 변이가 있다. 현재 알려진 품종만도 15,000여 종이나 된다.

덩굴장미

아하!

담장에 기대어 자라는 식물

줄기가 덩굴성이어서 꼿꼿하게 서기 어려운 이 식물이 주로 울타리나 담장에 의지하여 자란다고 하여 '장미(薔薇)'라는 이름이 붙었다.

파파메이란트

슈퍼스타

프린세스마가렛

장미(붉은색 꽃)

장미(붉은색 겹꽃)

장미(흰색 꽃)   장미(노란색 꽃)   장미(주황색 꽃)

재미있는 꽃이야기

꽃으로 변한 향수 상인의 딸

옛날 유럽에 값비싼 향수를 가진 인색한 향수 상인이 있었다. 그에게는 로사라는 아름다운 딸이 있었다.

그녀는 자기 집 꽃밭에서 일하는 비틀레이라는 청년을 사랑하고 있었다. 비틀레이는 꽃밭에서 향수를 모으면서 가장 좋은 향수를 한 방울씩 로사에게 주었다. 몇 해가 지나자 로사의 항아리에는 좋은 향수로 가득 찼다.

그 때 전쟁이 일어났고 비틀레이는 병사가 되어 전쟁터로 불려갔다.

로사는 비틀레이가 하던 일을 대신하면서 다시 새 항아리에다 향수를 한 방울씩 모았다. 그 항아리에 향수가 다 차기 전에 싸움이 끝나기를 간절히 기원했다.

이윽고 전쟁이 끝나고 병사들이 하나둘씩 돌아왔다. 그러나 비틀레이는 살아서 돌아오지 못했다.

"비틀레이! 가엾은 비틀레이!"

로사는 비틀레이의 유해 위에다 모아 두었던 향수를 뿌리며 서럽게 울었다.

"아니, 비싼 향수를 뿌리다니! 저런 못된 것 같으니!"

화가 난 로사의 아버지가 비틀레이의 유해를 태워버리려고 불을 지르자, 가엾은 로사는 그만 향수와 함께 불에 타서 죽고 말았다.

그 후 로사가 죽은 자리에서 붉은 꽃이 피었다. 사람들은 로사의 넋이라고 하여 그 꽃을 '로즈'라고 불렀다. 로사(Rosa)는 장미의 속명이며, 향기가 좋은 장미꽃은 예로부터 향수의 재료로 많이 쓰이고 있다.

피라칸다

〔장미과〕

늘푸른떨기나무. 관상용으로 심으며 높이 1~2m 정도 자라고, 가지가 많이 갈라져 서로 엉키고 가시가 있다. 잎은 어긋나고 긴 타원형이며 뒷면에 짧은 털이 있고 가장자리가 거의 밋밋하다. 꽃은 5~6월에 흰색으로 피고 윗가지의 잎겨드랑이에 모여 달린다. 열매는 둥글고 9~10월에 붉은색으로 익는다.

칠엽수

〔칠엽수과〕

갈잎큰키나무. 정원수로 많이 심으며 높이 30m 정도 자란다. 잎은 마주나고 손바닥 모양의 겹잎이며, 작은잎은 긴 타원형이다. 꽃은 6월에 분홍색 반점이 있는 흰색으로 피며 가지 끝에서 원뿔 모양을 이루며 빽빽하게 달린다. 열매는 삭과이고 원뿔 모양이며 10월에 익는다. 씨는 밤처럼 생기고 끝이 둥글며 적갈색이다.

꽃

잎이 일곱 개인 나무

손바닥처럼 펼쳐진 커다란 잎이 일곱 개의 작은 잎으로 이루어져 있으므로 '칠엽수(七葉樹)'라고 부른다.

담쟁이덩굴

〔포도과〕

갈잎덩굴나무. 바위 또는 나무 줄기에 붙어 길이 10m 이상 벋는다. 잎은 어긋나고 넓은 달걀 모양이며, 덩굴손은 잎과 마주난다. 꽃은 6~7월에 황토색으로 피며 가지 끝과 잎겨드랑이에서 나온 꽃줄기에 모여 달린다. 열매는 장과이고 둥글며, 흰 가루로 덮여 있고 8~10월에 검게 익는다.

담을 타고 오르는 덩굴식물

주로 바위나 나무를 타고 오르며 자라는 덩굴식물로, 민가에서는 주로 담을 타고 기어 오르기 때문에 '담쟁이덩굴'이라고 불린다.

골담초

〔콩과〕

갈잎떨기나무. 중국 원산이며 산지에서 높이 2m 정도 자라고, 위쪽을 향한 가지는 사방으로 퍼진다. 잎은 어긋나고 깃꼴겹잎이며, 작은잎은 4개이고 타원형이다. 꽃은 나비 모양이며 5월에 연노란색으로 피고 잎겨드랑이에 1송이씩 달려 밑으로 늘어진다. 열매는 협과이고 원기둥 모양이며 9월에 익는다. 관상용으로 정원에도 흔히 심는다.

재미있는 꽃 이야기

의상대사의 지팡이

경북 영주군 부석면 북지동에 있는 신라 때 지은 고찰 부석사의 골담초에 얽힌 이야기다.

이 골담초는 신라 고승 의상대사가 도를 깨치고 천축국(인도)으로 떠나려 할 때, 자기의 표적을 남기기 위하여 항상 대사가 거처하던 방문 앞 처마 밑에 꽂은 지팡이가 자란 것이라고 한다.

의상대사는 짚고 다니던 지팡이를 꽂으면서 '내가 떠난 뒤에 이 지팡이에서 반드시 가지와 잎이 날 것이다. 이 나무가 말라죽지 않으면 나도 죽지 않은 것으로 알라.'는 말을 남기고 길을 떠났다.

의상대사가 떠난 후 과연 그 지팡이는 싹이 트고 가지가 나와 자라기 시작했다. 이 나무는 한 길 남짓 자란 후는 더도 덜도 자라지 않고 그대로 오랜 세월을 한결같이 살아 있었다.

이 소문이 퍼지자 조선 시대 광해군 때 경남 감사로 있던 정조라는 사람이 부석사에 와서 이 불가사의의 나무를 탐내어 '선인이 짚던 것이니 나도 지팡이를 만들어 갖고 싶다.'고 말하면서 톱으로 자르게 하여 가지고 가고 말았다.

그런데 이 이상한 나무는 다시 곧 새순이 돋아나 전과 같이 그 모양 그 키대로 자라나서는 오늘날까지 그 모습을 유지하며 살아 있다는 것이다. 하지만 이 나무를 베어갔던 정조는 인조 때 역적으로 몰려 참형을 당하고 말았다. 그래서인지 그 후로는 누구도 이 나무를 탐내지 않았다고 한다.

아카시아나무

〔콩과〕 아까시나무

갈잎큰키나무. 산과 들에
서 높이 25m 정도 자라며 턱
잎이 변한 가시가 있다. 잎은
어긋나고 깃털 모양의 겹잎
이며, 작은잎은 타원형이다.
꽃은 나비 모양이며 5~6월
에 흰색으로 피고, 어린 가지
의 잎겨드랑이에서 모여 달
린다. 열매는 협과이고 납작
한 선형이며 9월에 익는다.

백등나무

등

〔콩과〕 참등

갈잎덩굴나무. 줄기는 갈색으로 10m 정도 자라며 다른 물체를
오른쪽으로 감으면서 올라간다. 잎은 어긋나고 깃꼴겹잎이며, 작
은잎은 끝이 뾰족한 타원형이고 가장자리가 밋밋하다. 꽃은 5월
에 보라색 또는 흰색으로 피고 잎겨드랑이에 많이 모여 밑으로
처져 달린다. 열매는 협과이고 원기둥 모양이며 9월에 익는다.

박태기나무
〔콩과〕

갈잎떨기나무. 중국 원산이며 높이 3~5m 자란다. 잎은 어긋나고 심장형이며 가죽질이다. 잎 표면에 윤기가 있으며 가장자리는 밋밋하다. 꽃은 잎이 나기 전인 4월에 자홍색으로 피고 잎겨드랑이에 여러 송이가 모여 달린다. 열매는 협과이고 편평한 선형이며, 8~9월에 익고 씨가 2~5개 들어 있다.

탱자나무
〔운향과〕

갈잎떨기나무. 울타리용으로 심으며 높이 3m 정도 자란다. 가지에 억센 가시가 어긋나게 달린다. 잎은 어긋나고 작은잎 3개로 이루어진 겹잎이며, 작은잎은 타원형이고 가장자리에 둔한 톱니가 있다. 꽃은 잎이 나기 전인 5월에 흰색으로 피고 잎겨드랑이에 1~2송이씩 달린다. 열매는 장과이고 둥글며 9월에 노란색으로 익는다.

아주까리

〔대극과〕 피마자

한해살이풀. 인도와 북아프리카 원산이며 키 2m 정도 자라고, 줄기는 원기둥 모양이다. 잎은 어긋나고 큰 방패 모양이며 5~11개로 갈라진다. 꽃은 암수한그루고 8~9월에 연노란색이나 붉은색으로 원줄기 끝에서 피며, 암꽃은 윗부분에 달리고 수꽃은 밑부분에 달린다. 열매는 삭과이고 겉에 가시가 있다. 씨는 타원형이고 짙은 갈색 점이 있다.

포인세티아

〔대극과〕 멕시코불꽃풀

늘푸른떨기나무. 관상용으로 재배하며 높이 50~90cm 정도 자란다. 고무진 같은 유액이 줄기·잎·뿌리에서 나온다. 잎은 어긋나고 넓은 피침형이며, 가장자리는 둘결 모양이고 잎자루가 길다. 꽃은 7~9월에 황록색으로 피고 가지 끝에 10송이가 모여 달린다. 열매는 10월에 익는다.

사철나무

〔노박덩굴과〕

늘푸른떨기나무. 바닷가 산기슭이나 인가 근처에서 높이 3m 정도 자란다. 잎은 마주나고 두꺼우며 타원형이다. 꽃은 6~7월에 연녹색으로 피고 잎겨드랑이에 여러 송이가 모여 빽빽하게 달린다. 열매는 삭과이고 둥글며, 10월에 붉게 익으면 4개로 갈라져서 붉은 종피로 싸인 씨가 드러난다.

사철 푸르름을 간직하는 나무

겨울에도 잎이 떨어지지 않고 푸른 빛을 그대로 유지하고 있으므로 사계절, 즉 사철 내내 변하지 않는 나무라는 뜻으로 '사철나무'라고 부른다.

열매

회양목

〔회양목과〕

늘푸른떨기나무. 산지의 석회암 지대에서 높이 7m 정도 자란다. 잎은 마주나고 타원형이며, 끝이 둥글고 뒤로 젖혀진다. 꽃은 암수한그루고 4~5월에 노란색으로 피며, 줄기 끝이나 잎겨드랑이에 달린다. 열매는 삭과이고 타원형이며 6~7월에 갈색으로 익는다.

도장을 새기는 도장나무

목재가 곱고 단단하기 때문에 예전에는 도장을 만드는 재료로 많이 쓰였기 때문에 '도장나무'라는 별명이 붙어 있다.

봉숭아

〔봉선화과〕 봉선화

한해살이풀. 인도와 중국 원산이며 키 60cm 정도 자란다. 잎은 어긋나고 피침형이며, 양끝이 좁고 가장자리에 톱니가 있다. 꽃은 7~8월에 피며 2~3송이씩 잎겨드랑이에 달린다. 꽃 빛깔은 보라색·분홍색·빨간색·주홍색·흰색 등 다양하다. 열매는 삭과이고 타원형이며, 익으면 저절로 벌어져 황갈색 씨가 튀어나온다.

봉황을 닮은 꽃

꽃 모양에서 머리와 날개꼬리와 발이 우뚝 서 있어 흡사 펄떡이는 봉황과 같다 하여 '봉선화(鳳仙花)'라고 한다. 봉선화·봉새·봉숭아 등 여러 이름 중 '봉숭아'가 표준어이다.

재미있는 꽃 이야기

거문고 타는 소녀 봉선이

옛날 어느 고을에 봉선(鳳仙)이라는 아름다운 소녀가 살았다. 어머니의 꿈에 선녀가 봉황새를 안아다 준 꿈을 꾸고 낳았다고 해서 이름을 봉선이라고 지었다. 봉선이는 어렸을 때부터 거문고를 무척 잘 탔다.

그 당시 젊은 임금님이 음악을 몹시 좋아했다. 봉선이는 먼 길을 걸어 궁궐을 찾아가서 비가 오나 눈이 오나 궁궐 담장 밑에 앉아서 열심히 거문고를 탔다.

그런데 전국에서 제일 피리를 잘 부는 학녀라는 처녀 역시 궁궐 담장 밑에서 열심히 피리를 불고 있었다. 불행히도 거문고 소리는 피리 소리보다 낮아서 손톱에서 피가 흐르도록 타도 임금님의 귀에는 좀처럼 들리지가 않았다. 그러던 어느 날, 날마다 들려오는 피리 소리에 감동한 임금님은 학녀를 불러들여 왕비로 삼았다. 절망한 봉선이는 집으로 돌아오자마자 그만 병석에 눕고 말았다.

1년 후, 임금님이 마을 앞을 지난다는 말에 봉선이는 병든 몸으로 길가로 나가서 거문고를 타기 시작했다. 거문고 소리를 들은 임금님은 봉선이더러 고개를 들어 보라고 했다. 조용히 고개를 든 봉선의 눈에 들어온 것은 임금님의 얼굴과 함께 이미 왕비가 된 학녀의 모습이었다. 그 순간 봉선은 거문고 위에 탁 쓰러지면서 죽어 버리고 말았다.

이듬해 봄이 되자 봉선이가 죽은 바로 그 자리에서 봉황새를 닮은 예쁜 꽃나무가 돋아났다. 사람들은 죽은 봉선이의 넋이 환생한 것이라고 하여 그 꽃을 '봉선화'라고 불렀다.

벽오동

〔벽오동과〕

갈잎큰키나무. 중국 원산이며 높이 15m 정도 자라고 나무껍질은 녹색이다. 잎은 어긋나고 넓은 달걀 모양이며 잎자루가 길다. 꽃은 암수한그루고 6~7월에 연노란색으로 피며, 가지 끝에 여러 송이가 모여서 달린다. 열매는 분과이고 다 익기 전에 5개로 갈라져서 둥근 씨가 보이며 10월에 익는다.

줄기가 푸른 오동나무

잎이 오동나무와 비슷하고 줄기가 푸른 벽색(碧色)이어서 '벽오동나무'라고 한다. 전설에서는 봉황이 이 벽오동나무에서 살면서 대나무 열매만 먹고 산다고 한다.

보리수나무

〔보리수나무과〕 보리똥나무

갈잎떨기나무. 산비탈의 풀밭에서 높이 3~4m 자라며 가지는 은흰색 또는 갈색이다. 잎은 어긋나고 긴 타원형이며 은백색의 비늘털로 덮인다. 꽃은 5~6월에 피고 처음에는 흰색이다가 연한 노랑색으로 변하며, 1~7송이가 잎겨드랑이에 달린다. 열매는 장과이고 둥글며 10월에 붉게 익는다.

팬지

〔제비꽃과〕 삼색제비꽃

한해살이풀 또는 두해살이풀. 유럽 원산
이며 키 15~30cm 자란다. 잎은 어긋나고
긴 타원형이며 가장자리에 톱니가 있다.
꽃은 4~5월에 피고 잎겨드랑이에서 나온
긴 꽃줄기 끝에 1송이씩 달린다. 꽃은 노란
색·자주색·흰색의 3가지 색이나 여러 형
태의 혼합색도 있다. 열매는 삭과이고 달
걀 모양이다.

(노란색 꽃)

(자주색 꽃)

(빨간색 꽃)

재미있는 꽃이야기

세 가지 색을 지닌 꽃

팬지는 프랑스어의 'penser(생각하다)' 라는
말에서 비롯되었다. 꽃의 형태가 사색하고 있
는 사람을 연상시키기도 하고, 중후한 수염을
붙인 학자를 떠올리게도 하는 모양새 때문에
인상적이다.

그러기에 인간의 깊은 내면을 표현한 화가
앙리 루소는, 어느 여인에게 팬지의 그림과
함께 '당신에게 나의 모든 팬지를 바칩니다.'
라는 편지를 썼다고 한다.

이 꽃에는 세 가지 전설이 전해지고 있다.

그리스 민화에 따르면, 이 꽃은 처음에는 흰
색이었는데, 사랑의 신 제우스가 연모하는 한

시녀의 가슴에 화살을 쏜다는 것이 실수로 길
가에 있는 제비꽃을 쏘았다. 그 때의 상처로
3가지 색을 지닌 팬지가 생겨났다고 한다.

두번째는 사랑의 천사 큐피드가 쏜 화살이
하얀 제비꽃의 꽃봉오리에 맞아서 3가지 색
을 지닌 팬지가 되었다고도 한다.

세번째는 지상으로 내려온 천사가 제비꽃을
보고 그 아름다움에 놀라 세 번 입맞춤을 하
여 3가지 색을 지닌 팬지로 변했다는 설이다.

'사색', '나를 생각해 주세요' 라는 꽃말을
지닌 이 꽃을, 유럽에서는 발렌타인 데이에
선물하는 꽃으로 꼽고 있다.

동백나무
[차나무과]

늘푸른큰키나무. 산지와 마을 부근에서 키 7m 정도 자란다. 잎은 어긋나고 타원형이며 가죽질이다. 잎가장자리에 물결 모양의 잔 톱니가 있고 표면에 윤기가 있다. 꽃은 2~4월에 붉은색으로 피고 가지 끝에 1송이씩 달린다. 열매는 삭과이고 둥글며, 열매껍질이 두꺼우며 10월에 다 익으면 저절로 벌어져 검은 갈색 씨가 튀어나온다.

씨

겨울에 꽃이 피는 나무

겨울에 꽃이 핀다 하여 '동백(冬柏)'이라고 이름이 붙었다. 또 주로 바닷가에서 자라고 붉은색 꽃이 피기 때문에 '해홍화(海紅花)'라고도 한다.

재미있는 꽃 이야기

대청도의 동백나무 숲

동백나무의 북한계선은 경기도 옹진군 백령면 대청리 대청도의 동백나무 숲으로서 이 숲의 생성에는 애련한 전설이 전해지고 있다.

옛날 대청도에 동백꽃이 피는 남쪽 섬에서 온 청년이 이 섬의 처녀와 결혼하여 대청도에서 살았다.

어느 날, 갑자기 고향에 급한 볼 일이 생긴 남편은 아내를 남겨두고 섬을 떠나게 되었다.

"여보, 몸조심히 잘 다녀오세요."

"알았으니 당신이나 건강히 잘 있도록 해요."

"돌아오실 때 당신 고향에서 핀다는 동백꽃의 씨 좀 가져오세요. 우리 마당에 심고 싶어요. 꽃이 피면 얼마나 예쁘겠어요?"

"하하, 알겠소. 내 금세 다녀오리다."

그러나 고향에 간 남편은 여러 해가 지나도 돌아오지 않았다.

'혹시 병이 들어 몸져누우신 건 아닐까? 산길에서 산적에게 해를 입지나 않으셨을까?'

아내는 기다리다 지쳐 그만 병을 얻어 죽고 말았다.

몇 년 후, 볼 일을 끝내고 뒤늦게 돌아온 남편은 크게 슬퍼하며 아내의 무덤에 엎드려 울었는데, 그때 아내가 부탁한 동백나무 씨가 남편의 주머니에서 떨어졌다. 그래서 자란 동백나무가 섬 전체에 퍼져 오늘의 숲이 되었다고 한다.

차나무
〔차나무과〕

늘푸른떨기나무. 찻잎을 따기 위해 재배한다. 잎은 어긋나고 긴타원형이며, 약깐 두껍고 가죽질이다. 꽃은 10~11월에 연분홍색 또는 흰색으로 피고 1~3송이가 잎겨드랑이에 달린다. 열매는 납작하고 둔한 삼각형이며, 다음 해 10월에 3개로 갈라져 갈색의 단단한 씨가 나온다.

꽃

베고니아
〔베고니아과〕

여러해살이풀. 브라질 원산이며 키 15~30cm 자라고 가지가 많이 갈라진다. 잎은 어긋나고 달걀 모양이며 가장자리에 톱니가 있다. 꽃은 5~9월에 피고 줄기 끝부분에서 나온 꽃줄기에 여러 송이가 달린다. 꽃빛깔은 노랑색·분홍색·빨강색·흰색 등 여러 가지이다.

무궁화

[아욱과]

갈잎떨기나무. 우리 나라 국화로서 높이 2~4m 자란다. 가지를 많이 치며 회색을 띤다. 잎은 어긋나며 달걀 모양이고 가장자리에 거친 톱니가 있다. 꽃은 7~10월에 보통 흰색과 분홍색으로 피고 안쪽에 진한 자홍색 무늬가 있으며 잎겨드랑이에 1송이씩 달린다. 열매는 삭과이고 타원형이며 10월에 익는다. 많은 원예 품종이 있다.

목근화가 변하여 무궁화로

원래 중국 원산으로 한자 이름인 '목근(木槿)'에서 변화하여 '목근화'라고 부르다가, 이것이 다시 변화하여 '무궁화'라고 부르게 되었다고 한다.

홍순

열매

재미있는 꽃 이야기

정절을 지키는 여인의 마음

옛날 북쪽 지방에 아름다운 여인이 살고 있었다. 그 여인은 얼굴이 아름다울 뿐만 아니라 문장과 가무에도 뛰어나서 모든 사람들의 사랑을 받아왔다. 그런데 이 여인의 남편은 앞을 보지 못하는 장님이었다. 여인은 그 남편을 극진히 사랑했다. 언제나 지극한 정성으로 섬길 뿐만 아니라, 돈 많고 권세 있는 사람의 꾐에도 조금도 마음에 흔들림이 없었다.

어느 날, 그 지방을 다스리던 성주가 그 여인의 재주와 미모를 탐내고 여인을 유혹하려고 했다. 그러나 여인은 성주의 유혹에 빠지지 않았다. 애를 태우던 성주는 마침내 부하를 보내 여인을 잡아들이게 했다. 그리고 모든 수단과 방법을 써서 그 여인의 마음을 돌려보려고 했지만 그 여인은 막무가내였다.

화가 난 성주는 그만 그 여인을 죽이고 말았다. 그 여인은 잡혀갈 때 혹시 죽게 되면 시신을 자기 집 마당에 묻어 달라고 마을 사람들에게 부탁했다. 그 여인이 죽자 마을 사람들은 유언대로 해 주었다. 그랬더니 얼마 후 그 여인이 묻힌 곳에서 나온 꽃나무들이 울타리처럼 남편이 살고 있는 집을 감싸듯 둘러싸는 것이었다.

그래서 사람들은 이 꽃나무를 울타리꽃, 즉 '번리화'라고 부르게 되었는데 바로 무궁화였다. 꽃의 화심이 붉은 것은 정절을 지킨 여인의 굳은 마음을 나타낸다고 한다.

여러 가지 무궁화

계월향

고주몽

내사랑

눈뫼

향단심

눈보라

백조

사임당

루시

산처녀

새아침

선덕

스노드리프트

싱글레드

패오니홀로레스

아사달

소코베니에

충무

에밀레

순자)화립

이원화립

하와이무궁화

칠보

평화

백란(시로미다레)

핑크자이언트

한서

부용

〔아욱과〕

갈잎떨기나무. 산과 들에서 키 2m 정도 자란다. 잎은 어긋나고 3~7개로 얕게 갈라지며 가장자리에 둔한 톱니가 있다. 꽃은 8~10월에 연홍색으로 피고 윗부분의 잎겨드랑이에 1송이씩 달린다. 열매는 삭과이고 둥글며, 퍼진 털이 있고 10~11월에 익는다. 씨는 콩팥 모양이며 뒷면에 흰색의 긴 털이 있다.

접시꽃

〔아욱과〕

두해살이풀. 아시아 원산이며 키 2m 정도 자란다. 잎은 어긋나고 손바닥 모양이며, 가장자리가 5~7개로 갈라지고 톱니가 있다. 꽃은 6월에 피고 잎겨드랑이에 달린다. 꽃잎은 5개가 나선상으로 붙는다. 꽃 빛깔은 노란색·붉은색·연홍색·흰색 등 다양하고 겹꽃도 있다. 열매는 삭과이고 접시 모양이며 9월에 익는다.

아하!

접시를 닮은 꽃

활짝 벌어진 꽃잎이 이름 그대로 커다란 접시 모양이므로 '접시꽃'이라고 이름지어졌다.

배롱나무

〔부처꽃과〕 백일홍나무

갈잎중키나무. 중국 원산이며 높이 5m 정도 자란다. 나무껍질은 연한 홍자색이고 껍질이 떨어진 자리에 흰색 무늬가 생긴다. 잎은 마주나고 타원형이며 겉면에 윤이 난다. 꽃은 7~9월에 붉은색으로 피고 꽃잎은 6장이며 가지 끝에 무리지어 달린다. 열매는 삭과이고 넓은 타원형이며 10월에 익는다.

100일 동안 계속 꽃이 피는 나무

붉은색 꽃이 지속적으로 피어 100일 동안이나 꽃이 계속 피는 것 같다고 하여 '백일홍(百日紅)나무'라고 하는데 이것이 변화하여 '배롱나무'가 되었다.

팔손이나무

〔두릅나무과〕

늘푸른떨기나무. 바닷가의 산기슭에서 높이 2~3m 자라며 나무껍질은 잿빛을 띤 흰색이다. 잎은 어긋나고 손바닥 모양이며, 8개로 깊게 갈라지고 가장자리에 톱니가 있다. 꽃은 10~11월에 흰색으로 피고 가지 끝에 모여 달린다. 열매는 장과이고 둥글며 다음해 5월 무렵 검게 익는다.

산수유나무

〔층층나무과〕

갈잎큰키나무. 산지나 인가 부근에서 재배하며 높이 4~7m 자란다. 나무껍질이 불규칙하게 벗겨지고 연한 갈색이다. 잎은 마주나고 달걀 모양이며 가장자리가 밋밋하다. 꽃은 잎이 나기 전인 3~4월에 20~30송이가 무리지어 노란색으로 핀다. 열매는 핵과이고 타원형이며, 겉면이 윤이 나고 8~10월에 붉게 익는다.

재미있는 꽃 이야기

중양절(重陽節)과 산수유

옛날 중국에 장방이라는 현자가 있었다. 어느 날 장방이 항경에게 말했다.

"금년 9월 9일에 너의 집에 반드시 재앙이 있을 것이다. 이 사실을 빨리 전하고 집안 사람 각자가 주머니를 만들어 그 안에 산수유 열매를 넣어서 팔에 걸고 높은 곳에 올라가서 국화술을 마시면 화를 면할 것이다."

이 말을 들은 항경은 산수유 주머니와 국화주를 준비했다. 그리고 9월 9일에는 집을 비우고 모두 뒷산에 올랐다가 집에 돌아와 보니 닭·소·개·양 등 가축이 전부 죽어 있었다.

장방은 이 소문을 듣고 말했다.

"그 짐승들은 사람 대신 죽었다. 산수유와 국화술이 아니었다면 모두 죽었을 것이다."

9월 9일 중양절에 높은 곳에 올라 국화술을 마시고 부인들이 산수유 주머니를 차는 것은 여기에서 유래하였다고 한다.

고데티야

〔바늘꽃과〕

한해살이풀. 미국과 콜롬비아 원산이며 키 20~30cm 자란다. 잎은 피침형이고 가장자리에 톱니가 있다. 꽃은 5~6월에 피고 꽃잎은 4장이며 여러 송이가 줄기 끝에 모여 달린다. 꽃빛깔은 노란색·빨간색·자주색·흰색 등 여러 가지이며 겹꽃도 있다. 열매는 원통 모양이다.

푸크시아

〔바늘꽃과〕

초롱꽃나무

한해살이풀. 남아메리카 원산이며 키 60cm 정도 자란다. 잎은 마주나고 달걀 모양이며 가장자리에 톱니가 있다. 꽃은 7~8월에 자홍색으로 피고, 가지 끝의 잎겨드랑이에서 나온 꽃줄기에 밑으로 처져 달린다. 꽃받침은 통모양이고 꽃잎은 4장이다. 열매는 9~10월에 맺는다.

수세미오이

[박과] 수세미외

한해살이덩굴풀. 열대 아시아 원산이며 길이 12m 정도 자라고 덩굴손이 잎과 마주난다. 잎은 어긋나고 손바닥 모양이다. 꽃은 암수한그루고 8~9월에 노란색으로 피며 잎겨드랑이에 달린다. 열매는 박과이고 큰 원통형이며 밑으로 늘어지고 10월에 익는다.

아하!
수세미를 만드는 오이

큰 오이처럼 생긴 열매의 섬유질이 그물처럼 되어 있어 이것으로 설거지할 때 쓰는 수세미를 만드는데, '수세미를 만드는 오이' 라는 뜻으로 '수세미외' 라고 부른다.

여주

[박과] 유자

한해살이덩굴풀. 아시아 열대 원산. 줄기는 1~3m 자라고 잎과 마주나는 덩굴손으로 다른 물체를 감아서 올라간다. 잎은 어긋나고 손바닥 모양이며 가장자리에 톱니가 있다. 꽃은 암수한그루고 노란색이며 잎겨드랑이에 1송이씩 달린다. 열매는 박과이고 긴 타원형이며, 혹 같은 돌기가 있고 황적색으로 익으면 불규칙하게 갈라져서 붉은색 육질로 싸인 씨가 나온다.

아하!
중국 이름 예지가 변한 여주

원래 중국 원산으로 중국 이름인 예지에서 변화하여 '여자', '여지', '여주' 등 여러 가지 이름으로 불린다.

어제일리어

〔진달래과〕 영산홍

늘푸른떨기나무. 중국 원산이며 높이 1m 정도 자라고 갈색 털이 있다. 잎은 피침형이고 두꺼우며, 광택이 있고 표면에는 갈색 털이 있다. 꽃은 4~5월에 홍자색으로 피고 가지 끝에 1~2송이씩 달린다. 꽃빛깔은 품종에 따라 분홍색·흰색 등 여러 가지이다. 열매는 삭과이고 달걀 모양이며 9~10월에 익는다.

칼미아

〔진달래과〕

늘푸른떨기나무. 북아메리카 동부 원산이며 높이 1~3m 정도 자란다. 잎은 어긋나고 양끝이 뾰족한 타원형이다. 꽃은 종지 모양이며 5~6월에 연분홍색 또는 흰석으로 피고 가지 끝에 여러 송이가 모여 달린다. 꽃잎 안쪽에 자색 점무늬가 있다.

철쭉나무
[진달래과] 개꽃

갈잎떨기나무. 산지에서 높이 2~5m 자란다. 잎은 어긋나고 달걀 모양이며 가장자리가 밋밋하다. 꽃은 5월에 잎이 나면서 연분홍색으로 피고 가지 끝에 3~7송이씩 모여 달린다. 꽃잎 안쪽에 자갈색 반점이 있다. 열매는 삭과이고 타원형이며, 긴 털이 있고 10월에 익는다.

아하! 먹을 수 없는 개꽃

철쭉꽃은 독성이 있어 먹을 수 없다고 하여 '개꽃' 이라고 부른다. 여기에 대하여 진달래꽃은 먹을 수 있는 꽃이라고 하여 '참꽃' 이라고 한다.

철쭉나무

흰철쭉나무

산철쭉

헌화가

신라 향가인 '헌화가'에 얽힌 전설이다.

신라 제33대 성덕왕 때 순정공이 강릉태수로 부임하면서 아름다운 아내 수로 부인도 함께 데리고 갔다. 경치 좋은 바닷가에 이르러 점심을 먹게 되었다. 주위는 천길 낭떠러지로 둘러 있었는데, 그 낭떠러지 가운데쯤에 철쭉꽃이 한창 흐드러지게 피어 있었다.

수로 부인은 그 꽃이 몹시 탐이 났다.

"누가 저를 위해서 저 낭떠러지에 올라가 철쭉꽃을 꺾어 올 수 없나요?"

수로 부인이 몇 번이나 부탁을 했지만 아무도 선뜻 나서지 않았다. 낭떠러지가 워낙 가팔라서 위험했기 때문이었다.

"너무 위험하오. 그냥 보기만 하구려."

아무도 나서는 사람이 없자, 남편인 순정공이 수로 부인을 위로하며 달랬다.

그 때, 암소를 끌고 그 곳을 지나가던 한 노인이 수로 부인의 말을 들었다.

"제가 꺾어다 드리지요."

노인은 암소의 고삐를 놓자마자 곧장 낭떠러지로 올라가 철쭉꽃을 꺾어 왔다. 꽃을 바치며 노인은 다음과 같은 '헌화가'를 지어 불렀다고 한다.

"자줏빛 바위갓에, 잡은 손 암소 놓고,
날 아니 부끄러이 하려든,
꽃을 꺾어 바치오리다."

꽃잔디
〔꽃고비과〕 지면패랭이

여러해살이풀. 건조한 모래땅에서 키 10cm 정도 자란다. 가지가 많이 갈라져 지면을 덮는다. 잎은 마주나고 피침형이며 가장자리는 밋밋하다. 꽃은 분홍색·붉은색·자홍색·흰색 등이 있으며, 7~8월에 줄기 끝에 여러 송이가 달린다. 열매는 9월에 익는다.

예쁜 꽃이 피는 잔디

멀리서 보기에는 잔디 같고 아름다운 꽃이 피기 때문에 '꽃잔디'라고 한다. 또 패랭이꽃과 비슷하고 지면으로 퍼지기 때문에 '지면패랭이'라고도 한다.

시클라멘
[앵초과]

여러해살이풀. 지중해 연안 원산이며 키 15cm 정도 자란다. 잎은 굵은 잎자루 끝에 달리고 끝이 뾰족한 염통 모양이며, 가장자리에 부드러운 톱니가 있다. 꽃은 12월~이듬해 3월에 피고 긴 꽃줄기 끝에 1송이씩 아래를 향해 달린다. 꽃빛깔은 분홍색·빨간색·흰색 등이 있다. 열매는 삭과이고 공 모양이며 6월에 익는다.

프리뮬러
[앵초과]

한해 또는 두해살이풀. 이른 봄의 관상용으로 널리 재배하며 키 15~30cm 자란다. 잎은 뿌리에서 나오고 달걀 모양이며 가장자리에 톱니가 있다. 꽃은 3~5월에 피고 꽃줄기에 1송이씩 달린다. 꽃빛깔은 노란색·분홍색·빨간색·흰색 등이 있다.

리시언서스
〔용담과〕 꽃도라지

한해 또는 두해살이풀. 미국
원산이며 키 1m 정도 자란다.
잎은 마주나고 긴 타원형이다.
꽃은 종 모양이며 8~9월에 연
한 분홍색 또는 흰색으로 피고
꽃줄기 끝에 달린다. 꽃잎은 5
장으로 달걀 모양이며 가장자리
는 물결처럼 되어 있다. 열매는
삭과이고 긴 타원형이다.

협죽도
〔협죽도과〕

늘푸른떨기나무. 곤·상용으로
심으며 높이 2m 이상 자란다.
잎은 돌려나고 긴 피침형이며
두껍다. 꽃은 7~8월에 붉은색
또는 흰색으로 피고 가지 끝에
여러 송이가 모여 달린다. 열매
는 골돌과이고 갈색으로 익으며
세로로 갈라진다. 씨는 양끝에
연한 갈색 털이 많다.

개나리
〔물푸레나무과(목서과)〕

갈잎떨기나무. 산기슭 양지에서 높이 3m 정도 자란다. 가지 끝이 밑으로 처지며 잔가지는 녹색에서 점차 회갈색으로 변한다. 잎은 마주나고 타원형이며 가장자리에 톱니가 있다. 꽃은 4월에 노란색으로 피고 잎겨드랑이에 1~3송이씩 달린다. 열매는 삭과이고 달걀 모양이며, 9월에 익는다. 관상용·생울타리용으로 심는다.

재미있는 꽃 이야기

가난한 소년 개나리의 넋

옛날 어느 시골에 개나리라는 소년이 홀어머니와 어린 두 동생과 함께 살고 있었다. 개나리네는 어머니가 삯바느질을 하며 가난하게 살았다. 개나리가 여섯 살 되던 해는 몹시 흉년이 들었다. 개나리네는 며칠 전부터 양식이 떨어졌지만 개나리 어머니는 도무지 일거리를 구할 수 없었고, 이웃사람들도 모두들 양식이 바닥나서 어찌할 수가 없었다.

개나리 어머니는 배가 고파 보채는 아이들을 달래며 동냥을 해서 근근하게 지낼 수밖에 없었다. 그러다가 어머니마저 몸져눕게 되어 이제는 개나리가 구걸을 하러 다녀야 했다.

겨울이 되자 개나리네 식구는 굶주리고 추워서 견딜 수 없었다. 개나리는 지붕을 덮는 이엉을 벗겨 아궁이에 넣고 불을 피웠다. 그런데 식구들이 잠이 든 사이에 아궁이의 불이 달아올라 집 전체로 번졌다. 개나리네 식구들은 미처 잠에서 깨어나지 못하고 모두 죽고 말았다.

이윽고 봄이 되어, 개나리네 집터에서 전에 보이지 않았던 꽃나무가 돋아나오고 샛노란 꽃이 피어났다.

이 나무는 굶주려서 비쩍 마른 개나리네 식구들처럼 가늘었고 꽃잎은 개나리네 식구 수대로 넉 장이었다. 그 후 사람들은 이 꽃을 '개나리'라고 불렀다.

라일락
[물푸레나무과(목서과)]

갈잎떨기나무. 정원수로 많이 심으며 높이 5m 정도
자란다. 잎은 마주나고 달걀 모양이며 가장자리가 밋밋
하다. 꽃은 4~5월에 연한 자주색 또는 흰색으로 피고,
가지 끝에 많이 모여 커다란 원추형을 이루며 달린다.
열매는 삭과이고 끝이 뾰족한 타원형이며 9월에 익는다.

물망초

〔지치과〕

한해 또는 여러해살이풀. 깊은 산에서 키 10~20cm 자라며 전체에 털이 많다. 잎은 뿌리에서 모여 나오고 피침형이며 잎자루가 있다. 줄기에 달린 잎은 잎자루가 없으며 긴 타원형이다. 꽃은 5~6월에 하늘색으로 피고 줄기 끝에 달린다. 가운데에 노란색 둥근 무늬와 흰 줄무늬가 있다. 열매는 삭과이고 갈색으로 익는다.

재미있는 꽃이야기

물망초 전설

옛날 유럽의 전설이다.

잘생기고 용감한 기사 루돌프는, 아름다운 처녀 펠타를 몹시 사랑했다. 펠타 역시 늠름한 청년 루돌프를 깊이 사랑하고 있었다.

어느 봄날, 루돌프와 함께 다뉴브 강가를 다정히 거닐던 펠타는 아름다운 꽃 한 송이를 발견했다. 강둑 비탈진 곳에 피어 있는 그 꽃은 처음 보는 것이었다. 키는 한 뼘이 될까 말까 했지만, 그 줄기 끝에 핀 남색 작은 꽃이 루돌프의 마음을 흔들었다.

그 꽃을 갖고 싶어하는 펠타의 마음을 짐작한 루돌프는 빙긋 웃어 보이며 강둑을 성큼성큼 내려갔다. 그리고는 그 작은 꽃을 한 송이 꺾었다. 그러나 불행히도 펠타를 돌아보면서 활짝 웃고 돌아서려던 루돌프는 그만 발을 헛딛고 말았다.

"으악!"

루돌프는 흐름이 거센 다뉴브 강에 빠지고 말았다. 루돌프는 한 손에 꽃을 꼬옥 움켜쥐고 다른 한 손으로 열심히 헤엄을 쳤다. 그러나 거센 다뉴브 강의 흐름은 그를 점점 하류로 떠내려가게 했다.

루돌프는 점점 힘이 빠졌고 마침내 그는 커다란 소용돌이에 휘말리게 되었다. 그 순간, 루돌프는 손에 쥐고 있던 꽃을 사랑하는 연인인 펠타에게 힘껏 던지면서 외쳤다.

"펠타, 부디 나를 잊지 말아 주오!"

루돌프는 말을 마치기가 무섭게 소용돌이에 휘말려 자취를 감추고 말았다.

이 때부터 이 꽃을 잊지 말라는 뜻으로 물망초(勿忘草)로 불렸다. 꽃말 역시 '나를 잊지 마세요'이다.

컴프리

[지치과]

여러해살이풀. 주로 약재로 심으며 키 60~90cm 자라고 전체에 거친 흰색 털이 빽빽하게 난다. 잎은 어긋나고 피침형이며 끝이 뾰족하다. 꽃은 종 모양이며 6~7월에 자주색·분홍색·흰색으로 피고, 끝이 고리처럼 둥글게 말린 꽃줄기에 달린다. 열매는 소견과이고 달걀 모양이며 9~10월에 익는다.

치자나무

[꼭두서니과]

늘푸른떨기나무. 높이 1~2m 자라며 작은 가지에 짧은 털이 있다. 잎은 마주나고 긴 타원형이며, 표면에 윤기가 나고 뾰족한 턱잎이 있다. 꽃은 6~7월에 피고 흰색이지만 시간이 지나면 황백색으로 되며 가지 끝에 1송이씩 달린다. 열매는 달걀 모양이며 9월에 황홍색으로 익는다. 안에는 노란색 과육과 씨가 들어 있다.

치자나무

꽃치자

나팔꽃

〔메꽃과〕

한해살이덩굴풀. 민가 근처에서 길이 2~3m 자란다. 전체에 털이 빽빽이 나며 줄기가 다른 물체를 왼쪽으로 감아 올라간다. 잎은 어긋나고 염통 모양이며 잎자루가 길다. 꽃은 나팔 모양이며 7~8월에 붉은색·자주색·흰색 등으로 피고, 잎겨드랑이에서 나온 꽃줄기에 1~3송이씩 달린다. 열매는 삭과이고 둥글며, 9월에 익는다.

나팔 모양의 꽃

꽃의 화관이 악기인 나팔 모양처럼 생겨서 '나팔꽃'이라고 부른다.

재미있는 꽃이야기

아내를 빼앗긴 화공(畵工)의 넋

옛날 중국에 그림을 그리는 화공이 있었다. 그런데 화공의 아내는 뛰어난 미인이었다. 이 소문을 들은 고을 사또는 마음씨가 아주 나쁜 사람이었다.

'흠, 내 그 미녀를 차지하려면 먼저 남편인 화공에게서 떼어 놓아야 해.'

욕심에 눈이 어두워진 사또는 화공의 아내에게 억울한 누명을 덮어씌워 마침내 옥에 가두어 버렸다.

화공은 억울한 마음으로 밤낮 아내의 일만 걱정하다가 그만 미쳐 버리고 말았다.

"여보! 어디 있소? 여보!"

그러던 어느 날, 마침내 화공은 아름다운 꽃을 그려, 그 그림을 아내가 갇힌 감옥 밑에 파묻고 그 자리에서 숨을 거두고 말았다.

이 날부터 옥에 갇힌 아내는 밤마다 남편의 꿈을 꾸었는데, 꿈 속에서 남편은 말없이 애처로워하는 눈으로 아내를 바라보다 사라지고는 하였다. 아내는 이상히 생각하다가 어느 날 아침에 감옥의 창 밖을 내다보니 거기에는 한 줄기 덩굴꽃이 피어 있었다. 그 꽃은 꿈 속에서 애처롭게 바라보던 남편의 눈길 같았다. 아내는 곧 원한을 품고 죽은 남편의 넋이 이 꽃으로 태어난 것임을 알아차리고 크게 통곡하다가 죽었다고 한다. 이 꽃이 '나팔꽃'이었다고 전한다.

덩굴손

덩굴식물에는 덩굴손이 있고 이것으로 다른 물체를 감아서 몸체를 지탱하는 종류가 있다. 오이·포도·호박 등의 덩굴손은 줄기의 일부가 변화된 것이고, 완두의 덩굴손은 잎의 잎맥이 변화된 것이다. 또, 청미래덩굴은 턱잎이 변화되어 덩굴손이 된 것이다.

덩굴손은 처음 끝이 물체를 꽉 붙잡고 나서 전체가 용수철처럼 감아간다. 그러므로 감는 방향은 한쪽으로만 되는 것이 아니고, 중간에서 감는 방향을 바꾸는 경우도 있다. 끈이나 바늘을 사용하여 시험해 보면 그 구조를 쉽게 알 수 있다.

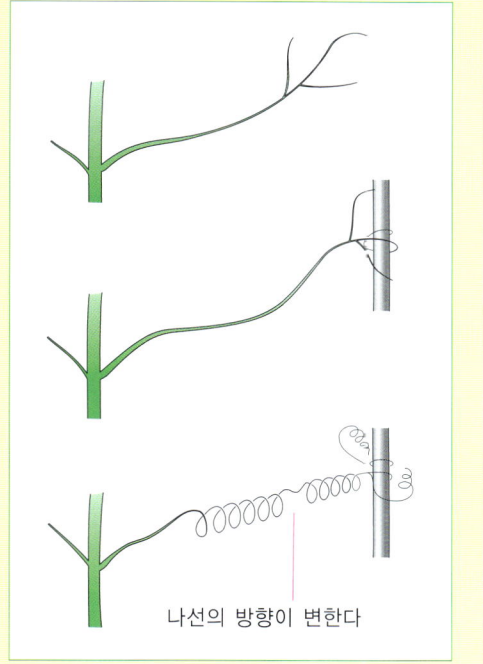

나선의 방향이 변한다

바이올렛

〔제스네리아과〕 제비꽃

여러해살이풀. 아프리카 열대 지방 원산이며 키 15cm 정도 자란다. 잎은 두껍고 염통 모양이며, 가장자리에 무딘 톱니가 있고 긴 잎자루가 있다. 꽃은 6~10월에 피고 꽃줄기 끝에 1송이씩 달린다. 꽃빛깔은 많은 품종이 개발되어 노란색·분홍색·주황색·진자주색·흰색 등 다양하다.

꽃범의꼬리
〔꿀풀과〕

여러해살이풀. 캐나다 원산이며 키 60~120cm 자란다. 뿌리줄기가 옆으로 벋으면서 줄기가 무더기로 나온다. 잎은 마주나고 피침형이며 가장자리에 톱니가 있다. 꽃은 7~9월에 보라색·홍색·흰색 등으로 피고 줄기 윗부분에 모여 이삭 모양을 이룬다. 꽃받침은 종 모양이고 꽃잎은 입술처럼 생겼다.

샐비어
〔꿀풀과〕

깨꽃 · 사르비아

한해살이풀. 남부 유럽 원산이며 키 60~90cm 자란다. 잎은 마주나고 긴 달걀 모양이며, 끝이 뾰족하고 가장자리에 뭉툭한 톱니가 있으며 흰 털이 난다. 꽃은 5~10월에 붉은색으로 피고, 줄기와 가지 끝에 층층이 모여 달린다. 꽃받침은 종 모양이다.

디기탈리스

〔현삼과〕

　여러해살이풀. 유럽 원산이며 관상용으로 재배한다. 키 1m 정도 자라고 전체에 짧은 털이 있다. 잎은 어긋나고 달걀 모양이며, 양면에 주름이 있고 가장자리에 물결 모양의 톱니가 있다. 꽃은 종 모양이며 7~8월에 홍자색 또는 흰색으로 피고 줄기 끝에 이삭처럼 달린다. 꽃잎 안쪽에 짙은 반점이 있다. 열매는 삭과이고 원뿔 모양이며 꽃받침이 남아 있다.

참오동나무

〔현삼과〕

　갈잎큰키나무. 인가 부근에서 심으며 높이 15m 정도 자라고 어린 가지에 털이 밀생한다. 잎은 마주나고 넓은 달걀 모양이며, 가장자리가 3~5개로 얕게 갈라지기도 한다. 꽃은 종 모양이며 5~6월에 연한 자주색으로 피고, 가지 끝에 여러 송이가 모여 달린다. 열매는 삭과이고 둥글며 10월에 익는다.

구기자나무

〔가지과〕

갈잎떨기나무. 마을 근처의 둑이나 냇가에서 높이 1~2m 자란다. 줄기는 비스듬히 자라고 끝이 밑으로 처진다. 꽃은 종 모양이며 6~9월에 자줏빛으로 피고 잎겨드랑이에 1~4송이 달린다. 열매는 장과이고 타원형이며, 8~9월에 붉게 익는다. 어린 순을 먹고 열매는 약재로 쓴다.

노인의 장수를 기원하는 나무

예로부터 오래된 줄기로 지팡이를 만들어 즐겨 짚고 다니면 늙지 않고 오래 산다고 믿어, 신선의 지팡이라는 뜻으로 '선인장(仙人杖)'이라고도 부른다.

재미있는 꽃이야기

노인을 매질하는 어린 소녀

옛날 중국 강서 지방의 한 관리가 길가에서 16~17세쯤 되어 보이는 어린 소녀가 80~90세쯤 되어 보이는 머리가 하얀 백발노인의 종아리에 회초리로 매질을 하는 것을 보게 되었다.

"이놈아, 왜 에미 말을 안 듣는 게냐?"

"약 먹기 싫단 말이에요. 안 먹을래요."

노인은 소녀의 매질을 피해 숲 속으로 달아나고 말았다. 소녀는 매를 든 채 한숨을 쉬며 중얼거렸다.

"저런 철없는 것! 대체 언제나 철이 들려나!"

이상히 여겨 그 사연을 물었더니, 그녀는 이렇게 말하였다.

"이 애는 내 셋째 아들인데 약을 먹기 싫어하여 나보다 먼저 머리가 희어졌소. 약을 먹이기 위해 매질하는 거라오."

관리는 너무 놀라서 다시 물었다.

"그럼 너는 몇 살이냐?"

"나는 395세라오."

관리는 급히 말에서 내려 소녀에게 절을 하였다. 그리고 그 불로장생(不老長生)의 명약을 물은즉, 소녀는 '구기자'라고 하며 비법도 일러 주었다. 관리는 일러 준 비법대로 구기자를 담가 먹고 300년을 살았다고 한다.

까마중

〔가지과〕

용안초

한해살이풀. 밭이나 길가에서 키 20~90cm 자란다. 잎은 어긋나고 달걀 모양이며 가장자리에 물결 모양의 톱니가 있다. 꽃은 5~9월에 흰색으로 피고 줄기에서 나온 긴 꽃줄기에 3~8 송이가 모여 달린다. 열매는 장과이고 둥글며 7월부터 검게 익는데, 단맛이 나지만 약간 독성이 있다.

아하! 용의 눈을 닮은 열매

까만 열매가 많이 열려 '까마중'이라 하며, 열매의 모양이 용의 눈알 같다 하여 '용안초(龍眼草)'라고도 불린다.

꽈리

[가지과]

여러해살이풀. 마을 부근에서 키 40~90cm 자란다. 잎은 어긋나고 가장자리에 톱니가 있다. 꽃은 7~8월에 연한 노란색으로 피고, 잎겨드랑이에서 나온 꽃줄기 끝에 1송이씩 달린다. 열매는 장과이고 둥글며, 9~10월에 빨갛게 익는다. 꽃받침이 자라서 주머니 모양으로 열매를 둘러싼다.

꽃

아하!

꽈리를 부는 열매

노래를 잘하는 소녀 꽈리의 수줍은 모습이 꽃이 되었다는 전설에서 '꽈리'라고 불린다. 열매 모양이 밤길을 밝히는 청사초롱 같다고 하여 '등롱초(燈籠草)'라고도 한다.

재미있는 꽃 이야기

수줍어 붉어진 소녀의 넋

옛날 어느 가난한 집에 꽈리라는 노래를 잘 부르는 소녀가 있었다. 그런데 마을에서 제일 가는 부잣집에도 꽈리와 나이가 같은 딸이 하나 있었는데, 그녀는 꽈리를 몹시 미워하였다. 어느 날, 꽈리가 나물을 캐면서 즐겁게 노래를 부르고 있을 때, 마침 그 마을을 시찰하고 있던 원님이 듣게 되었다.

"허, 저렇게 아름다울 수가! 아마도 선녀가 내려와서 노래를 부르나 보다."

원님은 하인을 시켜 꽈리를 불러오게 하고 크게 칭찬을 하고 돌아갔다. 원님 앞에서 꽈리는 너무 수줍어 고개를 들지 못했다. 이 소문을 들은 부잣집의 딸과 어머니는 화가 나서 어쩔 줄 몰라했다.

어느 날 그 부잣집에서 큰 잔치를 열고 원님도 초대했는데 원님이 꽈리를 부르게 했다.

"이 고을에 노래를 매우 잘 부르는 소녀가 있던데, 그 노래를 듣고 싶소."

부잣집 딸은 이를 시기하여 꽈리가 수줍음이 많은 것을 알고 불량배들을 불러 계략을 짰다. 이윽고 잔칫집에 온 꽈리가 막 노래를 부르려고 할 때 불량배가 비웃으며 말했다.

"노래도 못 부르는 것이 얼굴도 저렇게 못 생겨서야 어찌…."

그 말을 듣자 꽈리의 얼굴은 금방 새빨개졌다. 도망치듯 집으로 돌아온 꽈리는 마음의 병이 깊어 몸져눕게 되고 결국 그 해를 넘기지 못하고 죽고 말았다.

이듬해 봄, 꽈리의 무덤에 처음 보는 꽃이 피더니 빨간 열매가 열렸다. 엷은 너울 속에서 살포시 밖을 내다보는 열매는 영락없이 꽈리의 수줍어하는 모습 그대로였다. 사람들은 죽은 꽈리가 환생한 것이라고 하여 이 꽃을 '꽈리'라고 불렀다.

피튜니아

[가지과]

한해 또는 여러해살이풀. 남아메리카 원산이며 관상용으로 재배하고 키 30~50cm 자란다. 줄기가 약해 곧게 서지 못하고 약간 덩굴성이다. 잎은 어긋나고 끝이 뾰족한 달걀 모양이며 부드러운 털이 있다. 꽃은 6~7월에 보라색·붉은색·흰색 등으로 피고, 잎겨드랑이에 1송이씩 달린다. 꽃부리는 깔때기 모양이다.

개오동나무

〔능소화과〕 향오동

갈잎큰키나무. 마을 부근에서 높이 10~20m 자라며 나무껍질은 잿빛을 띤 갈색이다. 잎은 마주나고 넓은 달걀 모양이며 잎자루는 자줏빛을 띤다. 꽃은 6~7월에 노란빛을 띤 흰색으로 피고, 가지 끝에 많이 모여 달린다. 열매는 삭과이고 긴 선형이며 10월에 익는다. 씨는 갈색이고 양쪽에 털이 있다.

능소화나무

〔능소화과〕

갈잎덩굴나무. 중국이 원산이며 절에서 많이 심고 길이 10m 정도 자란다. 가지에 흡착근이 있어 벽이나 다른 물체에 붙어서 올라간다. 잎은 마주나고 깃털 모양이며 작은잎은 달걀 모양이고 가장자리에는 톱니와 털이 있다. 꽃은 깔때기 모양이며 8~9월에 적황색으로 피고 가지 끝에 여러 송이가 모여 달린다. 열매는 삭과이고 2개로 갈라지며 10월에 익는다.

국 화 과

가장 진화된 식물, 작은 꽃이 모인 두상화

국화과 식물의 특징

- 국화과는 세계적으로는 약 2만여 종이 있으며 우리 나라에는 192종이 있다.
- 대부분 풀 또는 풀처럼 보이는 키가 작은 떨기나무류이며 드물게 커다란 큰키나무도 있다.
- 커다란 꽃 1송이로 보이는 것은 실제로 많은 작은 꽃들이 모여서 이루어진 것이다. 이것이 머리처럼 보인다고 하여 두상화(頭狀花)라고 부르며 국화과 꽃의 큰 특징이다.
- 두상화를 이루는 작은 꽃은 관상화(관 모양 꽃)이거나 설상화(입술 모양 꽃)다.
- 화관은 통 모양이며 관상화는 끝이 5개로 갈라지고, 설상화는 윗 부분이 입술처럼 한쪽으로 뻗는다.
- 꽃받침은 긴 털이나 짧은 가시 등으로 변한다. 열매가 익으면 이 털이 펼쳐져 낙하산 역할을 한다.
- 열매 속에는 열매껍질과 밀착되어 씨가 1개씩 들어 있다. 보통 씨앗이라고 해도 그것은 열매(수과)이다.
- 두화는 3가지 모양이 있다. ①두화가 관상화만 있는 것(엉겅퀴). ②설상화만 있는 것(민들레). ③가운데는 관상화, 주변은 설상화인 것(해바라기).
- 쌍떡잎식물 중에서 가장 진화된 것으로 인간에게 식용·약용·관상용으로 쓰이고 있다.

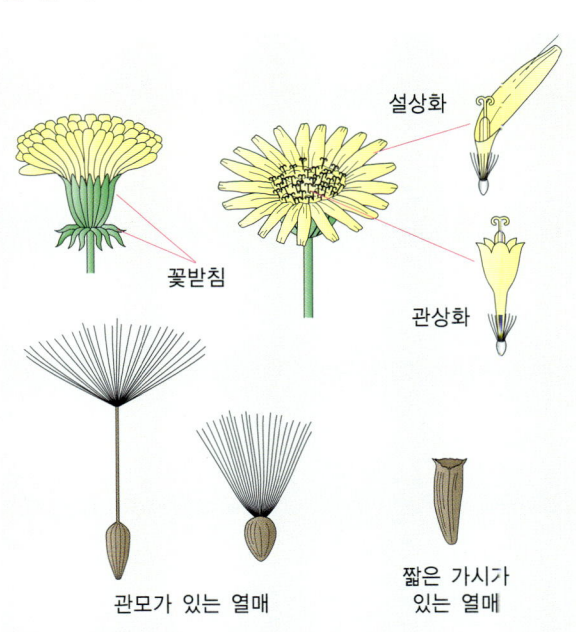

설상화

꽃받침

관상화

관모가 있는 열매

짧은 가시가 있는 열매

과꽃
〔국화과〕

한해살이풀. 고원과 산지에서 키 30~100cm 자란다. 줄기는 자줏빛을 띠고 가지를 많이 치며 풀 전체에 흰 털이 많다. 꽃은 7~9월에 남보라색으로 피고 긴 꽃줄기 끝에 1송이씩 달린다. 열매는 수과이고 납작하며, 긴 타원형이고 털이 있다.

재미있는 꽃 이야기

과부의 정절을 지켜준 꽃

옛날 백두산 밑에 어린 아들과 사는 과부가 있었다. 남편이 죽은 지 수 년이 지났으므로 과부는 조금씩 재혼을 생각하고 있었다.

어느 여름날, 집 뜰의 꽃밭에 나갔더니 죽은 남편이 서 있었다. "여보, 내가 돌아왔소!" 세 식구가 다시 모여 살게 되었다. 그러던 어느 해에 극심한 가뭄이 들어 부부는 만주땅으로 건너가서 10여 년을 살았는데, 아들이 독사에 물려 죽자 부부는 죽은 아들을 꽃밭에 묻고 다시 고향으로 돌아왔다.

얼마 후, 남편이 발을 잘못 딛어 그만 절벽 아래로 떨어지고 말았다. 그 순간 부인은 정신을 잃고 쓰러지며 비명을 질렀다.

"엄마, 엄마!" 어린 아들이 부르는 소리에 깜짝 놀라 깨어나 보니 모두 꿈이었다.

'내 마음을 바로잡아 주기 위해 남편이 꿈에서나마 일생을 같이해 주었구나.'

그 후 아들은 무과시험을 보기 위해 한양으로 떠났다. 그때 오랑캐들이 부인을 납치해 만주로 갔는데, 납치된 집이 그 옛날 꿈 속에서 남편과 살았던 바로 그 집이었다. 두목은 부인을 가두고 자신과 결혼하라고 협박했다.

한편, 무과에 급제해 돌아온 아들은 급히 만주당으로 쫓아가 어머니를 구출해 냈다.

"이 집은 네 아버지께서 끝까지 나를 지켜 주신 집이다."

부인은 그 동안에 있었던 일들을 아들에게 들려 주고 뜰에 나가 보았다. 꿈에 아들을 묻었던 꽃밭에 보랏빛 꽃이 피어 있었다. 부인은 그 꽃을 캐어 고향으로 돌아와 행복하게 살았다. 사람들은 그 꽃이 과부를 지켜 준 꽃이라고 해서 '과꽃(寡花)'이라고 불렀다.

달리아

〔국화과〕

　여러해살이풀. 멕시코 원산이며 키
1.5~2m 자라고 줄기에 흰 가루가 덮
여 있다. 잎은 마주나고 깃털 모양이
며, 작은잎은 달걀 모양이고 가장자리
에 톱니가 있다. 꽃은 7~8월에 노란
색·붉은색·흰색 등으로 피고, 줄기
와 가지 끝에 1송이씩 옆을 향해 달린
다. 열매는 10월에 익는다.

국화

[국화과]

여러해살이풀. 주로 화단에서 관상용으로 재배하며 키 1m 정도 자란다. 잎은 어긋나고 깃털 모양으로 갈라지며 가장자리에 불규칙한 톱니가 있다. 꽃은 가을에 노란색이나 흰색으로 피고, 줄기나 가지 끝에 1송이씩 달린다. 꽃빛깔은 품종에 따라 다양하고 크기나 모양도 다르다. 우리 나라에는 390여 품종이 알려져 있다.

금구슬

황진이

도월

자우전

황무궁

금병산

자을녀

해국

산국(개국화)

불로장생(不老長生)의 비법-국화주

옛날 중국 주나라 목왕 때 국자동이라는 신하가 있었다.

그러나 어느 날, 국자동은 왕의 노여움을 사서 먼 외지에 귀양가는 신세가 되었다. 국자동은 귀양살이가 너무 쓸쓸하여 전에 왕에게서 하사받은 글귀를 국화의 잎에 써서 국화의 이슬이 떨어지는 감곡물에 띄우며 왕이 계신 궁성에 가 닿기를 빌었다.

그러던 어느 날 꿈에 백발의 신선이 나타나 "국자동아, 네가 글귀를 띄운 감곡의 물을 마시면 너의 몸은 늙지 않고 영원히 젊을 것이며 머지 않아 네가 원하는 궁성에도 돌아갈 수 있을 것이다."

라고 말하고 사라졌다.

꿈에서 깨어난 국자동은 신선이 일러 준 대로 감곡의 물을 마셨더니, 이상하게도 어릴 적 모습 그대로 800년을 지나도 늙지 않았다고 하며 1,700살을 살았다고 한다.

궁성으로 돌아와 벼슬에 복귀한 국자동은 나중에 술에 국화꽃을 띄워 국화주를 만들었는데, 15살밖에 못 산다고 예언되었던 위나라의 문제에게 이 국화주의 비법을 일러주어 장수하게 하였다고 한다.

그 후부터는 재앙을 물리치는 액막이의 주술로, 또 불로장생하는 비법으로 국화주를 마시는 풍습이 생겨났다.

거베라

〔국화과〕

여러해살이풀. 줄기와 잎에 솜털이 밀생한다. 잎은 모두 뿌리에서 모여나고 길이 30cm 정도이며 가장자리에 거친 물결 모양의 톱니가 있다. 꽃은 5~11월에 노란색·붉은색·흰색 등으로 피고, 잎 사이에서 나온 긴 꽃줄기 끝에 1송이씩 달린다.

데이지

〔국화과〕 애기국화

여러해살이풀. 유럽 원산이며 키 15cm 정도 자라고 수염뿌리가 사방으로 퍼진다. 잎은 뿌리에서 나오고 주걱 모양이며 가장자리에 톱니가 약간 있다. 꽃은 봄부터 가을까지 피며 연한 홍색·홍자색·흰색이다. 뿌리에서 나온 꽃줄기가 끝에 1송이씩 달리며, 밤에는 오므라든다.

백일홍

〔국화과〕

한해살이풀. 멕시코 원산이며 키 60~90cm 자란다. 잎은 마주나고 끝이 뾰족한 달걀 모양이며, 가장자리는 밋밋하고 거친 털이 있다. 꽃은 6~10월에 자주색·주황색·흰색 등 다양하게 피고, 긴 꽃줄기 끝에 1송이씩 달린다. 가운데 관상화는 주로 노란색과 주황색이 많다. 열매는 9월에 익는다.

100일 동안 피어 있는 꽃

붉은색 꽃이 잘 시들지 않고 100일 이상 오랫동안 피어 있으면서 꽃 모양이 유지되므로 '백일홍(百日紅)'이라고 부른다.

재미있는 꽃 이야기

백일 기도하던 처녀의 혼

옛날 어느 어촌에서는 해마다 목이 셋이나 달린 이무기에게 처녀를 제물로 바쳤다.

어느 해에는 김 첨지의 딸 차례가 되어 모두 슬픔에 빠졌는데, 뜻밖에 늠름하고 젊은 용사가 나타나 이무기를 처치하겠다고 자원했다. 용사는 보은의 뜻으로 혼인을 청하는 처녀에게 지금 자신은 이무기를 죽이러 가는 중이니, 100일만 기다리면 돌아오겠다고 약속했다.

용사는 돌아올 때 배의 돛이 흰색이면 자신이 살아 있는 것이고, 붉은색이면 죽은 것이라고 말했다. 처녀는 용사를 기다리며 매일 높은 산에 올라 수평선을 바라보았다.

100일째 되는 날, 용사를 태운 배가 나타났으나 돛은 붉은색이었다. 김 첨지의 딸은 절망한 나머지 그 자리에서 자결을 하고 말았다. 그러나 사실은 용사가 이무기와 싸우다 이무기의 피가 돛에 물들어 흰색이 붉은색으로 물든 것이었다. 급히 오느라 용사는 자신의 약속을 잠시 잊었던 것이었다.

그 뒤 처녀의 죽은 자리에서 붉은색 꽃들이 피어났다.

"쯧쯧, 가엾기도 해라! 백일 기도를 하던 처녀의 넋이 꽃으로 피어난 게야."

사람들은 그 꽃을 '백일홍'이라고 불렀다. 백일홍의 이름은 100일 동안 꽃이 붉게 핀다는 뜻이다.

삼잎국화

[국화과]

여러해살이풀. 산기슭의 풀밭이나 강가에서 무리지어 나고 키 2m 정도 자란다. 잎은 어긋나고 깃털 모양으로 갈라지며, 갈라진 조각은 가장자리에 짧은 털이 있다. 꽃은 7~9월에 노란색으로 피고, 줄기와 가지 끝에 1송이씩 달린다. 열매는 수과이고 관모는 짧다. 어린 순을 나물로 먹는다.

센토레아

[국화과]

한해살이풀. 유럽 동부와 남부 원산이며 키 30~90cm 자란다. 줄기와 잎은 약간 백록색 솜털로 덮여 있다. 잎은 마주나고 깃털 모양으로 갈라진다. 꽃은 6~7월에 노란색으로 피며 긴 꽃대 끝에 1송이씩 달린다. 꽃잎은 바늘 모양으로 무수히 많다. 열매는 7~8월에 익는다. 원예종에는 노란색 꽃을 비롯하여 다양한 색의 품종이 개발되어 있다.

시네라리아

[국화과]

여러해살이풀. 카나리아 군도 원산이며 키 40~60cm 자라고 전체에 털이 있다. 잎은 어긋나며 큰 염통 모양으로 가장자리에 톱니가 있다. 꽃은 12월~이듬해 4월에 붉은색·흰색으로 피는데, 꽃줄기에 많은 꽃이 빽빽하게 달린다. 가운데는 대개 자주색이다.

원추천인국

[국화과]

한해살이풀. 아메리카 남부 원산이며 가로변에 많이 심으며 키 30~50cm 자란다. 전체에 털이 있어서 거칠다. 잎은 어긋나고 긴 주걱 모양이며 가장자리가 밋밋하다. 꽃은 6~8월에 노란색으로 피고 긴 꽃줄기 끝에 1송이씩 달린다. 가운데는 갈색이다. 열매는 9~10월에 익는다.

아하!

원추형 통상화를 가진 천인국

꽃의 가운데 부분인 통상화부가 원추형으로 자라는 천인국(天人菊)이라는 뜻으로 '원추천인국(圓錐天人菊)'이라 부르게 되었다.

천수국

〔국화과〕
아프리카금잔화

한해살이풀. 멕시코 원산이며 키 45~60cm 자라고 가지가 많이 갈라진다. 잎은 마주나거나 어긋나고 깃털 모양이며, 작은잎은 피침형이고 가장자리에 잔톱니가 있다. 전체에서 냄새가 난다. 꽃은 6~9월에 노란색·담황색·적황색 등으로 피며, 가지 끝에서 나온 굵은 꽃줄기에 1송이씩 달린다. 열매는 수과이고 길며 끝에 가시 같은 깃털이 있다.

코스모스

〔국화과〕

한해살이풀. 멕시코 원산이며 키 1~2m 자라고 줄기 윗부분에서는 가지를 많이 친다. 잎은 마주나고 깃털 모양으로 갈라지며, 갈라진 조각은 선형이고 독특한 냄새가 난다. 꽃은 6~10월에 붉은색·연분홍색·흰색 등으로 피고 가지와 줄기 끝에 1송이씩 달린다. 열매는 수과이고 끝이 새 부리 모양이며 8~11월에 익는다.

해바라기

〔국화과〕

한해살이풀. 아메리카 원산이며 양지바른 곳에서 키 2m 정도 자라고 전체에 억센 털이 있다. 잎은 어긋나고 잎자루가 길며, 달걀 모양이고 가장자리에 톱니가 있다. 꽃은 8~9월에 노란색으로 피고 원줄기가 가지 끝에 1송이씩 달린다. 열매는 10월에 익으며, 씨는 달걀 모양이고 회색 바탕에 검은 줄이 있다.

해만 바라보는 꽃

꽃이 항상 해가 있는 쪽을 바라보고 피며, 해가 도는 데 따라 방향을 돌린다고 하여 '해바라기'라고 불린다.

재미있는 꽃 이야기

태양의 신을 사랑한 요정

유럽에 전해지는 전설이다. 바다의 신이 그리디와 우고시아라는 두 요정을 딸로 두었다.

"해가 진 뒤부터 동이 트기 전까지만 연못에서 놀아야 한다. 그 밖의 시간에는 연못 속에서 나오면 안 된다."

바다의 신은 두 요정에게 엄하게 일렀다.

어느 날, 두 요정은 놀이에 정신을 빼앗겨 그만 아버지의 엄한 타이름을 잊고 말았다.

"어머나! 저 동쪽 산으로 올라오는 것이 뭐지?"

아침이 오고 동이 트면서 태양의 신 아폴론이 찬란한 빛을 세상에 비추었다. 난생 처음 보는 황홀한 광경이었다. 두 요정은 아버지의 엄격한 명령도 잊고 밝아져오는 세상과 태양을 쳐다보았다.

아폴론은 두 요정을 발견하고는 미소를 보내면서 빛을 비추었다. 두 요정은 아폴론의 미소에 그만 온 마음을 빼앗기고 말았다. 아폴론의 사랑을 독차지하기 위해 언니 그리디는 몰래 아버지한테 가서 동생이 해가 뜬 뒤에도 연못에서 놀았다고 일러바쳤다. 동생 우고시아는 바다 신의 노여움을 사 감옥에 갇히게 되었다.

그러나 아폴론은 언니 그리디의 고약한 마음을 다 알고 있었기에 그리디를 쳐다보지도 않았다. 그리디는 아폴론의 사랑을 얻기 위해 하루 종일 하늘을 쳐다보면서 서 있었다. 그러다가 그만 발이 땅에 뿌리박힌 채 한 포기의 꽃이 되고 말았다. 이 꽃은 아폴론을 바라보는 그리디처럼 해만을 바라보고 있었다. 이 꽃이 바로 해바라기이다.

무스카리

[백합과]

여러해살이풀. 유럽 원산이며 관상용으로 심는다. 알뿌리는 공 모양이며 작은 것이 4~5cm, 큰 것은 10cm 정도이다. 잎은 뿌리에서 모여 나고 긴 선형이며 안쪽으로 골이 져 있다. 꽃은 단지 모양이며 4~5월에 보라색으로 피고, 긴 꽃줄기 끝에 작은 꽃 수십 송이가 아래로 늘어져 달린다.

비비추

[백합과]

여러해살이풀. 산골짜기에서 키 30~40cm 자란다. 잎은 모두 뿌리에서 나와 비스듬히 자라고 끝이 뾰족한 타원형이며 잎자루가 길다. 꽃은 종 모양이며 7~8월에 연한 자줏빛으로 피고, 곧게 선 꽃줄기 끝에 여러 송이가 달린다. 열매는 삭과이고 긴 타원형이며 9월에 익는다. 씨는 검은색이고 가장자리에 날개가 있다. 연한 순을 식용하며 관상용으로 심는다.

아하! 옥비녀를 닮은 꽃

길고 끝이 뭉툭한 흰 꽃봉오리가 옛날 여인네들이 머리에 꽂는 옥으로 만든 비녀와 비슷하다고 하여, 기다란 옥비녀라는 뜻으로 '장병옥잠(長柄玉簪)'이라고도 부른다.

백합
[백합과]

여러해살이풀. 일본 원산이며 숲이나 수목의 그늘에서 50~100cm 자란다. 잎은 어긋나거나 돌려나고 넓은 칼 모양이며 뒤로 젖혀진다. 꽃은 큰 나팔 모양이며 5~6월에 흰색으로 피고, 줄기 끝에 2~3송이씩 옆을 향해 달린다. 열매는 삭과이고 긴 타원형이다.

재미있는 꽃이야기

성모 마리아에게 바치는 꽃

유럽에 전해지는 전설이다.

그리스의 신 제우스는 어린 헤라클레스에게 영원한 생명을 주고 싶어 궁리 끝에 좋은 방법을 생각해 냈다.

"헤라클레스에게 영원한 생명을 주려면 헤라의 젖을 먹여야 할 텐데…. 그래! 아내 헤라를 잠들게 한 후, 헤라클레스에게 젖을 물리게 하면 되겠구나!"

일단 헤라를 잠들게 하기 위해서는 수면제가 필요했다. 그래서 제우스는 솜누스에게 잠자는 약을 만들게 하였다. 잠자는 약이 완성되자, 제우스는 그 약을 향기로운 술에 타서 헤라에게 권하였다.

"헤라, 좋은 향기가 나는 술이라오. 같이 한잔 마십시다."

헤라는 술잔을 들어 단숨에 들이키자 이내 쓰러져 잠이 들어 버렸다. 제우스는 어린 헤라클레스를 데려다가 헤라의 젖을 먹게 하였다. 그런데 어린 헤라클레스가 너무 세게 젖을 빨았기 때문에 그만 젖이 땅에 흐르게 되었다. 그 젖 자국에서 아름다운 꽃이 돋아났는데, 사람들은 이 꽃을 백합이라고 불렀다고 한다.

그래서 백합은 땅에 흐르던 젖처럼 하얀 순백색이라고 하며, 후에 성모 마리아에게 바치는 꽃이 되었다.

산옥잠화

〔백합과〕

여러해살이풀. 냇가의 바위 틈에서 키 20~70cm 자란다. 잎은 모두 뿌리에서 나오고 끝이 뾰족한 타원형이며 윤이 난다. 꽃은 깔때기 모양이며 7~8월에 자줏빛으로 피고, 곧게 선 꽃줄기 끝에 여러 송이가 한쪽으로 치우쳐서 달린다. 열매는 삭과이고 긴 타원형이며 3개로 갈라진다. 봄에 연한 잎을 나물로 먹는다.

아가판서스

〔백합과〕

여러해살이풀. 주로 화단에서 관상용으로 심는 알뿌리 식물이며 키 40~80cm 자란다. 잎은 모두 뿌리에서 나오고 긴 선형이며 두껍다. 꽃은 종 모양이며 6~7월에 보라색·하늘색·흰색 등으로 피고, 긴 꽃줄기 끝에 많은 꽃들이 모여 달린다.

알로에

〔백합과〕

늘푸른여러해살이풀. 아프리카 원산이며 키 50~60cm 자라고 줄기는 짧다. 잎은 줄기 밑부분에서 돌려나고 두꺼우며 가장자리에 날카로운 가시가 있다. 꽃은 통 모양이며 여름에 노란색으로 피고, 긴 꽃줄기 끝에 무리지어 밑을 향해 달린다. 열매는 삭과이고 3개로 갈라진다.

옥잠화

〔백합과〕

여러해살이풀. 중국 원산이며 키 40~60cm 자란다. 잎은 굵은 뿌리줄기에서 모여나고 타원형이며, 가장자리가 물결 모양이고 잎자루가 길다. 꽃은 깔때기 모양이며 8~9월에 흰색으로 피고, 긴 꽃줄기 끝에 여러 송이가 모여 달린다. 열매는 삭과이고 원뿔 모양이며 씨에 날개가 있다.

옥으로 만든 비녀를 닮은 꽃

꽃봉오리가 옛날 여인들이 머리에 꽂는 옥(玉)으로 만든 비녀(잠;簪)같이 생겼다고 하여 '옥잠화(玉簪花)'라고 이름지어졌다.

튤립
〔백합과〕

　여러해살이풀. 소아시아 원산이며 키 20~60cm 자라고 땅속의 비늘줄기는 달걀 모양이다. 잎은 어긋나고 넓은 피침형이며 밑부분은 원줄기를 감싼다. 꽃은 넓은 종 모양이며 4~5월에 빨간색·노란색 등 여러 색으로 피고, 꽃줄기 끝에 1개씩 위를 향해 달린다. 열매는 삭과이고 7월에 익는다.

재미있는 꽃이야기

세 젊은이의 청혼

옛날 유럽의 어떤 작은 마을에 아름다운 소녀가 살고 있었다. 소녀는 너무나 귀염을 받고 자라서인지 세상의 무서움이란 하나도 모르고 지냈다.

어느 날 이 소녀에게 세 젊은이로부터 청혼이 들어왔다. 한 사람은 나라의 왕자였고, 두 번째 남자는 용감한 기사였으며, 세번째 남자는 돈 많은 상인의 아들이었다. 이들은 소녀에게 각각 이렇게 말하며 청혼하였다.

"만일 나와 결혼하면 나의 왕관을 그대에게 씌워 주겠소."

"나는 집안 대대로 내려오는 아주 좋은 칼을 주겠소."

"나와 결혼하여 준다면 나의 금고 속에 가득한 황금을 전부 주겠소."

그러나 소녀는 웃기만 할 뿐 아므런 말도 하지 않았다. 다만 속으로만 이렇게 중얼거릴 뿐이었다.

'난 아무것도 원치 않아요. 당신들은 모두 너무나 좋은 분들이에요.'

그 모습은 구혼자들에게 아주 거만하게 보였다. 세 젊은이는 소녀에게 자기들이 무시당했다고 생각하여 화가 나서 욕설을 퍼붓고, 그대로 가버리고 말았다.

세 젊은이가 모두 떠나버리자 너무도 기가 막힌 소녀는 그대로 병이 들어 죽고 말았다. 이 사실을 알게 된 꽃의 여신 폴로라는 소녀의 넋을 튤립꽃으로 피어나게 하였다. 꽃송이는 왕관과 비슷하고 잎새는 칼을 닮았으며 덩이뿌리는 황금색이었다.

자주달개비

〔닭의장풀과〕 양닭개비

　여러해살이풀. 북아메리카 원
산이며 키 50cm 정도 자라고 줄
기는 무더기로 난다. 잎은 어긋
나고 넓은 선형이며, 밑부분은
넓어져서 줄기를 감싸고 윗부분
은 뒤로 젖혀진다. 꽃은 5월에 피
고 자줏빛이 돌며, 가지 끝의 가
는 꽃줄기에 모여 달린다. 열매는
9월에 익는다.

자주색 달개비

　달개비라고 불리는 닭의장풀과 비
슷하지만 꽃의 색깔이 자줏빛이므
로 '자주달개비'라고 부른다.

안수리움

〔천남성과〕

　여러해살이풀. 중앙아메리카 원
산이며 관상용으로 재배한다. 잎
은 끝이 뾰족하고 긴 타원형이다.
길이 30cm 정도의 꽃줄기 끝에
넓은 염통 모양의 홍색 불염포가
생기며, 꽃은 불염포 위에 적색 육
수화서로 달리는데 나선형으로 꼬
인다.

히아신스

[백합과]

여러해살이풀. 소아시아 원산이며 땅 속의 비늘줄기는 달걀 모양이고 흑갈색이다. 잎은 뿌리에서 모여 나고 선형이며 안쪽으로 굽는다. 꽃은 깔때기 모양이며 4~5월에 남보라색으로 피고, 잎 사이에서 나온 꽃줄기 윗부분에 모여 달린다. 꽃 빛깔은 원예 품종이 많이 개발되어 여러 가지가 있다. 열매는 삭과이고 달걀 모양이다.

재미있는 꽃 이야기

히아킨토스의 넋

옛날 그리스 남부에 히아킨토스라는 미소년이 태어났다. 그는 운동과 전쟁에도 뛰어나서 모든 신들이 그를 사랑하였다.

태양의 신 아폴론과 바람의 신 제피로스는 히아킨토스를 유난히 사랑했다. 그래서 서로 자기의 시중을 들게 하려고 다투었는데, 결국 아폴론이 이겼다. 그리하여 아폴론과 히아킨토스는 늘 함께 다녔다.

어느 날, 아폴론과 히아킨토스는 들판에서 원반던지기를 했다. 두 사람은 들판의 양쪽에 서서 누가 더 멀리 던지나 시합을 했다.

먼저 히아킨토스가 던졌다. 원반은 높게 날아서 아폴론의 발 앞에 떨어졌다.

"음, 대단한 솜씨구나. 그러나 나한테는 못 당할걸?"

아폴론이 힘껏 던진 원반은 높이 날아올라 구름 위까지 솟구쳤다. 늘 시샘을 하며 구름 위에서 둘의 모습을 지켜보고 있던 제피로스가 강한 바람을 일으키자, 원반은 바람에 날려 히아킨토스를 후려쳤다. 히아킨토스는 풀밭에 쓰러져 피를 많이 흘렸다.

아폴론이 뛰어갔으나 이미 때가 늦어서 히아킨토스는 그만 죽고 말았다. 그때, 히아킨토스의 피로 붉게 물들었던 풀들이 갑자기 생기를 띠기 시작했다. 그러더니 한 송이 눈부신 꽃을 피우는 것이었다. 아폴론은 그 꽃을 보면서 외쳤다.

"아, 히아킨토스의 넋이로구나!"

사람들은 이 꽃을 히아킨토스의 이름을 따서 '히아신스' 라고 불렀다.

상사화

〔수선화과〕 이별초

여러해살이풀. 땅 속의 비늘줄기는 넓은 달걀 모양이고 겉이 짙은 갈색이다. 잎은 봄에 비늘줄기 끝에서 뭉쳐 나오고 넓은 선형이며 6~7월에 말라버린다. 꽃은 8월에 연보라색으로 피고 키 60cm 정도의 꽃줄기 끝에 4~8송이가 한쪽을 향해서 달린다. 꽃이 필 때는 잎이 없어진다.

상사병에 걸린 꽃

꽃이 필 때는 잎이 없어지고, 잎이 나올 때는 꽃이 피지 않으므로 잎과 꽃이 만나지 못하고 서로 그리워하며 생각한다는 뜻에서 '상사화(相思花)'라고 부른다.

스님을 사랑한 처녀

옛날 전북 고창에 있는 선운사에 젊고 잘 생긴 스님이 있었다.

추석이 가까운 어느 날, 젊은 스님은 근동으로 탁발을 나가게 되었다. 그런데 어느 마을을 지나는데 그 동네 처녀 하나가 스님을 보고 사랑하는 마음이 싹트게 되었다. 처녀는 선운사까지 찾아가 젊은 스님의 얼굴을 한 번만이라도 더 보고 싶어했지만, 스님은 처녀의 마음을 알아채고 냉정하게 외면한 채 산 속의 토굴 속으로 들어가 나오지 않았다.

그러자 그만 처녀는 상사병이 나버렸고, 이미 혼인을 약속했던 남자측에서는 이런 사실을 알고 혼인을 파기해 버렸다. 그렇게 되자 처녀는 집에서조차 쫓겨나고 말았다.

처녀는 넋을 잃고 젊은 스님이 들어갔다는 토굴을 찾아 산 속을 헤집고 다니다 기진하여 끝내 죽고 말았다.

얼마 후에 처녀의 시체를 찾은 동네 사람들은 처녀가 죽은 자리에 예쁜 꽃이 핀 것을 발견하였다. 그런데 어찌된 일인지 이 식물은 잎이 먼저 나와 자라다 없어진 후에야 꽃대가 나오고 꽃이 피었다. 끝내 다시 만나지 못한 처녀와 젊은 스님처럼 꽃과 잎이 서로 만나지 못하는 것이다.

훗날 사람들은 선운사 일대에서 피는 이 꽃을 상사화라 부르게 되었는데, 추석을 전후로 예쁜 꽃이 피는 이 식물을 꽃이 피기 전에는 '상사초'라 부르고 꽃이 편 후에는 '상사화'라고 부른다.

남쪽 지방 사람들은 '절꽃'이라고 부른다. 절 부근에서 많이 나기 때문이다.

군자란

[수선화과]

여러해살이풀. 남아프리카가 원산이며 실내에서 주로 기른다. 잎은 뿌리에서 모여나고 좌우로 2장씩 갈라져서 가지런하며 길이 45cm 정도 자란다. 꽃은 넓은 깔때기 모양이며 1~3월에 주황색으로 피고, 굵고 단단한 꽃줄기 끝에 여러 송이가 모여 위를 향해 달린다. 열매는 8월에 밝은 홍색으로 익는다.

수선화

〔수선화과〕

여러해살이풀. 지중해 연안 원산이다. 잎은 늦가을에 자라기 시작하고 선형이며 끝이 둔하고 녹색빛을 띤 흰색이다. 꽃은 12월~이듬해 3월에 피고 긴 꽃줄기 끝에 5~6송이가 옆을 향해 달린다. 꽃잎은 6장으로 보통 흰색이고 가운데는 노란색이다. 원예 품종으로 여러 가지 색과 겹꽃이 있다.

금색 술잔과 하얀 은접시

흰색과 노란색으로 된 꽃을 위로 향하게 하면 하얀 은접시 위에 금으로 만들어진 술잔을 올려놓은 모양이 되므로 '금잔은대(金盞銀臺)' 라고도 부른다.

수선화(노란색 꽃)

수선화(흰색 꽃)

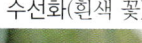

자기 얼굴을 사랑한 소년

옛날 그리스 신화에 제우스의 양을 치는 목동으로 나르키소스라는 아름다운 소년이 있었다. 소년은 양 떼를 몰고 다니며 평화로운 날을 보내고 있었다. 그런데 나르시스에게는 자신의 얼굴을 보면 불행해지는 신의 저주가 따라다녔다.

어느 날, 양 떼를 몰고 나가 풀을 먹이던 나르시스가 목이 말라 물을 먹으려고 시냇가에 엎드렸다. 그랬더니 물 속에 아름다운 사람의 얼굴이 나타나 자기를 쳐다보고 있는 것이었다. 그 모습은 지금까지 본 어떤 사람보다도 아름다웠다.

"이렇게 아름다운 얼굴을 처음 보는구나. 너무나 사랑스럽구나!"

그것은 자신의 물그림자였지만 자신의 얼굴을 한 번도 본 적이 없는 나르키소스는 물 속 얼굴이 필경 시냇물 속에 사는 님프인 줄 알았다.

"오, 아름다운 님프여! 그대도 나를 만나니 반가운가요?"

그러나 물 속에서는 아무 대답이 없었다.

"꽃보다도 예쁜 님프여, 대답해 주오."

물 속의 얼굴에 반한 나르키소스는 양 떼가 뿔뿔이 도망치는 것도, 서산에 해가 기운 사실도 잊은 채 물 속만 들여다보고 있었다.

이것을 본 제우스는 자신의 일을 쾌만히 한 나르키소스에게 벌을 내려 선 자리에서 꼼짝하지 못하는 꽃으로 만들어 버렸다. 이 꽃이 바로 수선화이며, 수선화가 아직도 머리를 숙이고 발 밑의 자기 그림자만 보는 까닭은 이 때문이라고 한다. 수선화의 속명은 나르키소스(Narcissus)이다.

문주란

[수선화과]

늘푸른여러해살이풀. 해안의 모래땅에서 키 30~50cm 자란다. 잎은 띠 모양이고 짧은 줄기 끝에서 사방으로 벌어지며, 육질이고 두꺼우며 광택이 난다. 꽃은 7~8월에 흰색으로 피고 잎 사이에서 나온 꽃줄기에 여러 송이가 달린다. 열매는 삭과이고 둥글며, 8~9월에 익는다. 씨는 크고 흰색이다.

꽃무릇

〔수선화과〕 석산

여러해살이풀. 산기슭 습한 풀밭에서 무리지어 자란다. 잎은 뿌리에서 나오고 넓은 선형이며 꽃이 피기 전에 말라버린다. 꽃은 9~10월에 붉은색으로 피고 키 50cm 정도인 꽃줄기 끝에 여러 송이가 달린다.

아하! 겨울에 잎이 자라는 식물

꽃무릇은 꽃이 지고 난 자리에 씨가 맺혀 11월경 떨어지면 꽃대가 쓰러지고 난초처럼 생긴 잎이 올라오는데, 눈이 내리는 겨울에 난다고 하여 '동설란(冬雪蘭)' 이라고 한다.

재미있는 꽃 이야기

불교 오대화

불교 경전에는 불가에서 중요하게 여기는 다섯 가지 꽃이 나온다.

어느 날 부처님께서 많은 사람들을 모아 놓고 설법하실 때 보살이 지켜야 할 것들에 대한 말씀을 하셨다. 그리고는 결가부좌한 채 심신을 가라앉히셨다.

그때 하늘에서 만다라화·마하만다라화·만수사화·마하만수사화의 꽃잎이 무수히 쏟아졌다.

'오, 정말 아름답구나!'

그 자리에 있던 수많은 사람들은 한없는 기쁨 속에 부처님을 공경하게 되었다. 이때 하늘에서 내려온 네 가지 꽃과 지상의 연꽃을 더하여 불교에서는 다섯 가지 중요한 꽃으로 여겨 오대화가 된 것이다.

인도 사람들이 '만수사화' 라고 부르고 있는 것은 석산을 가리킨다. 산스크리트어로는 '만주사카(manjusaka)' 라고 한다. 석산은 땅 위의 마지막 남은 잎까지 말라 버린 뒤 아무것도 남지 않은 곳에서 외줄기로 꽃대가 솟아오른다. 그리고 붉은 꽃을 화사하게 피운다. 그래서 '피안화(彼岸花)' 라고도 부른다.

글라디올러스

〔붓꽃과〕 층층붓꽃

여러해살이풀. 남아프리카 원산이며 키 80~100cm 자라란다. 알뿌리는 납작하고 둥글다. 잎은 줄기 밑부분에서 모여나고 창 모양이며 2줄로 곧게 선다. 꽃은 6~7월에 여러 가지 색으로 피고, 줄기 끝에 여러 송이가 한쪽을 향해 달리며 아래쪽에서부터 피어 올라간다.

크로커스

〔붓꽃과〕

여러해살이풀. 중부 유럽 원산인 알뿌리 식물로 키 10cm 정도 자란다. 알뿌리는 공 모양이며 겉껍질은 그물처럼 되어 있고 연갈색이다. 잎은 알뿌리 끝에 모여나며 바늘 모양이고 세로로 흰 줄이 있다. 꽃은 1~3월에 노란색으로 피고, 잎 사이에서 나온 긴 꽃줄기 끝에 1송이씩 달린다.

사프란

〔붓꽃과〕

여러해살이풀. 유럽 남부와 소아시아 원산이며 키 15cm 정도 자란다. 알뿌리는 납작한 공 모양이다. 잎은 알뿌리 끝에 모여나며 선형이고 꽃이 진 다음 자란다. 꽃은 깔때기 모양이며 10~11월에 백색 또는 밝은 황적색으로 피고, 잎 사이에서 나온 짧은 꽃줄기 끝에 1송이씩 달린다.

재미있는 꽃이야기

끝없는 사랑의 노래

그리스 신화에 나오는 반인반신인 레르큐르타 여신의 아들인 크로커스는 병을 잘 고치는 청년이었다. 크로커스가 데리샤 성의 온천에서 휴양하던 중에 예쁜 처녀인 리즈를 만나 사랑하게 되었다.

'크로커스가 우리 리즈를 사랑하는 게 틀림없어!'

리즈의 어머니는 둘의 사이를 알자마자 딸을 데리고 온천을 떠나 버렸다. 리즈에게는 이미 약혼자가 있었기 때문이었다.

리즈가 떠난 후 크로커스는 그녀를 잊지 못하고 괴로워했다. 그리고 궁리 끝에 미의 여신 아프로디테를 찾아가 도움을 청했다. 아프로디테는 기꺼이 비둘기 한 마리를 내주었고, 크로커스는 그 비둘기로 리즈와 연락을 할 수 있게 되어 다시 사랑이 시작되려고 하였다.

"크로커스가 또 리즈에게 접근하다니! 도저히 용서할 수 없다!"

리즈의 약혼자가 이것을 알고 화가 나서 리즈에게 날아가는 비둘기를 향해 활을 쏘았다. 화살은 정통으로 비둘기를 맞히었지만 리즈까지도 화살에 맞아 죽고 말았다.

"리즈가 죽었단 말이냐? 아, 모든 것이 내 잘못이다!"

크로커스는 리즈가 죽은 것에 대한 슬픔과 죄책감으로 몹시 괴로워하다가 마침내 스스로 목숨을 끊었다.

이 소식을 들은 미의 여신 아프로디테는 이 모든 것이 비둘기를 준 자신의 실수라고 생각하고 두 사람을 꽃으로 만들었다. 리즈는 푸른 빛깔의 나팔꽃으로, 크로커스는 샤프란으로 만들었다.

샤프란은 눈이 덜 녹은 3월에 양지 바른 곳에서 서슴지 않고 꽃을 피워 리즈를 향한 끝없는 사랑을 보여준다. 샤프란의 속명은 크로커스(Crocus)다.

프리지어

〔붓꽃과〕

여러해살이풀. 남아프리카 원산이며 키 40cm 정도 자란다. 알뿌리는 원추형이고 조밀한 피막이 있다. 잎은 뿌리에서 모여나고 긴 칼 모양이며 2줄로 나뉜다. 꽃은 2~4월에 피고 잎 사이에서 나온 꽃줄기 끝에 1송이씩 달린다. 꽃빛깔은 연분홍색·자주색·홍색·흰색 등 많은 품종이 있다.

유카

〔용설란과〕

늘푸른여러해살이풀. 미국 원산이며 키 2m 정도 자란다. 잎은 가지 끝에서 100장 정도가 모여나고 긴 타원형이며, 억세고 표면이 흰 분가루로 덮이며 끝이 날카로운 침으로 되어 있다. 꽃은 종 모양이며 6~9월에 연녹색으로 피고, 꽃줄기 끝에 여러 송이가 모여 달린다.

왕대
[벼과(화본과)]

늘푸른큰키나무. 중국 원산이며 높이 20m 정도 자란다. 줄기는 원기둥 모양이고 마디 사이의 속은 비어 있다. 잎은 가지 끝에 달리며 피침형이고 가장자리에 잔톱니가 있다. 꽃은 60년 주기로 6~7월에 피고, 2~5송이로 된 작은 꽃 이삭이 달린다. 열매는 영과고 가을에 익는다.

오죽

맹종죽(죽순대)

구갑죽

한죽

맹종(孟宗)의 효성

옛날 중국 오나라에 맹종이라는 사람이 늙은 어머니를 모시고 살았는데, 효성이 지극했다. 맹종의 어머니는 병을 앓고 있었는데 어느 추운 겨울날, 죽순이 먹고 싶다고 했다.

'이 한겨울에 죽순을?'

맹종은 마음 속으로는 걱정했으나 겉으로는 아무 내색을 하지 않고 말했다.

"알겠어요, 어머니. 제가 나가서 바로 죽순을 구해 올게요."

맹종은 대나무밭을 찾아 집을 나섰지만 사방에 눈이 쌓여 온통 하얀 세상이었다.

맹종은 겨우 눈 덮인 대나무밭에 가서 죽순을 찾아헤맸다. 겨울에 죽순이 있을 리 없었

다. 손발이 꽁꽁 얼도록 맹종은 이리저리 죽순을 찾아헤맸지만 구할 수 없었다.

'아, 어머니가 얼마나 실망하실까? 드시고 싶은 걸 못 드시면 병이 깊어질 텐데…. 이런 불효가 어디 있단 말인가!'

맹종은 병든 어머니의 소원을 들어 줄 수 없는 슬픔 때문에 그만 울음이 북받쳐 엉엉 울고 말았다.

그런데 맹종이 흘린 뜨거운 눈물이 땅에 떨어지자 얼었던 땅이 녹으면서 그 자리에서 죽순이 돋아났다. 맹종은 그것을 캐다가 어머니의 소원을 들어 줄 수 있었다. 그 후 죽순을 먹는 대나무를 '맹종죽'이라고 불렀다고 한다.

잔디

〔벼과(화본과)〕

여러해살이풀. 산과 들의 양지바른 곳에서 키 10~20cm 자란다. 줄기가 옆으로 길게 벋고 마디에서 뿌리가 내린다. 잎은 뿌리에서 모여나고 피침형이며, 밑부분은 차례로 감싸는 잎집으로 된다. 꽃은 5~6월에 흰색으로 피고 꽃줄기 끝에 잔꽃이 모여 이삭 모양이 된다. 7~8월에 씨가 여물면 자주색이 된다.

꽃

극락조화

〔파초과〕 천당조화

여러해살이풀. 남아프리카 원산이며 키 1m 정도 자란다. 뿌리는 크고 굵으며 줄기는 없다. 잎은 뿌리에서 나오고 긴 타원형이며, 가죽질이고 회록색이다. 꽃은 등황색 또는 오렌지색이며 잎과 비슷한 높이로 자라는 꽃줄기 끝의 포에 5~6송이가 부채꼴로 달린다.

가운데 꽃잎 하나가 가장 크다

난초과 식물의 특징

- 전세계에 20,000여 종이 있으며 우리 나라에는 80여 종이 있다.
- 여러해살이풀이며 땅 속에 굵은 뿌리줄기나 굵은 알뿌리를 가진 것이 많다.
- 잎은 홑잎이고 없는 것도 있다.
- 바깥쪽 꽃받침 3장은 같은 모양이며 안쪽 꽃잎 3장 중 가운데 1장은 크고 특별한 모양으로 변화된다.

- 수술은 1~2개로 암술대에 붙어 기둥 모양이다.
- 열매는 삭과 또는 드물게 장과 모양이며 씨가 미세하다.

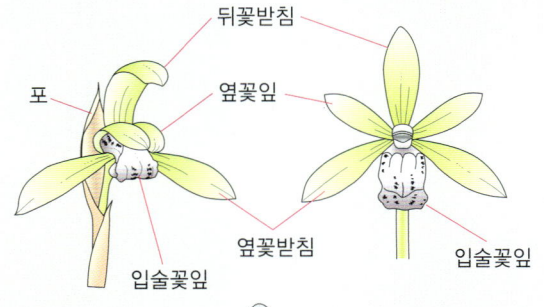

뒤꽃받침

포

옆꽃잎

옆꽃받침

입술꽃잎

입술꽃잎

입술대

춘 란

심비디움

심비디움
(난초과)

　잎은 뿌리에서 모여나고 긴 칼 모양이며 활처럼 휜다. 꽃은 4~6월에 피고 잎 사이에서 나온 꽃줄기 끝에 10여 송이가 모여 달린다. 꽃빛깔은 노란색·분홍색·자주색·흰색 등 여러 가지이다. 주로 실내에서 많이 기르므로 겨울에도 꽃을 볼 수 있다.

자란

온시디움

카틀레야(패이미야모토포카이)

카틀레야(나코치밋숀벨리)

팔레놉시스

해오라비난초

호접란

호접란

홍초

〔홍초과〕
칸나

여러해살이풀. 열대 남아시아 원산이며 키 1~2m 자라고 굵은 뿌리줄기가 있다. 줄기는 원기둥 모양이고 홍자색 또는 녹색이며 자르면 점액이 나온다. 잎은 넓은 타원형이고 밑부분이 잎집으로 되어 줄기를 감싼다. 꽃은 여름부터 가을까지 계속 핀다. 열매는 삭과이고 둥글며, 씨는 흑색으로 딱딱하다.

재미있는 꽃이야기

석가모니의 붉은 피

옛날 인도에 데와르르라는 악마가 있었다.

그런데 석가모니가 부처가 되어 유명해지고 사람들이 많이 따르게 되자, 질투가 불같이 일어났다.

"내가 어떻하든지 가만두지 않을 테다!"

악마는 석가모니를 해치려고 언덕 위에 올라가서 큰 돌을 들고 기다리고 있었다.

"이 정도 돌이면 성치 못하겠지!"

그런 줄도 모르고 석가모니가 제자들과 함께 그 곳을 지나가게 되었다.

"에잇! 뜨거운 맛을 봐랏!"

석가모니는 난데없이 돌이 날아와 발 아래에 부서지면서 돌조각이 다리에 맞게 되었다.

"으음!"

석가모니의 다리에서 붉은 피가 흘러나와 땅을 적셨다. 그런데 석가모니의 붉은 피가 흘러내린 땅에서 붉은색 칸나꽃이 피어났다고 한다. 그리고 갑자기 땅이 움푹 꺼지며 악마를 삼켜 버렸다. 악마 데와르르는 대지의 노여움을 사 천벌을 받은 것이다.

우리 나라에서는 이 칸나를 '홍초'라고 부른다.

아하! 교과서 식물도감

산과 들의 식물

쇠뜨기

〔속새과〕

여러해살이풀. 풀밭에서 자라며 땅속줄기가 길게 뻗는다. 이른 봄에 나오는 생식줄기 끝에 타원형인 포자낭 이삭이 달린다. 마디에 비늘 같은 연한 갈색 잎이 돌려난다. 영양줄기는 생식줄기가 스러질 무렵에 나오는데, 마디에 가지와 비늘 같은 잎이 돌려난다. 생식줄기를 뱀밥이라고 부른다.

뱀밥

아하! 소가 잘 뜯어먹는 풀

이 풀을 소가 잘 먹는 데서 '소가 뜯는 풀'이라는 뜻으로 '쇠뜨기'라는 이름이 붙었다. 봄에 나오는 생식줄기는 모양이 붓의 머리 같아서 '필두채(筆頭菜)'라고도 불린다.

싹

고사리

〔고사리과〕

여러해살이풀. 산과 들의 양지바른 곳에서 자라며 굵은 땅속줄기가 옆으로 길게 뻗고 군데군데 잎이 나온다. 잎은 곧게 서서 키 1m 정도 자라며, 잎몸은 깃털 모양이고 작은잎은 긴 타원형이다. 잎의 가장자리가 뒤로 말리고 막처럼 된 포자낭이 달린다.

돌담고사리

가래나무

〔가래나무과〕

갈잎큰키나무. 산기슭의 양지쪽에서 높이 20m 정도 자란다. 잎은 깃털 모양이고 작은잎은 긴 타원형이며 가장자리에 잔톱니가 있다. 꽃은 암수한그루고 4월에 핀다. 열매는 핵과이고 달걀 모양이며 9월에 익는다. 열매와 어린 잎을 식용한다.

갯버들

〔버드나무과〕

갈잎떨기나무. 계곡이나 강 등 물가에서 높이 1~2m 자란다. 잎은 넓은 피침형이고 양끝이 뾰족하며 가장자리에 톱니가 있다. 꽃은 잎이 나기 전인 4월에 잎겨드랑이에서 어두운 자주색으로 핀다. 열매는 삭과이고 긴 타원형이며, 털이 있고 4~5월에 익는다.

구상나무
〔소나무과〕

늘푸른큰키나무. 산지의 서늘한 숲속에서 높이 18m 정도 자라며 나무껍질은 잿빛을 띤 흰색이다. 잎은 선형이고 끝이 2갈래이다. 꽃은 암수한그루고 4~5월에 핀다. 열매는 구과이고 원통 모양이며, 10월에 갈색으로 익는다. 씨는 달걀 모양이고 날개가 있다.

낙엽송
〔소나무과〕 일본잎갈나무

갈잎큰키나무. 일본 원산이며 높이 30m 정도 자라고 가지가 수평으로 퍼진다. 잎은 바늘잎이고 긴 가지에는 드물며 짧은 가지에는 모여난다. 꽃은 암수한그루고 5월에 피며, 짧은 가지 끝에 1송이씩 달리는데, 수꽃은 달걀 모양이고 암꽃은 타원형이다. 열매는 구과이고 달걀 모양이며 9월에 익는다.

소나무

〔소나무과〕 솔나무

늘푸른큰키나무. 산에서 높이 35m 정도 자라며 나무껍질은 적갈색이다. 잎은 바늘잎이며 짧은 가지에 2개씩 뭉쳐난다. 꽃은 암수한그루고 5월에 피며, 수꽃은 노랑색 타원형이고 새 가지의 밑부분에 달리며, 암꽃은 자주색 달걀 모양이고 새 가지 끝에 달린다. 열매는 달걀 모양이고 다음해 9~10월에 황갈색으로 익는다. 씨는 타원형이고 날개가 있다.

꽃

씨

싹

재미있는 꽃이야기

벼슬을 가진 나무

조선 시대 세종대왕이 속리산에 가게 되었다. 충북 보은 지방에 닿았는데 조금 전까지만 해도 맑던 하늘이 갑자기 흐려지더니 마침내 굵은 빗줄기의 소나기가 쏟아지기 시작했다.

왕을 모신 행차는 급히 소나기를 피할 곳이 없어 할 수 없이 길 옆의 소나무 밑으로 피하기로 했다. 그런데 연(왕이 타는 큰 가마)을 멘 병사들이 허리를 한껏 낮추었지만 연의 윗부분이 소나무 가지에 걸리고 말았다.

"어허, 연이 소나무 가지에 걸리는구나."

왕이 소나무를 바라보고 말하자, 신기하게도 연에 걸려 있던 소나무 가지가 번쩍 들려 연이 순조롭게 소나무 밑으로 둘러갈 수 있게 되었다. 소나무는 크고 웅장하게 가지를 펼치고 있어 왕과 신하들이 모두 비를 피할 수 있게 되었다.

이윽고 소나기가 지나가자, 왕은 가지를 쳐들어 왕을 보호한 소나무가 충성스럽다 하여 정2품에 해당하는 벼슬을 내렸다. 충청북도 보은군의 정이품소나무에 얽힌 이야기이다.

전나무

〔소나무과〕 젓나무

늘푸른큰키나무. 산지에서 높이 40m 정도 자란다. 잎은 바늘잎이고 끝이 뾰족하다. 꽃은 암수한그루로 4월에 피며, 수꽃은 황록색 원통 모양이고 암꽃은 타원형이며 2~3개씩 달린다. 열매는 구과이고 원통 모양이며 10월에 익는다. 씨는 달걀 모양의 삼각형이고 연한 갈색이다.

잣나무

[소나무과]

늘푸른큰키나무. 산지에서 높이 20~30m 자라며 나무껍질은 암갈색이다. 잎은 바늘잎이고 5개씩 뭉쳐나며 가장자리에 잔 톱니가 있다. 꽃은 암수한그루고 5월에 피며, 수꽃이삭은 새 가지 밑에 달리며 암꽃이삭은 가지 끝에 달린다. 열매는 구과이고 긴 달걀 모양이며 다음해 10월에 익는다.

아하!

잎이 5개씩 뭉쳐나는 소나무

소나무는 잎이 2개씩 나는 데 비하여 잣나무는 잎이 5개씩 나므로 '오엽송(五葉松)'이라고 부르며, 목재의 색깔이 붉은 빛을 띠어 '홍송(紅松)'이라고도 한다.

꽃

싹

잣

주목
〔주목과〕

늘푸른큰키나무. 높은 산에서 높이 20m 정도 자란다. 잎은 선형이며 옆으로 벋은 가지에서는 깃털처럼 2줄로 배열한다. 꽃은 암수한그루고 4월에 피며, 잎겨드랑이에 1송이씩 달리는데, 수꽃은 갈색이고 비늘조각에 싸여 있으며, 암꽃은 녹색이고 달걀 모양이다. 열매는 핵과이고 과육은 씨의 일부만 둘러싸며 9~10월에 붉게 익는다.

아하! **줄기가 붉은 나무**

굵은 가지와 줄기가 붉은 빛을 띠기 때문에 붉은(朱) 나무(木)라는 뜻으로 '주목(朱木)'이라고 부른다. 강원도에서는 같은 뜻으로 '적목(赤木)'이라고도 한다.

개암나무
〔자작나무과〕

갈잎떨기나무. 산과 들에서 높이 2~3m 자란다. 잎은 어긋나고 타원형이며, 겉에는 자줏빛 무늬가 있고 가장자리에 톱니가 있다. 꽃은 암수한그루고 3월에 피며, 수꽃이삭은 2~5개가 가지 끝에서 축 늘어지고 암꽃은 달걀 모양이다. 열매는 견과이고 둥글며 9~10월에 갈색으로 익는다. 열매를 먹고 약재로도 쓴다.

느티나무

[느릅나무과]

갈잎큰키나무. 산기슭이나 마을 부근에서 높이 25m 정도 자란다. 잎은 어긋나고 긴 타원형이며 가장자리에 톱니가 있다. 꽃은 암수한그루고 4~5월에 피며, 수꽃은 새 가지 밑에 모이고 암꽃은 새 가지 위에 1송이씩 달린다. 열매는 핵과이고 납작한 공 모양이며 10월에 익는다. 어린 잎을 떡에 섞어 쪄서 먹는다.

그늘을 만들어주는 정자나무

예로부터 마을 입구에 많이 심어 여름에 시원한 그늘을 만들어 정자와 같은 역할을 하므로 '정자나무'라 하며, 전국적으로 노거수(老巨樹)가 가장 많은 나무이다.

재미있는 꽃 이야기

옥황상제가 준 선물

어느 날, 옥황상제가 인간 세상을 내려다보니, 열심히 일하고 이웃을 도우며 살아가는 모습에 마음이 흐뭇하였다. 그러다가 옥황상제의 시선이 한 곳에 멈추었다. 뜨거운 여름인데 아이들이 뙤약볕 아래서 놀고 있었다.

"쯧쯧! 나무 한 그루쯤 심어 두면 그늘도 지고 경치도 좋으련만…."

옥황상제는 그 아이들이 쉴 수 있는 나무를 선물하고 싶어 신선들을 불렀다.

"너희는 세상에 내려가 마을마다 이 나무를 심어 그늘을 만들어 주도록 해라."

옥황상제는 두 신선에게 인간세상의 마을 숫자만큼 느티나무 한 묶음씩을 나누어 주었다. 한 신선은 동쪽에서 서쪽으로, 또 한 신선은 서쪽에서 동쪽으로 향해 마을마다 심어 나갔다. 오랜 세월이 지나 두 신선은 어느 마을 앞에서 딱 마주쳤다.

"딱 한 그루 남았는데, 여기다 심지요."

두 신선이 웃으면서 마지막 한 그루를 심고 있을 때, 한 아이가 물었다.

"왜 나무를 심어요?"

"이 나무는 너희들에게 그늘과 경치를 주기 위해 심는 거란다."

"이게 언제 그늘을 만들어요?"

아이는 어이없다는 표정을 지었다. 이듬해 봄에도, 그 다음해 봄에도 아이는 시답지 않아서 발로 느티나무를 툭툭 찼다. 아이는 점점 자라서 어른이 되고, 세월이 흘러 어느덧 수염이 하얗게 센 노인이 되었다.

마침내 느티나무도 아람드리 큰 나무가 되어 사방에 그늘을 드리워 주었다. 언제부터인가 노인들뿐만 아니라 동네 모든 사람들이 느티나무 밑에 모여 쉬게 되었고, 동네의 수호신으로 사랑하고 보호했다.

상수리나무 꽃

상수리(상수리나무 열매)

도토리(갈참나무 열매)

상수리나무

〔참나무과(너도밤나무과)〕 참나무

갈잎큰키나무. 산기슭에서 높이는 20~25m 자란다. 잎
은 어긋나고 넓은 피침형이며 뒷면은 윤기가 있다. 꽃은
암수한그루고 5월에 잎겨드랑이에 달리는데, 수꽃이삭은
밑으로 처지고 암꽃이삭은 곧추선다. 열매는 견과이고 둥
글며 다음해 10월에 익는다. 열매는 먹을 수 있으며 약재
로도 쓴다.

아하!

수라상에
항상 오르는 열매

임진왜란 때 선조 임금이 피
난지에서 참나무 열매로 만든
묵을 먹은 후, 늘 임금의 수라
상에 올랐다고 하여 이 열매를
'상(常)수라'라고 부르던 것이
변하여 '상수리'가 되었다.

떡갈나무

〔참나무과(너도밤나무과)〕

갈잎큰키나무. 산지에서 높이 20m 정도 자라며 작은 가지에 별 모양의 털이 많이 난다. 잎은 어긋나고 두꺼우며 달걀 모양이다. 꽃은 암수한그루고 5월에 피며 잎겨드랑이에 달리는데, 수꽃이삭은 밑으로 늘어지고 암꽃은 위로 곧추선다. 열매는 견과이고 긴 타원형이며 10월에 익는다.

떡을 싸서 갈무리하는 나뭇잎

잎에서 발생하는 천연 방부효과를 이용해 옛날부터 떡을 오랫동안 갈무리할 때, 새로 난 잎으로 떡을 싸서 두면 잘 쉬지 않는다고 하여 '떡갈나무'라고 불린다.

꾸지뽕나무

〔뽕나무과〕

갈잎중키나무. 뿌리는 노란색이고 가지에는 가시가 있다. 잎은 3개로 갈라지고 표면에 털이 있다. 꽃은 암수딴그루고 수꽃이삭은 노란색 작은 꽃들이 둥글게 모이며 짧고 연한 털이 빽빽하게 난다. 암꽃은 타원형이고 꽃잎은 4장이다. 열매는 수과이고 모여서 덩어리를 이루며 9월에 검은색으로 익는다. 열매를 식용하고, 잎은 누에의 사료로 쓴다.

암꽃

한삼덩굴

〔삼과〕 환삼덩굴

한해살이덩굴풀. 들에서 흔히 나는 잡초며 전체에 잔가시가 있다. 잎은 마주나고 손바닥 모양으로 깊게 5～7개로 갈라지며 가장자리에 톱니가 있다. 꽃은 암수딴그루고 7～8월에 핀다. 수꽃은 잔꽃들이 모여 달리고, 암꽃은 이삭 모양으로 달린다. 열매는 수과이고 달걀 모양이며 9～10월에 황갈색으로 익는다. 전초를 약재로 쓴다.

재미있는 꽃 이야기

어머니와 아기의 넋

옛날 어느 외딴 마을에 젊은 부인이 아기를 데리고 혼자 살고 있었다. 그 여인은 남의 일을 할 때마다 아기를 업고 가서 밭둑에 혼자 놀도록 했다.

그러던 어느 날 아기는 독초를 뜯어먹고 죽고 말았다. 부인은 너무나 슬픈 나머지 일을 다니던 길가의 양지바른 곳에 묻어 주었다. 여인은 무덤을 지날 때마다 잡초를 뽑아 주고 흙을 북돋아 주면서 아기를 그리워했다.

그런 어느 날 무덤가에서 한 줄기 덩굴이 여인의 치맛자락을 잡은 채 놓지 않았다. 그 풀이 도꼬마리였다. 여인은 아기가 풀로 태어난 것으로 생각하고 슬픔에 북받쳐 그 자리에 쓰러져 일어날 줄 몰랐다. 며칠이 지난 어느 날 여인이 쓰러진 곳에 또 한 줄기의 덩굴이 자라났다. 사람들은 그 풀을 '한삼덩굴' 이라고 했다.

지금도 한삼덩굴과 도꼬마리는 어머니와 아기처럼 언제나 한곳에서 서로 부둥켜안고 뻗어 나간다.

쇠비름

〔쇠비름과〕

한해살이풀. 밭 근처에서 키 30cm 정도 자란다. 줄기는 붉은빛이 도는 갈색이고 많은 가지가 비스듬히 옆으로 퍼진다. 잎은 어긋나거나 마주나며 달걀 모양이다. 꽃은 5~8월에 노란색으로 피고 가지 끝에 달린다. 열매는 개과(蓋果)이고 타원형이며 8월에 익는데, 가운데가 옆으로 갈라져서 씨가 나온다.

재미있는 꽃이야기

민며느리를 치료한 풀

옛날 나이 많은 홀어머니와 세 아들이 함께 사는 집이 있었다. 맏아들과 둘째아들은 장가를 들었는데, 막내아들이 아직 총각이었다. 늙은 어머니는 막내아들을 위해 가난한 집 처녀를 돈을 주고 사서 민며느리로 들였다.

그런데 늙은 시어머니와 큰며느리는 이제 열네 살밖에 안 된 어린 막내며느리가 마음에 들지 않아 몹시 구박하였다. 그러나 둘째며느리는 마음씨가 착하여 맛있는 음식이 있으면 몰래 남겨 두었다가 주기도 하였다.

어느 해 여름에 이질이 크게 유행했다. 막내며느리가 배가 아프다며 앓아눕자, 시어머니는 밭에 있는 움막에서 혼자 살게 했다.

'이렇게 사느니 차라리 죽는 게 낫지.'

막내며느리가 옆에 있는 우물에 뛰어들려는 순간, 둘째며느리가 달려와 말렸다.

"동서, 죽으면 안 돼! 내가 죽을 쑤어 왔으니 이걸 먹고 힘을 내."

둘째며느리의 위로에 막내며느리는 마음을 고쳐 먹었다. 그러나 여러 날이 지나도 둘째며느리가 오지 않자, 허기진 막내며느리는 밭둑에 있는 쇠비름을 뜯어먹었다. 그리고 며칠 동안 계속 뜯어먹었더니 설사도 멈추고 몸이 가뿐해졌다. 막내며느리는 기뻐하며 집으로 돌아갔다. 그 사이 시어머니와 큰며느리는 이질로 죽고 둘째며느리는 앓고 있었다. 막내며느리는 밭에 가서 자기가 먹던 쇠비름을 뜯어와 끓여서 둘째며느리에게 먹게 했다. 쇠비름을 먹고 둘째며느리도 병이 나았다.

사람들은 이질을 낫게 한 쇠비름의 잎 모양이 말의 이빨을 닮았다 하여 마치(馬齒)현'이라고도 불렀다.

작은 꽃들이 모여 이삭처럼 된다

소리쟁이의 특징

- 우리 나라에 6종이 있으며 어느 것이나 로제트 기를 거쳐 줄기가 나오는 여러해살이풀이다.
- 뿌리에서 난 잎은 잎자루가 길고 줄기에서 난 잎은 잎집이 있다.
- 꽃은 꽃자루가 있다. 꽃받침은 6장인데 꽃이 핀 후에 자라는 안쪽 꽃받침 3장은 나중에 날개처럼 되어 열매를 감싼다.
- 열매는 세모지고 안쪽 꽃받침에 둘러싸인다.

개여뀌속의 특징

- 세계적으로 100여 종이 있으며 대개 한해살이 풀이다.
- 줄기의 마디에는 엽초가 있다.
- 잎은 어긋나고 홑잎이다.
- 꽃잎은 없으며 대개 꽃받침이 깊게 5개로 갈라져 꽃잎처럼 보인다.

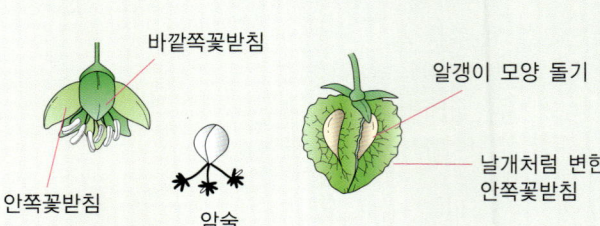

소리쟁이속

바깥쪽꽃받침
안쪽꽃받침
암술
알갱이 모양 돌기
날개처럼 변한 안쪽꽃받침

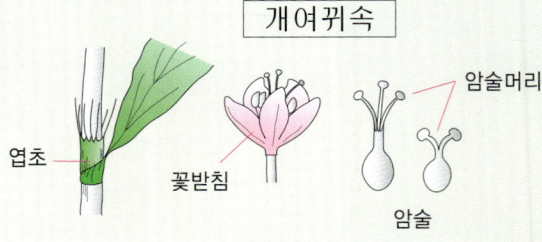

개여뀌속

엽초
꽃받침
암술머리
암술

고마리

〔마디풀과〕 고만이

한해살이풀. 들이나 물가에서 무리지어 나며 키 1m 정도 자란다. 줄기에 갈고리 같은 가시가 난다. 잎은 어긋나고 삼각형이다. 꽃은 8~9월에 연분홍색 또는 흰색으로 피고 가지 끝에 10여 송이가 뭉쳐 달린다. 열매는 수과이고 세모난 달걀 모양이며, 10~11월에 황갈색으로 익는다.

며느리배꼽

〔마디풀과〕

한해살이덩굴풀. 들에서 길이 1~2m 자란다. 갈고리 같은 가시가 있어 다른 물체에 잘 붙는다. 잎은 어긋나고 삼각형이며 잎맥을 따라 잔가시가 있다. 꽃은 7~9월에 옅은 녹백색으로 피고 가지 끝에 여러 송이가 모여 달린다. 열매는 수과이고 달걀 모양이며, 10월에 익는다. 열매 밑에 접시 모양의 포가 있다.

배꼽처럼 생긴 풀

며느리밑씻개와 비슷하지만 턱잎이 크고 둥글며, 그 위에 꽃이 생기는 것이 사람의 배꼽 같아서 '며느리배꼽' 이라고 한다.

며느리밑씻개

〔마디풀과〕

　한해살이덩굴풀. 산과 들에서 길이 1~2m 자란다. 줄기와 잎자루에 갈고리 같은 가시가 있다. 잎은 어긋나고 긴 삼각형이며 양면에 잔털이 있다. 꽃은 7~8월에 피고 가지 끝에 여러 송이가 모여 달린다. 꽃잎은 없으며 연홍색 꽃받침이 꽃처럼 보인다. 열매는 수과이고 10월에 검게 익는다.

아하!

며느리의 고생스런 삶이 담긴 풀

　줄기에 밑을 향한 까슬까슬한 가시가 있는데, 며느리와 사이가 나쁜 시어머니가 며느리에게 뒷간에서 휴지 대신 쓰게 했다고 하여 '며느리밑씻개' 라고 불린다.

범꼬리

〔마디풀과〕

　여러해살이풀. 깊은 산 풀밭에서 키 30~80cm 자란다. 잎은 밑동에서 모여나고 긴 피침형이며 잎자루는 잎집이 된다. 꽃은 7~8월에 연분홍색 또는 흰색으로 피고 줄기 끝에 모여 이삭처럼 달린다. 열매는 수과이고 세모지며, 표면에 광택이 나고 9~10월에 익는다. 어린 잎과 줄기는 먹을 수 있다.

소리쟁이
〔마디풀과〕

여러해살이풀. 습지 근처에서 키 30~80cm 자란다. 줄기는 녹색 바탕에 자줏빛이 돌며 뿌리가 비대해진다. 잎은 어긋나고 타원형이며 가장자리는 물결 모양이다. 꽃은 6~7월에 연한 녹색으로 피고 층층으로 달리지만 전체가 원뿔형으로 된다. 열매는 수과이고 갈색이며 8~9월에 익는다. 잎은 식용하고 뿌리는 약재로 쓴다.

수영
〔마디풀과〕

여러해살이풀. 산과 들에서 키 30~80cm 자란다. 뿌리에서 난 잎은 빽빽하게 모여나며, 줄기에 난 잎은 어긋나고 긴 창 모양이며 위로 갈수록 짧아진다. 꽃은 암수딴그루고 5~6월에 연녹색으로 피며, 줄기 끝에 모여 달린다. 열매는 수과이고 세모진 타원형이며 꽃받침조각에 둘러싸여 8~9월에 익는다.

여뀌
〔마디풀과〕

여뀌

한해살이풀. 습지와 냇가에서 키 40~80cm 자라며 줄기는 홍갈색을 띤다. 잎은 어긋나고 피침형이며 가장자리가 밋밋하다. 꽃은 6~9월에 피고 가지 끝에 밑으로 처지는 이삭 모양으로 달린다. 꽃잎은 없고 연녹색 꽃받침의 끝이 적색이다. 열매는 수과이고 납작하며 검은색으로 익는다.

아하! 매운 맛이 나는 풀

잎에서 매운 맛이 난다고 하여 '고채(苦菜)'라고도 불린다. 이 잎을 비벼 즙을 내어 개울에서 고기를 잡을 때 이용하기도 했다.

개여뀌

가시여뀌

붉은털여뀌

붉은털여뀌(노인장대)

큰개여뀌

흰여뀌

털여뀌

함박꽃나무

〔목련과〕 산목련

　갈잎중키나무. 깊은 산 골짜기의 숲 속에서 높이 7m 정도 자라며, 어린
가지와 겨울눈에 털이 있다. 잎은 어긋나고 끝이 뾰족한 달걀 모양이며
잎맥에 털이 있다. 꽃은 5~6월에 흰색으로 핀다. 열매는 집과이고 9~10
월에 익으며, 실에 매달린 타원형의 적색 씨가 나온다.

아하!

산에 피는 하얀 목련

　산 속에서 피는 하얀 꽃이 목련꽃
과 비슷하다고 하여 '산목련'이라고
도 부르며, 꽃 피기 전의 꽃봉오리
가 붓끝 같다고 해서 '목필(木筆)'
이라고도 한다.

튤립나무

〔목련과〕 백합나무

갈잎큰키나무. 북아메리카
원산이며 높이 13m 정도 자
란다. 잎은 어긋나고 넓은 달
걀 모양이다. 꽃은 튤립 모양
이며 5~6월에 녹황색으로
피고 가지 끝에 1송이씩 달린
다. 열매는 삭과이고 긴 타원
형이며, 10~11월에 익고 씨
가 1~2개씩 들어 있다.

**튤립꽃이
피는 나무**

노란 꽃이 튤립꽃과 비슷하게
생겼으므로 '튤립나무'라고 부
른다. 또 백합꽃과 닮은 것 같
다고 하여 '백합나무'라고도
한다.

겨우살이

〔겨우살이과〕 참나무겨우살이

늘푸른더부살이떨기나무. 물오리나무 · 밤나
무 · 자작나무 · 참나무에 기생한다. 가지가 새둥
지같이 둥글게 자라 지름이 1m에 달하는 것도
있다. 꽃은 암수딴그루고 종 모양이며, 3월에 노
란색으로 피고 가지 끝에 달린다. 열매는 둥글
고 10월에 연한 노란색으로 익는다.

겨울을 이겨낸 식물

겨울에도 푸른 색을 잃지 않고 살아서
넘긴다고 하여 '겨우살이'라고 하며, 또
다른 식물에 기생해서 사는 나무라 하여
'기생목(寄生木)'이라고도 부른다.

꽃잎을 둥글게 사방으로 펼치는 꽃

석죽과 식물의 특징

* 전세계에 2,000여 종이 있으며 우리 나라에는 47종이 있다.
* 대부분 풀이며 드물게 밑부분이 떨기나무인 것도 있다.
* 가지는 마디 부분이 두툼해지고 마디가 뚜렷하다.
* 잎은 마주나며 위로 갈수록 작아져 맨 위는 포 모양이 된다. 거의 잎자루가 없다.
* 꽃은 둥글게 사방으로 펼쳐지고 꽃줄기 끝에 1송이씩 달리거나 여러 송이가 모인다.

* 열매는 삭과이고 안에 씨가 많이 들어 있다.

잎은 마주나고
잎자루가 없다.

꽃

동자꽃
[석죽과]

여러해살이풀. 산지에서 키 1m 정도 자라며 마디가 뚜렷하다. 잎은 마주나고 끝이 뾰족한 달걀 모양이다. 꽃은 6~7월에 주홍색으로 피고, 줄기 끝과 잎겨드랑이에서 나온 짧은 꽃줄기 끝에 1송이씩 달린다. 열매는 삭과이고 8~9월에 익으며 꽃받침통 속에 들어 있다.

재미있는 꽃 이야기

가엾은 동자승의 넋

옛날 설악산의 어느 조그만 암자에 노스님과 어린 동자승이 있었다. 어느 날 노스님은 어린 동자승을 암자에 남겨 놓고 겨울 준비를 위해 산 밑의 마을로 내려갔다.

"스님, 빨리 돌아오세요."

"오냐, 알았다. 내 서둘러 돌아오마."

노스님은 부지런히 마을을 돌며 양식을 시주받았다. 어린 동자승이 기다릴 생각을 하면 잠시라도 늑장을 부릴 수가 없었다.

'됐다! 이만하면 겨울을 날 수 있겠구나!'

노스님은 절로 돌아가기 위해 새벽에 일찍 일어났다. 그런데 간밤에 소리도 없이 눈이 엄청나게 내려 있었다.

'쯧쯧, 이를 어쩌나! 이 눈길을 헤치고 갈 수가 없겠는걸!'

노스님은 크게 걱정하며 눈이 녹기를 기다렸다. 그런데 눈은 녹을 생각을 하지 않았다.

그 다음해 봄에야 눈이 녹아서 스님이 암자에 당도하자, 어린 동자승은 노스님이 돌아오는 길목을 바라보며 언덕에 앉은 채 얼어죽어 있었다.

노스님이 가엾은 동자승을 그 곳에 묻었더니, 다음해 동자의 무덤에서 꽃이 피어났다. 마치 산 아래를 향하는 듯 피는 이 꽃을 동자승의 넋이 환생한 것이라고 하여 사람들은 '동자꽃'이라고 불렀다.

제비동자꽃

〔석죽과〕

여러해살이풀. 산에서 키 50~80cm 자란다. 잎은 마주나고 끝이 뾰족한 피침형이며 가는 털이 있다. 꽃은 7~8월에 주홍색으로 피고 줄기 끝에 모여 달린다. 꽃잎은 5장이며 끝이 깊게 갈라진다. 열매는 삭과이고 9월에 익는다.

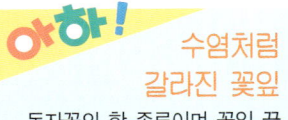

수염처럼 갈라진 꽃잎

동자꽃의 한 종류이며 꽃잎 끝이 깊게 갈라져 제비의 꼬리처럼 보이기 때문에 '제비동자꽃' 이라고 한다.

술패랭이꽃

〔석죽과〕

여러해살이풀. 산과 들에서 키 1m 정도 자란다. 여러 줄기가 한 포기에서 모여나며 전체에 분백색이 돈다. 잎은 마주나고 긴 피침형이며, 양끝이 뾰족하고 밑부분은 합쳐져서 줄기를 감싼다. 꽃은 7~8월에 연한 홍자색으로 피고, 줄기와 가지 끝에 여러 송이가 달리며, 꽃잎이 잘게 갈라진다. 열매는 삭과이고 원기둥 모양이며, 9~10월에 익으면 4갈래로 갈라진다.

수염처럼 갈라진 꽃잎

패랭이꽃의 한 종류로 꽃잎이 옥수수의 술(수염)처럼 가늘고 깊게 갈라지기 때문에 '술패랭이꽃' 이라고 한다.

패랭이꽃

〔석죽과〕

여러해살이풀. 들에서 키 30cm 정도 자란다. 잎은 마주나고 끝이 뾰족한 피침형이며 밑부분이 합쳐져 원줄기를 둘러싼다. 꽃은 6~8월에 진분홍색으로 피고 가지 끝에 1송이씩 달린다. 열매는 삭과이고 꽃받침으로 싸여 있으며, 9~10월에 익으면 4개로 갈라진다.

재미있는 꽃 이야기

들에 박힌 화살

옛날 중국 어느 곳에 못된 돌의 요정이 살고 있어 사람들을 괴롭혔다.

"에이쿠! 머리야!"

요정이 사는 돌에 걸려 이마가 찢어지는 사람이 한둘이 아니었다. 그 마을에 사는 사람 치고 팔다리가 성한 사람은 별로 없었다.

"어떻게든 저 돌을 없애 버립시다. 무슨 방법이 없을까요?"

"망치로 가루를 만들어 버리면 어때요?"

마을 사람들은 손에 손에 망치를 들고 돌을 부수러 갔다. 그러나 돌을 부수기는커녕 모두들 머리에 냄비만한 커다란 혹만을 하나씩 달고 돌아왔을 뿐이었다.

"혹 떼러 갔다가 혹 붙이고 온 셈이니, 인제 그냥 사는 게 낫겠어."

이런 웃을 수 없는 소문을 들은 한 장사가 용감히 나섰다.

"내가 해결해 주겠소. 그렇게 시달림을 당하며 어떻게 산단 말이오?"

장사는 산으로 올라가서 요정이 살고 있다는 돌에 화살을 쏘았는데, 화살은 돌에 박혀 빠지지 않았다.

이듬해 화살이 박힌 돌에서 대나무처럼 마디가 있는 풀이 나고 고운 꽃이 피었다. 그래서 사람들은 이 이 풀을 '석죽(石竹)' 이라고 불렀는데 바로 '패랭이꽃' 이었다.

별꽃

[석죽과]

두해살이풀. 밭이나 길가에서 키 20cm 정도 자라며, 줄기에 1줄의 털이 있다. 잎은 마주나고 달걀 모양이며 가장자리는 밋밋하다. 꽃은 5~6월에 흰색으로 피고, 줄기 끝에 난 꽃줄기에 여러 송이가 모여 달린다. 꽃잎은 5장이고 깊게 갈라진다. 열매는 삭과이고 달걀 모양이며 8~9월에 익는다.

개별꽃(들별꽃)

쇠별꽃

애기별꽃

큰개별꽃

장구채
〔석죽과〕

두해살이풀. 산과 들에서 키 30~80cm 자라며 마디는 검은 자줏빛을 띤다. 잎은 마주나고 긴 타원형이며 털이 약간 있다. 꽃은 7월에 흰색으로 피고 잎겨드랑이와 줄기 끝에 층으로 달린다. 꽃잎은 5장이고 끝이 2개로 갈라진다. 열매는 삭과이고 달걀 모양이며 8~9월에 익는다. 씨는 자갈색으로 작은 돌기가 있다.

가는장구채

아하!

장구채를 닮은 꽃봉오리

꽃이 주로 가지 끝에 달리는데, 꽃이 활짝 피기 직전에 긴 꽃줄기 끝에 달린 꽃봉오리의 모습이 장구채와 비슷하다고 하여 '장구채'라고 부르는 것 같다.

오랑캐장구채

장구채

갯장구채

분홍장구채

털장구채

꽃잎이 없는 잔꽃이 이삭이 된다

명아주과 식물의 특징

- 전세계에 1,500여 종이 있으며 우리 나라에는 15종이 있다.
- 대부분 풀이며 드물게 떨기나무도 있다.
- 잎은 어긋나거나 마주나고 홑잎이다.
- 꽃은 잎겨드랑이나 가지에 매우 작은 꽃들이 빽빽이 모여 달린다.
- 꽃잎이 없고 꽃받침잎은 대개 5장이며 녹색이다.
- 열매는 견과이고 단단한 주머니 모양이며 속에 씨가 1개씩 들어 있다.

비름과 식물의 특징

- 전세계에 800여 종이 있으며 우리 나라에는 4종이 있다.
- 대부분 풀이며 간혹 떨기나무도 있다.
- 꽃은 원줄기와 가지에 매우 작은 꽃들이 빽빽이 모여 달리며, 꽃잎은 4~5장이다.
- 꽃받침은 보통 5개이며 끝은 뾰족해지거나 가시로 변한다.
- 열매는 견과 또는 핵과이고 주머니 모양이며, 속에 렌즈 모양인 씨가 1개씩 들어 있다.

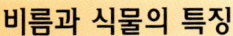

흰명아주 꽃

꽃받침

열매

씨

씨방(열매)

꽃받침

포

털비름 암꽃

개비름

비름

비름
〔비름과〕

　한해살이풀. 인도 원산이며 길가나 밭에서 키 1m 정도 자란다. 잎은 어긋나고 넓은 달걀 모양이며 잎자루가 길다. 꽃은 7월에 피고 줄기 끝과 잎겨드랑이에 모여 이삭처럼 달린다. 열매는 개과이고 타원형이며, 윤기가 나는 흑갈색 씨가 1개씩 들어 있다. 어린 잎은 나물을 만들어 먹는다.

명아주
〔명아주과〕

　한해살이풀. 들에서 키 1m 정도 자라며 줄기에 녹색 줄이 있다. 잎은 어긋나고 달걀 모양이며 가장자리에 물결 모양의 톱니가 있다. 꽃은 6~7월에 황록색으로 피고 줄기 끝에 많이 모여 달린다. 열매는 포과이고 꽃잎에 싸인 납작한 원형이며, 8~9월에 익고 검은색 씨가 들어 있다.

아하!
지팡이를 만드는 풀

　줄기가 곧게 자라고 튼튼하며 가볍기 때문에, 다 자란 줄기는 노인들의 지팡이로 쓰인다. 이 명아주지팡이를 짚고 다니면 중풍에 걸리지 않는다 하여 귀하게 여긴다.

으름덩굴

〔으름덩굴과〕

갈잎덩굴나무. 산과 들에서 길이 5m 정도 자란다. 잎은 어긋나고 손바닥 모양으로 갈라진 겹잎이며 작은잎은 타원형이다. 꽃은 암수한그루고 4~5월에 암자색으로 피며, 잎겨드랑이에 여러 송이가 모여 달린다. 꽃잎은 없고 꽃받침 3개가 꽃잎처럼 보인다. 열매는 장과이고 긴 타원형이며 10월에 자줏빛을 띤 갈색으로 익는다. 열매를 식용하고 뿌리와 가지는 약재로 쓴다.

생강나무

〔녹나무과〕 동박꽃

갈잎떨기나무. 산기슭 양지쪽에서 높이 3m 정도 자란다. 잎은 어긋나고 달걀 모양이며 끝이 3~5갈래로 갈라진다. 꽃은 암수딴그루이며 잎이 나기 전인 3월에 노란색으로 피고, 작은 꽃들이 여러 개 뭉쳐 꽃줄기 없이 달린다. 열매는 둥글고 9월에 검은색으로 익는다. 연한 잎은 먹을 수 있다.

아하! **생강 냄새가 나는 나무**

가지를 꺾거나 잎을 손으로 비볐다가 냄새를 맡으면 좋은 향기가 오래도록 가시지 않는데, 그 향이 생강(生薑) 냄새와 비슷하다고 하여 '생강나무'라고 부른다.

미나리아재비과

모양과 빛깔이 아름다운 꽃

미나리아재비과 식물의 특징

- 전세계에 1,500여 종이 있으며 우리 나라에는 106종이 있다.
- 대부분 여러해살이풀이다.
- 잎은 어긋나거나 마주나고 갈라진 것이 많다.
- 꽃잎은 거의 없거나 아주 작으며 간혹 특수한 모양이다.
- 꽃받침이 잘 발달하여 꽃잎처럼 보이며 암술과 수술이 많다.
- 열매는 수과 또는 골돌과이고, 비스듬히 위로 향하거나 거꾸로 달린다.

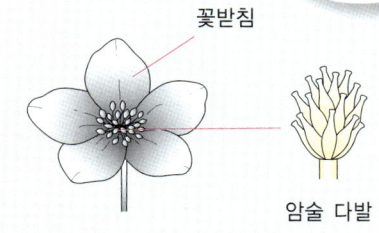

꽃받침

암술 다발

외대바람꽃

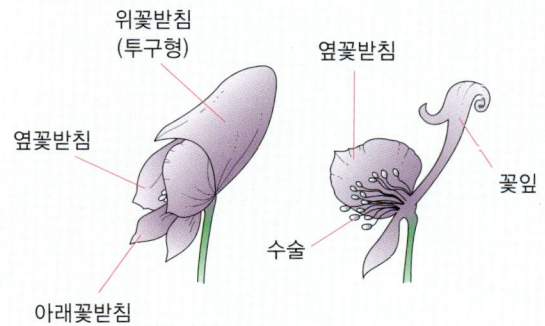

위꽃받침
(투구형)

옆꽃받침

옆꽃받침

꽃잎

수술

아래꽃받침

투구꽃 종류

금매화
〔미나리아재비과〕

여러해살이풀. 높은 산 습지에서 키 40~80cm 자란다. 잎은 둥근 염통 모양이고 깃털처럼 갈라지며 가장자리에 톱니가 있다. 꽃은 7~8월에 황색으로 피고 원줄기와 가지 끝에 1송이씩 달린다. 열매는 골돌과이고 모여 달린다.

개버무리
〔미나리아재비과〕 꽃버무리

갈잎덩굴나무. 숲의 가장자리나 냇가에서 길이 2m 정도 자란다. 잎은 마주나고 깃꼴겹잎이며, 작은잎은 피침형이고 가장자리에 톱니가 있다. 꽃은 8~9월에 연노란색으로 피고, 가지 끝이나 잎겨드랑이에서 아래를 향해 달린다. 열매는 수과이고 달걀 모양이며 9월에 익는다. 유독식물이지만 어린 잎은 독을 없애고 식용할 수 있다.

꿩의다리

꿩의다리
(미나리아재비과)

여러해살이풀. 산기슭의 풀밭에서 키 1m 정도 자란다. 줄기는 속이 비었고 흰빛을 띤다. 잎은 어긋나고 깃꼴겹잎이며 작은잎은 달걀 모양이다. 꽃은 7~8월에 흰색 또는 보라색으로 피고 줄기 끝에 모여 달린다. 열매는 수과이고 타원형이며 9~10월에 익는데, 긴 자루가 있어 밑으로 늘어진다. 어린 잎과 줄기를 식용한다.

아하!
꿩의 다리를 닮은 줄기

앙상하게 가늘고 긴 줄기가 꿩의다리와 비슷하다고 하여 '꿩의다리'라는 이름이 붙었다.

금꿩의다리

노루귀
[미나리아재비과]

여러해살이풀. 산의 나무 밑에서 자란다. 잎은 뿌리에서 모여나고 3개로 갈라지며, 갈래잎은 달걀 모양이고 뒷면에 솜털이 많다. 꽃은 잎이 나기 전인 4월에 연홍색 또는 흰색으로 피고, 꽃줄기 위에 1송이씩 달린다. 꽃잎은 없고 꽃잎 모양의 꽃받침이 6~8개 있다. 열매는 수과이고 6월에 익는다. 어린 잎을 나물로 먹는다.

잎

아하!
노루의 귀를 닮은 잎

이른 봄에 3갈래로 갈라진 잎이 나는데, 오목하게 말리고 털이 수북이 돋아 있는 모습이 노루의 귀와 비슷하다고 하여 '노루귀'라고 한다.

가는돌쩌귀 　　　　　　　　　　　　　　　그늘돌쩌귀

가는돌쩌귀
[미나리아재비과]

여러해살이풀. 산에서 키 1m 정도 자란다. 잎은 어긋
나고 깊게 3개로 갈라지며, 갈래는 깃털 모양이고 겉에
털이 있다. 꽃은 8~9월에 청자색으로 피고, 줄기나 가
지 끝의 꽃줄기에 모여 달린다. 꽃받침 5개가 꽃잎처럼
보인다. 열매는 골돌과이고 독성이 강하다.

놋젓가락나물
[미나리아재비과]

여러해살이덩굴풀. 산의 숲 속에
서 길이 2m 정도 자란다. 덩굴로 다
른 물체를 감아올라가면서 벋는다.
잎은 어긋나고 3~5개로 완전히 갈
라지는데, 작은잎은 깃털 모양이며
갈래잎은 끝이 뾰족하다. 꽃은 8~9
월에 보라색이나 자주색으로 피고
줄기 끝에 여러 송이가 모여 달린
다. 5개의 꽃받침조각은 꽃잎처럼
생기고, 뒤쪽 꽃받침조각은 고깔 모
양이다. 열매는 골돌과이다.

매발톱꽃(흰색 꽃)

매발톱꽃

〔미나리아재비과〕

여러해살이풀. 산골짜기 양지쪽에서 키 1m 정도 자란다. 줄기의 윗부분이 조금 갈라진다. 잎은 깃꼴겹잎이고 작은잎은 다시 깊게 갈라지며, 뒷면은 흰색이고 잎자루가 길다. 줄기에 달린 잎은 위로 올라갈수록 잎자루가 짧아진다. 꽃은 6~7월에 자줏빛을 띤 갈색으로 피고, 가지 끝에서 아래를 향해 달린다. 열매는 개과이고 5개이며 8~9월에 익는다.

산매발톱(하늘매발톱)

매발톱꽃

매의 발톱을 닮은 꽃

꽃의 윗부분인 거(距)는 꽃잎과 길이가 비슷하며 모두 안쪽으로 구부러졌는데, 그 모습이 매의 발톱과 닮았다 하여 '매발톱꽃'이라는 이름이 붙었다.

맥카나스자이안트(연노란색 꽃)

맥카나스자이안트(붉은색 꽃)

동의나물

[미나리아재비과]

여러해살이풀. 산지 습지에서 키 50~70cm 자란다. 뿌리에서 나온 잎은 심장 모양이며 가장자리에 무딘 톱니가 있다. 꽃은 4~5월에 노란색으로 피고, 줄기 끝에서 나온 긴 꽃대 끝에 2송이씩 달린다. 꽃잎은 없고 5~7장의 꽃받침이 꽃잎처럼 보인다. 열매는 골돌과이고 8월에 익는다.

아하! 물 한 모금을 담을 수 있는 동이

둥근 잎을 깔때기처럼 겹쳐 접으면, 물 한 모금 정도 담을 수 있는 작은 동이가 될 듯 싶어서 '동이나물'이라고 부르던 것이 변화되어 '동의나물'이 되었다.

미나리아재비   바위미나리아재비

미나리아재비
〔미나리아재비과〕 바구지

여러해살이풀. 산과 들의 습기가 있는 곳에서 키 50~70cm 자라며 흰색 털이 빽빽하게 난다. 잎은 깃털 모양으로 갈라지며 가장자리에 톱니가 있다. 꽃은 6월에 짙은 노란색으로 피고 줄기 끝에 여러 송이가 모여 달린다. 열매는 수과이고 여러 개가 모여 별 모양의 열매 덩이를 만든다. 전체를 약재로 쓴다.

승마   촛대승마

승마
〔미나리아재비과〕

여러해살이풀. 깊은 산에서 키 60~80cm 자란다. 잎은 어긋나고 3장으로 된 겹잎이며, 작은잎은 달걀 모양이고 가장자리에 불규칙한 톱니가 있으며 잎자루가 길다. 꽃은 8~9월에 흰색으로 피고 줄기 위쪽에 많이 모여 달린다. 꽃잎은 2~3장이며 끝이 대개 2개로 갈라진다. 열매는 골돌과이고 10월에 익는다. 뿌리를 약재로 쓴다.

참으아리

으아리
[미나리아재비과]

갈잎덩굴나무. 산기슭과 들에서 길이 2m 정도 자란다. 잎은 마주나고 5~7장으로 된 깃꼴겹잎이며 작은잎은 달걀 모양이다. 잎자루는 덩굴손처럼 구부러진다. 꽃은 6~8월에 흰색으로 피고, 줄기 끝이나 잎겨드랑이에 모여 달린다. 열매는 수과이고 달걀 모양이며, 9월에 익으며 털이 난 암술대가 꼬리처럼 달린다. 어린 잎은 식용하고 뿌리는 약재로 쓴다.

열매

으아리

큰꽃으아리

꿩의바람꽃

꿩의바람꽃

[미나리아재비과]

여러해살이풀. 산의 숲 속에서 자란
다. 뿌리줄기는 옆으로 벋고 길이 2～
3cm이며, 육질이고 굵다. 잎은 3개로
갈라지며 잎자루가 길다. 꽃은 4～5월
에 흰색으로 피고, 키 15～20cm인 꽃
줄기 끝에 1송이씩 달린다. 꽃잎이 없
고 긴 꽃받침 8～13개가 꽃잎처럼 보
인다. 열매는 수과이다.

바람부는 곳에서
잘 자라는 풀

숲의 양지쪽이지만 바람이 잘 부는 곳
에서 잘 자라는 이 풀의 속명인 아네모
네(Anemone)는 그리스어 anemos(바
람)가 어원이다. 그래서 영어로 'wind
flower(바람꽃)'라고 부른다.

너도바람꽃

나도바람꽃

홀아비바람꽃

회리바람꽃

쌍동바람꽃

재미있는 꽃이야기

아네모네를 어루만지는 바람의 신

그리스 신화에서 아네모네는 꽃의 여신 플로라의 시녀였다. 그런데 플로라의 연인인 바람의 신이 아네모네를 사랑하게 되었다.

"아니! 아네모네를 여기 두어서는 큰일나겠구나! 당장 쫓아내 버려야지!"

질투를 느낀 플로라는 즉시 아네모네를 먼 곳으로 쫓아버렸다. 아네모네가 보이지 않자 바람의 신은 플로라에게 물었다.

"플로라, 아네모네는 어디에 있소?"

"모르겠어요. 난 모르는 일이에요."

그러나 바람의 신은 끝까지 포기하지 않았다. 먼 길을 찾아헤매던 바람의 신은 어느 황량한 언덕에서 추위에 떨고 있는 아네모네를 발견하고 기쁜 나머지 얼싸안았다. 그 광경을 본 플로라는 질투를 참지 못해 아네모네를 한 송이 꽃으로 만들어 버렸다. 바람의 신은 안타까움에 꽃이 된 아네모네를 어루만지며 언제까지나 그 자리를 떠나지 못했다.

꿩의바람꽃은 아네모네 속이다. 아네모네는 숲 속 양지바른 곳이지만 바람 부는 곳을 좋아한다. 그리고 바람의 신이 부드럽게 어루만져주기를 기다린다.

복수초

〔미나리아재비과〕

여러해살이풀. 산지 숲 속 그늘에서 키 10~30cm 자란다. 잎은 어긋나고 깃털처럼 갈라지며 밑부분 잎은 원줄기를 둘러싼다. 꽃은 4월 초순에 노란색으로 피고 줄기와 가지 끝에 1송이씩 달린다. 꽃잎은 20~30개가 수평으로 퍼진다. 열매는 수과이고 꽃턱에 모여 달리며 6~7월에 익는다.

아하!

행복과 장수를 상징하는 꽃

동양에서는 복(福)과 장수(壽)를 뜻하는 노란색을 가장 귀하게 여기는데, 이른 봄에 피는 노란 꽃이 오래 가기 때문에 '복수초(福壽草)'라고 불린다.

사위질빵
[미나리아재비과]

갈잎덩굴나무. 산과 들에서 길이 3m 정도 자란다. 잎은 마주나고 3장으로 된 겹잎이다. 꽃은 7~8월에 흰색으로 피고 잎겨드랑이에 많이 달린다. 꽃잎은 없고 수술과 암술이 많아 꽃잎처럼 보인다. 열매는 수과이고 9~10월에 익으며, 흰색 털이 난 긴 암술대가 있다. 어린 잎과 줄기를 식용한다.

장모의 사랑이 담긴 풀

장모가 처가 일을 돕는 사위의 지게 멜빵을 약한 이 식물의 덩굴로 만들어 주어 짐을 적게 얹게 했다고 한다. 즉 사위의 지게 멜빵을 만드는 풀이라 하여 '사위질빵'이라고 부른다.

모데미풀
[미나리아재비과]

여러해살이풀. 깊은 산의 약한 습지에서 키 20~40cm 자란다. 잎은 모두 뿌리에서 나오고 잎자루가 길며, 3개로 갈라지고 갈래 조각은 다시 2~3개로 갈라진다. 꽃은 4~5월에 흰색으로 피고, 잎 가운데에서 나온 꽃줄기에 1송이씩 달린다. 열매는 골돌과이고 둥글게 퍼져 배열한다.

종덩굴
〔미나리아재비과〕

갈잎덩굴나무. 그늘지고 습한 숲 속에서 자란다. 잎은 마주나고 5~7장으로 된 겹잎이며, 작은잎은 달걀 모양이고 뒷면에 잔털이 약간 있다. 꽃은 종 모양이며 7~8월에 검은 자줏빛으로 피고, 잎겨드랑이에 밑으로 처져 달린다. 열매는 수과이고 편평한 타원형이며 9~10월에 익는다. 어린 잎은 식용한다.

종처럼 생긴 꽃

덩굴식물이며 아래를 향해 피는 보랏빛 꽃이 종처럼 생겼다고 하여 '종덩굴'이라는 이름이 붙었다.

종덩굴

열매

누른종덩굴

세잎종덩굴

무궁화종덩굴(검종덩굴)

흰진범(흰진교)

진범

진범
〔미나리아재비과〕
진교

여러해살이풀. 산지 숲 속에서 키 30~80cm 자란다. 잎은 손바닥 모양으로 갈라지고 가장자리에 톱니가 있다. 꽃은 8월에 연한 자주색으로 피고, 잎겨드랑이 또는 줄기 끝에 여러 송이가 모여 달린다. 열매는 골돌과이고 10월에 익으며 억센 털이 있다.

투구꽃
〔미나리아재비과〕

여러해살이풀. 깊은 산골짜기에서 키 1m 정도 자란다. 잎은 어긋나며 손바닥 모양으로 갈라지고 가장자리에 거친 톱니가 있다. 꽃은 9월에 자주색으로 피고 여러 송이가 모여 달리며, 꽃받침기 꽃잎처럼 보이고 위쪽 꽃받침이 투구처럼 전체를 위에서 덮는다. 열매는 골돌과이고 타원형이며 10월에 익는다.

아하! 투구처럼 생긴 꽃

보라색 꽃이 꽃잎처럼 보이는 5장의 꽃받침에 싸여 있는데, 위쪽 꽃받침의 모양이 옛날 로마의 병사들이 쓰던 투구와 비슷하다고 하여 '투구꽃' 이라고 부른다.

할미꽃

〔미나리아재비과〕

여러해살이풀. 산과 들의 양지쪽에서 키 30~40cm 자라며 전체에 긴 털이 빽빽하게 난다. 잎은 뿌리에서 나고 깃꼴겹잎이며 작은잎은 깊게 갈라진다. 꽃은 긴 종 모양이며 4월에 붉은빛을 띤 자주색으로 피고, 꽃줄기 끝에서 1송이씩 밑을 향해 달린다. 열매는 수과이고 달걀 모양이며, 6~7월에 익고 끝에 터럭 같은 긴 암술대가 남아 있다. 뿌리를 약재로 쓴다.

젊어도 할미꽃

꽃이 필 때 꽃대가 굽어 있으니 젊어서도 '할미꽃', 열매가 익으면 백발 노인의 머리를 연상시키므로 늙어서도 '할미꽃'이라고 하며, '백두옹(白頭翁)'이라고도 부른다.

분홍할미꽃

할미꽃 열매

재미있는 꽃 이야기

손녀를 그리워하는 할머니

옛날 어떤 곳에 할머니와 두 손녀가 살고 있었다. 두 손녀는 자라서 얼굴이 예쁜 언니는 이웃 부잣집에 시집을 가고, 얼굴이 곱지 못한 동생은 세 고개 너머 가난한 산지기에게 시집을 갔다.

동생은 비록 집안이 가난했지만 할머니를 모시고 살고 싶었다. 그러나 남의 이목이 두려웠던 언니가 반대했다. 할머니도 작은손녀와 살고 싶었지만, 가난한 작은손녀에게 짐이 되고 싶지 않아 혼자 살기로 했다.

큰손녀는 날이 갈수록 할머니에게 소홀해져서, 나중에는 양식이 떨어져 찾아가면 짜증까지 낼 정도였다. 할머니는 그럴 때마다 작은손녀가 더욱 보고 싶었다.

마침내 양식이 다 떨어져 며칠을 굶은 할머니는 마지막으로 작은손녀나 보고 죽기로 하고 길을 떠났다. 할머니가 두 고개를 넘고 마지막 고갯마루에 올라섰을 때는 한 발짝도 더 내디딜 수가 없었다. 할머니는 커다란 바위 아래 앉아서 고개 밑에 있는 작은 손녀의 집을 바라보면서 쓰러지고 말았다.

얼마 후 산에서 내려오던 작은손녀사위가 바위 밑에서 할머니를 발견했을 때는 이미 숨져 있었다. 작은손녀사위는 할머니를 양지바른 곳에 묻어 드렸다.

소식을 듣고 이튿날 작은손녀가 울면서 할머니가 묻힌 곳에 가 보니 할머니 무덤 앞에 이상한 꽃 한 송이가 피어 있었다. 그 꽃은 마치 허기져 허리를 구부린 할머니처럼 줄기를 구부리고 있었다. 작은손녀는 그 꽃이 할머니의 넋이라 생각했다. 그때부터 이 꽃을 '할미꽃'이라 부르게 되었다.

삼지구엽초

〔매자나무과〕 음양곽

여러해살이풀. 산지의 나무 그늘에서 키 30cm 정도 자란다. 줄기는 모여나고 가늘다. 잎은 겹잎이고 작은잎은 끝이 뾰족한 달걀 모양이며 가장자리에 가시 같은 톱니가 있다. 꽃은 5월에 노란색을 띤 흰색으로 피고 줄기 끝에 여러 송이가 모여 밑을 향해 달린다. 열매는 삭과이고 뾰족한 원기둥 모양이며 8월에 익는다. 전체를 약재로 쓴다.

가지 3개와 잎 9장을 가진 풀

줄기 하나에서 세 가지가 나오고 한 가지에서 잎이 각 3장씩 달려 잎이 9장이므로 '가지 3개와 잎 9장을 가진 풀'이라 하여 '삼지구엽초(三枝九葉草)'라고 한다.

재미있는 꽃 이야기

원기왕성해지는 풀

옛날 중국 서천 지방에서 한 노인이 양을 많이 키우고 있었다.

양의 번식기가 되면, 이 노인의 양 중에서 숫양 한 마리는 하루에 암양 1백여 마리와 교미를 하기도 했다. 그런데 이 숫양은 교미를 하다 지친 듯하면 노인의 집 뒷산에 올라가 한참씩 있다 다시 원기왕성해져 돌아와 교미를 계속하는 것이었다.

'허! 거참 이상하다. 무슨 일이 있는지 한번 따라가 봐야겠다.'

하루는 노인이 몰래 그 숫양을 뒤따라가 보았다. 숫양은 지친 몸으로 산 속 깊이 걸어 들어갔다. 노인은 늙었기 때문에 양을 따라 산을 오르기가 몹시 힘이 들었다.

"헉헉! 아이고, 어디까지 가는 거야? 도저히 힘들어 더 못 걷겠는걸!"

노인이 완전히 지쳤을 무렵 숫양은 발길을 멈추었다. 그리고 잠시 여기저기를 살피더니 어떤 풀을 뜯어먹기 시작했다.

"어? 풀을 뜯어먹는구나? 그렇다…."

숫양은 그 풀을 뜯어먹고 나더니 기운을 차리고 움직임이 활발해지는 것이었다.

숫양이 펄쩍펄쩍 뛰면서 산을 내려간 후 노인도 그 숫양이 뜯던 풀을 먹었더니 기운이 용솟음쳐 지친 몸이 거뜬해졌다. 노인은 산을 오를 때 짚던 지팡이를 던져 버리고 숫양처럼 산에서 뛰어 내려왔다. 그리고 얼마 안 되어 새장가를 들어 아들까지 보았다고 한다.

이때 숫양과 노인이 뜯어 먹은 풀이 '삼지구엽초'라고 하며, 사람들은 이 풀을 양의 정력을 보하는 약이라고 하여 '음양곽(淫羊藿)'이라고 했다.

한계령풀

[매자나무과] 메감자

여러해살이풀. 깊은 산 경사지에서 키 30~40cm 자란다. 잎은 3장으로 된 겹잎이고 작은잎은 타원형이며 가장자리가 밋밋하다. 꽃은 5월에 노란색으로 피고 줄기 끝에 여러 송이가 모여 달린다. 열매는 삭과이고 둥글며 7월에 익는다.

삼백초

[삼백초과]

여러해살이풀. 습지에서 키 50~100cm 자란다. 잎은 어긋나고 끝이 뾰족한 긴 타원형이며 위쪽 잎은 겉이 흰색이다. 꽃은 6~8월에 흰색으로 피고 줄기 끝에 작은 꽃들이 모여 이삭 모양으로 달린다. 열매는 둥글고 씨는 각 실에 1개씩 들어 있다.

세 가지가 백색인 풀

꽃이 필 때쯤 잎이 백색이 되고 꽃도 백색이다. 여기에다 뿌리줄기까지 백색이어서 '세 가지가 백색인 풀'이라고 하여 '삼백초(三白草)'라는 이름이 붙었다.

등칡
〔쥐방울덩굴과〕

갈잎덩굴나무. 산기슭에서 길이 10m 정도 자란다. 잎은 염통 모양이다. 꽃은 암수딴 그루고 5~6월에 연녹색으로 피며 잎겨드랑이에 1송이씩 달린다. 꽃받침통 가운데가 U자형으로 구부러진다. 열매는 삭과이고 긴 타원형이며 9~11월에 익는다.

족도리풀
〔쥐방울덩굴과〕 세신

여러해살이풀. 산지 숲에서 자란다. 잎은 땅 속의 뿌리줄기에서 2장씩 나며 잎자루가 길고 염통 모양이다. 꽃은 4~5월에 검은 자주색으로 피고 잎 사이에 1송이씩 달린다. 꽃받침은 항아리 모양이고 윗부분이 삼각형으로 갈라져 꽃잎처럼 보인다. 열매는 장과 모양이고 씨가 20개 정도 들어 있다. 뿌리를 약재로 쓴다.

아하! 족도리를 닮은 꽃

커다란 잎 아래에 꽃의 모양이 옛 여인들이 쓰는 족도리 모자같이 생겨 '족도리풀'이라는 이름이 붙었다. 뿌리에서 나는 시고 매운 맛 때문에 '세신(細辛)'이라고도 한다.

쥐방울덩굴

〔쥐방울덩굴과〕 방울풀

여러해살이덩굴풀. 산과 들의 숲가장자리에서 길이 1.5m 정도 자란다. 줄기를 자르면 흰 유액이 나온다. 잎은 어긋나고 염통 모양이며 약간 흰빛이 난다. 꽃은 7~8월에 녹자색으로 피고 잎겨드랑이에 여러 송이가 달린다. 꽃잎은 없고 꽃받침은 통 모양이며 윗부분이 나팔처럼 된다. 열매는 삭과이고 둥글며, 10월에 익고 낙하산 모양으로 벌어진다.

아하!

말방울을 닮은 열매

열매가 다 익으면 윗부분이 벌어져 낙하산을 거꾸로 매단 것처럼 되는데, 이 고투리가 말에 매다는 방울 같다고 하여 '말방울' 또는 '마두령(馬兜鈴)'이라고도 부른다.

다래나무

〔댜래나무과〕

　갈잎덩굴나무. 산지 숲 속에서 길이 7m 정도 자란다. 줄기는 계단 모양으로 층이 지고 햇가지에 잔털이 난다. 잎은 어긋나고 넓은 달걀 모양이다. 꽃은 암수딴그루고 5월에 흰색으로 피며 잎겨드랑이에 3～10송이가 달린다. 열매는 장과이고 달걀 모양이며 10월에 황록색으로 익는다. 열매를 날것으로 먹을 수 있다.

마음을 달래주는 열매

　열매의 맛이 달다고 하여 '다래'라고 한다. 머루랑 다래랑 먹고 청산에 살자고 했던 은자들의 마음을 달래주었다고 '다래'라고 이름을 붙인 것 같다.

다래나무 꽃

다래나무 열매

쥐다래나무

괴불주머니

〔양귀비과〕

두해살이풀. 산과 들의 습한 곳에서 키 20~50cm 자란다. 잎은 어긋나고 깃꼴겹잎이며 작은잎은 달걀 모양이다. 꽃은 4~7월에 노란색으로 피고 원줄기와 가지 끝에 여러 송이가 모여 원뿔 모양을 이룬다. 열매는 삭과이고 선형이며 8~9월에 익는다.

산괴불주머니

자주괴불주머니

눈괴불주머니

금낭화

〔양귀비과〕
며느리주머니

여러해살이풀. 깊은 산 계곡에서 키 60cm 정도 자란다. 잎은 어긋나고 깃꼴겹잎이며 작은잎은 끝이 뾰족한 달걀 모양이다. 꽃은 5~6월에 담홍색으로 피고 줄기 끝에 여러 송이가 주렁주렁 달린다. 꽃받침잎은 2개로 가늘고 작은 비늘 모양이며 일찍 떨어진다. 열매는 삭과이고 긴 타원형이며 9~10월에 여문다. 어린 잎을 나물로 먹는다.

아하! 금화가 든 주머니를 가진 꽃

심장 모양의 빨간색 꽃이 예쁜 복주머니처럼 생기고, 그 안의 암술과 수술이 노란 금화가 들어 있는 것 같다고 하여 '금낭화(金囊花)' 라고 부른다.

애기똥풀

〔양귀비과〕 젖풀

두해살이풀. 마을 부근에서 흔히 나며 키 50cm 정도 자란다. 잎은 마주나고 깃꼴겹잎이며, 작은잎은 긴 타원형이고 가장자리에 톱니가 있다. 꽃은 5~8월에 노란색으로 피고 가지 끝에 여러 송이가 모여 달린다. 열매는 삭과이고 좁은 원기둥 모양이며 9월에 여문다. 어린 잎은 나물로 먹는다.

아하!

애기똥이 나오는 풀

잎이나 줄기를 꺾으면 주황색 진액이 나오는데 그 빛깔이 마치 갓난아기의 무른 똥과 비슷하다고 하여 '애기똥풀' 또는 '젖풀'이라고 한다.

줄기의 진액

피나물

〔양귀비과〕
노랑매미꽃

여러해살이풀. 산에서 키 30cm 정도 자란다. 줄기를 자르면 황적색 진액이 나온다. 잎은 깃꼴겹잎이고 작은잎은 넓은 달걀 모양이며 가장자리에 톱니가 있다. 꽃은 4~5월에 노란색으로 피고 잎겨드랑이에서 나온 꽃줄기 끝에 1송이씩 달린다. 열매는 삭과이고 원기둥 모양이며 7월에 여문다. 전초를 약재로 쓴다.

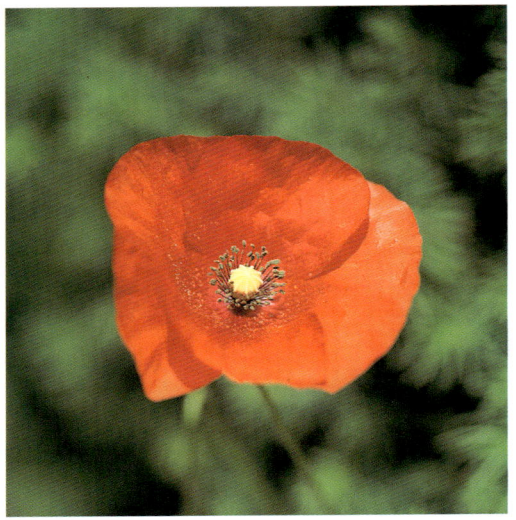

양귀비

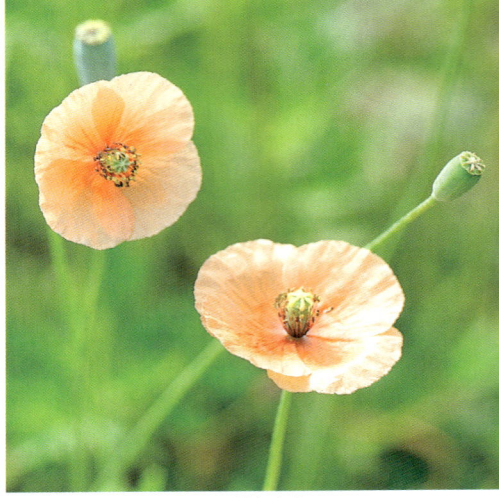

개양귀비

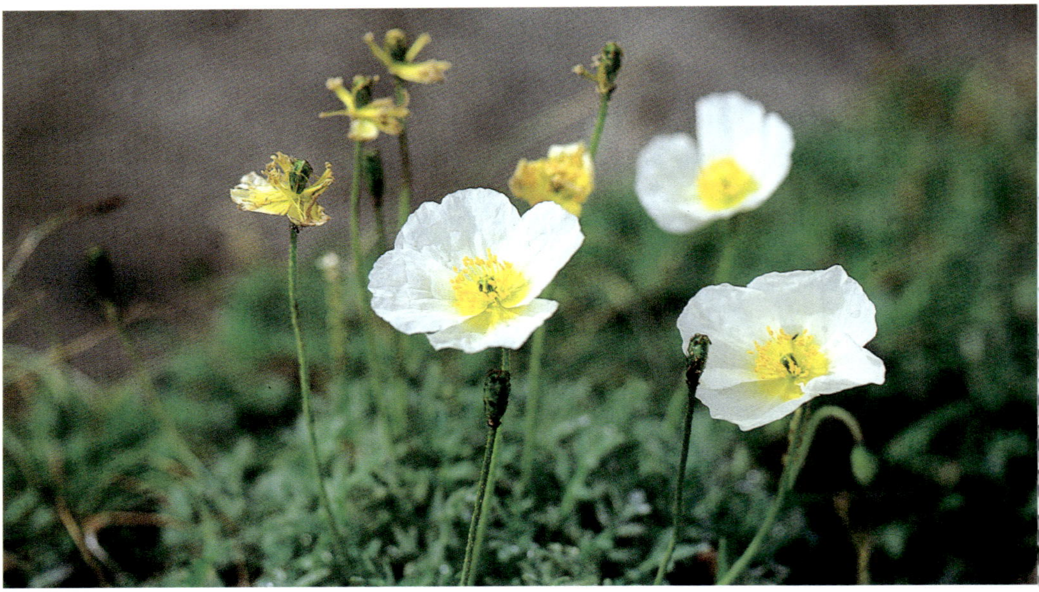
흰두메양귀비

양귀비

〔양귀비과〕 앵속

두해살이풀. 유럽 동부 원산이며 키 50~150cm 자란다. 잎은 어긋나고 긴 달걀 모양이며, 끝이 뾰족하고 가장자리에 톱니가 있으며, 밑 부분이 줄기를 반 정도 감싼다. 꽃은 5~6월에 붉은색·자주색·흰색 등으로 피고, 줄기 끝에 1송이씩 위를 향해 달린다. 열매는 삭과이고 둥근 달걀 모양이며, 다 익으면 윗부분의 구멍에서 씨가 나온다. 열매를 약재로 쓴다.

아하!

좁쌀이 들어 있는 항아리

열매가 항아리같이 생기고 그 속에 좁쌀 같은 씨가 들어 있다고 하여, 한자로 항아리를 뜻하는 앵(罌)자와 좁쌀을 뜻하는 속(粟)자를 써서 '앵속(罌粟)'이라고 한다.

두메양귀비

울지 않는 새

옛날 인도의 어느 왕국에 젊은 왕자가 있었다. 어느 날 정원에서 이상한 새를 발견했다. 새에게서 좋은 향내가 나고 발목에는 금실이 매여 있었다. 그런데 어찌 된 일인지 이 새는 한 번도 울지 않았다.

하루는 왕자가 꿈을 꾸었는데 한 공주가 왕자의 꽃밭에서 무엇을 찾고 있었다.

"저는 아라후라 왕국의 공주인데, 제 새가 금실을 끊고 달아나서 찾고 있어요."

왕자는 가슴이 뜨끔했지만 시치미를 뚝 떼고 물었다.

"그 새의 이름이 무엇이오?"

"그 새의 이름은 나의 이름과 같아서 말할 수가 없어요."

아라후라 왕국에서는 공주의 이름을 알아 내는 사람이 공주와 결혼하여 왕이 될 수 있기 때문이라고 했다. 새가 부르는 노래가 곧 공주의 이름이라는 것이다. 그리고 그 새는 한 가지 꽃만을 좋아하고, 또 그 꽃의 이름이 공주의 이름과 같은데, 왕자의 꽃밭에는 그 꽃이 없다며 떠나 버렸다.

꿈에서 깨어난 왕자는 즉시 그 꽃을 찾아 아라후라 왕국으로 떠났다. 왕자는 무사히 성 안으로 들어가서 공주의 꽃밭에 숨어 들어가 그 꽃을 따오는 데 성공하였다. 왕자가 새장 앞에 그 꽃을 놓자, 새는 비로소 아름다운 목소리로 노래를 불렀다.

"파파베라 파파베라"

파파베라 공주의 이름을 알아 낸 왕자는 공주를 왕비로 맞아들여서 행복하게 살았다고 한다.

'파파베라'는 양귀비의 라틴어 이름이다.

들현호색

〔양귀비과〕

여러해살이풀. 산기슭이나 논과 밭 근처에서 키 15cm 정도 자란다. 잎은 어긋나고 깃꼴겹잎이며, 작은잎은 달걀 모양이고 가장자리에 톱니가 있다. 꽃은 붉은 4월에 자주색으로 피고 줄기 끝에 많이 모여 달린다. 열매는 삭과이고 긴 타원형이며, 끝이 뾰족하고 6~7월에 익는다. 덩이줄기를 약재로 쓴다.

잎에 반점이 있는 현호색

잎 표면에 불규칙한 백색 반점이 많으므로 '점현호색'이라고 부른다. 또 현호색 중에서 개체가 가장 크므로 '큰현호색'이라고도 한다.

좀현호색

현호색

애기현호색

댓잎현호색

점현호색

꽃잎 4장이 열 십자(十) 모양이 된다

십자화과 식물의 특징

- 전세계에 2,500여 종이 있으며 우리 나라에는 37종이 있다.
- 떡잎이 크며 대부분 풀이다.
- 잎은 뿌리에서 난 것과 줄기에서 난 것으로 구분되며, 어긋나고 홑잎이거나 깃꼴겹잎이다.
- 꽃잎은 4장씩이고 활짝 핀 꽃을 위에서 보면 열 십(十)자로 보인다.
- 열매는 각과이고 어떤 것은 벌어지지 않는다.

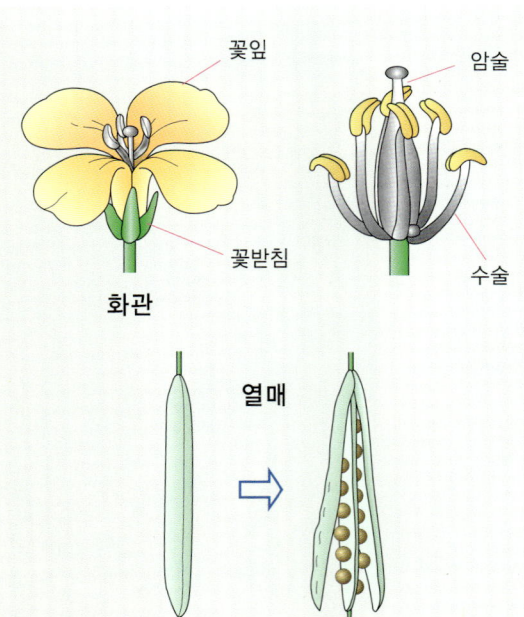

꽃잎 · 암술 · 꽃받침 · 수술

화관

열매

꽃다지

[십자화과]

두해살이풀. 들이나 밭의 양지바른 곳에서 키 20cm 정도 자란다. 전체에 짧은 털이 빽빽하게 난다. 뿌리에서 난 잎은 모여나고 주걱 모양이다. 줄기에 난 잎은 어긋나고 긴 타원형이다. 꽃은 4~6월에 노란색으로 피고 줄기 끝에 모여 달린다. 열매는 각과이고 긴 타원형이며 7~8월에 익는다. 어린 잎을 나물로 먹는다.

나도냉이

구슬갓냉이

황새냉이

구슬갓냉이
〔십자화과〕

여러해살이풀. 산과 들에서 키 60cm 정도 자란다. 잎은 어긋나고 긴 타원형이며, 깃털처럼 갈라진 밑부분이 긴 잎자루까지 이어져 날개 모양이 된다. 꽃은 6월에 노란색으로 피고 작은 꽃이 많이 모여 달린다.

아하! 나싱이 변하여 생긴 이름

냉이를 뜻하는 한자 제(薺)를 우리 옛글에서는 나시·나싱·나지 등으로 발음하였는데 이것이 변화하여 '냉이' 라는 이름이 생겼다. '나생이' 라고도 한다.

미나리냉이
〔십자화과〕

여러해살이풀. 산지의 그늘진 곳에서 키 50cm 정도 자라며 전체에 부드러운 털이 있다. 잎은 어긋나고 깃꼴겹잎이며, 작은잎은 넓은 피침형이고 가장자리에 불규칙한 톱니가 있다. 꽃은 6~7월에 흰색으로 피고 가지와 줄기 끝에 많이 모여 달린다. 열매는 길쭉한 각과이고 8~9월에 여문다. 어린잎을 나물로 먹는다.

풍년화
〔조록나무과〕

갈잎떨기나무. 일본 원산이며 높이 6m 정도 자란다. 잎은 어긋나고 달걀 모양이며 겉에 주름이 약간 있다. 꽃은 잎이 나기 전인 4월에 노란색으로 피고 잎겨드랑이에 여러 송이가 달린다. 열매는 삭과이고 달걀 모양이며 10월에 익는데, 솜털이 빽빽하게 나며 2개로 갈라진다.

꽃   열매

히어리
〔조록나무과〕
송광납판화

갈잎떨기나무. 산기슭에서 높이 1~2m 자란다. 잎은 어긋나고 둥글며, 밑은 염통 모양이고 가장자리에 뾰족한 톱니가 있다. 꽃은 4월에 연한 황록색으로 피고 8~12송이가 모여 밑으로 처져 달린다. 열매는 삭과이고 9월에 익으며, 2개로 갈라지고 씨는 검다.

기린초

기린초 꽃

태백기린초

기린초

〔돌나물과〕

여러해살이풀. 산지의 바위 위에서 키 5~30cm 자란다. 뿌리가 비대하며 줄기는 뭉쳐난다. 잎은 어긋나고 긴 타원형이며, 가장자리에 둔한 톱니가 있고 육질이다. 꽃은 6~7월에 노란색으로 피고 원줄기 끝에 많이 모여 달린다. 열매는 골돌과이고 9월에 익는다. 어린 잎은 식용한다.

물레나물

〔물레나물과〕

여러해살이풀. 산기슭이나 물가
에서 키 50~80cm 자란다. 잎은
마주나고 피침형이며 밑동이 줄기
를 감싼다. 꽃은 6~8월에 노란색
으로 피고 가지 끝에 1송이씩 위를
향해 달린다. 꽃잎은 5장이며 낫
모양이다. 열매는 삭과이고 달걀
모양이며 9~10월에 익는다. 어린
잎을 나물로 먹는다.

물레를 닮은 꽃

노랑색 꽃잎 5장이 모여 바람개비
와 비슷한 모양을 만드는데, 이것이
목화에서 실을 뽑는 물레의 바퀴와
비슷하다고 하여 '물레나물'이라고
부른다.

홀아비꽃대

〔홀아비꽃대과〕

여러해살이풀. 산지의 숲 그늘에서 20~30cm 자란다. 잎은 2장
씩 마주나서 줄기 끝쪽에 4장 달리는데, 타원형이며 가장자리에 뾰
족한 톱니가 있다. 꽃은 4월에 흰색으로 피고 원줄기 끝에 이삭 모
양으로 달린다. 열매는 삭과이고 달걀 모양이며 9~10월에 익는다.

큰꿩의비름

꿩의비름
〔돌나물과〕

여러해살이풀. 산에서 키 30cm 정도 자란다. 줄기는 분처럼 흰빛을 띤다. 잎은 마주나거나 어긋나고 긴 타원형이며 다육질이다. 꽃은 8~10월에 붉은 빛을 띤 흰색으로 피고 원줄기 끝에 많이 모여 달린다. 꽃잎은 5장이고 피침형이다. 열매는 골돌과이다.

꿩의비름

좁은잎돌꽃

좁은잎돌꽃

〔돌나물과〕

여러해살이풀. 백두산 등 높은 산에서 키 5cm 정도 자란다. 잎은 긴 타원형이고 가장자리에 희미한 톱니가 있다. 꽃은 암수딴그루이며 7~8월에 노란색으로 피고, 원줄기 끝에 여러 송이가 모여 달린다. 수꽃은 꽃받침에 자주색 반점이 있다. 열매는 골돌과이고 4개다.

바위돌꽃(돌꽃)

돌나물

〔돌나물과〕

여러해살이풀. 산과 들에서 키 15cm 정도 자란다. 줄기는 옆으로 뻗으며 각 마디에서 뿌리가 나온다. 잎은 보통 3장씩 돌려나고 긴 타원형이며 양끝이 뾰족하다. 꽃은 5~6월에 노란색으로 피고 줄기 끝에 여러 송이가 모여 달린다. 열매는 골돌과이고 8월에 익는다. 어린 잎을 나물로 먹는다.

바위솔

〔돌나물과〕

여러해살이풀. 산지의 바위 곁에 붙어서 키 30cm 정도 자란다. 뿌리에서 나온 잎은 방석처럼 퍼지고 끝이 굳어져서 가시같이 된다. 꽃은 9월에 흰색으로 피고 원줄기 끝에 빽빽하게 모여 이삭처럼 달린다. 꽃잎은 5장이며 끝이 뾰족한 피침형이다. 열매는 골돌과이고 10월에 익는다.

아하!

바위에서 자라는 솔방울

모양이 소나무의 열매인 솔방울과 비슷하고 바위에서 잘 자라기 때문에 '바위솔'이라고 부른다. 또 오래 된 기와지붕에서 자란다고 해서 '기와솔'이라고도 한다.

괭이눈

괭이눈 열매

애기괭이눈　　　　　　산괭이눈　　　　　　가지괭이눈

괭이눈
[범의귀과]

여러해살이풀. 산과 들의 습지에서 키 5~20cm 자란다. 줄기는 땅위로 벋고 마디에서 뿌리를 내린다. 잎은 마주나고 넓은 달걀 모양이며 꽃 옆의 잎은 노란색을 띤다. 꽃은 4~5월에 연한 황록색으로 피고 꽃줄기 끝에 달린다. 열매는 삭과이고 2개로 깊게 갈라지며 7월에 익으며, 씨는 다갈색이고 윤이 나며 잔 돌기가 있다. 어린 순을 나물로 먹는다.

아하!
고양이 눈을 닮은 꽃과 열매

열매는 크기가 서로 다른 2조각으로 깊게 갈라지는데, 이것이 햇볕에 눈을 지그시 감고 졸고 있는 고양이의 눈과 비슷하다고 하여 '괭이눈'이라고 부른다.

노루오줌

〔범의귀과〕

여러해살이풀. 산지의 냇가나 습한 곳에서 키 70cm 정도 자라고 줄기에 긴 갈색 털이 난다. 잎은 어긋나고 깃꼴겹잎이다. 꽃은 7~8월에 적자색으로 피고 줄기 끝에 많이 모여 달린다. 열매는 삭과이고 9~10월에 익으며 끝이 2개로 갈라진다. 어린 잎을 나물로 먹고 전체를 약재로 쓴다.

노루의 오줌 냄새가 나는 풀

뿌리에서 노루의 오줌 냄새 같은 누린내가 나기 때문에 '노루오줌'이라고 부른다. 꽃이 연한 붉은색이고 꽃차례가 옆으로 처진 것은 '숙은노루오줌'이라고 한다.

숙은노루오줌

돌단풍

〔범의귀과〕

여러해살이풀. 물가의 바위 틈에서 키 30cm 정도 자란다. 잎은 모여나고 잎자루가 길며 손바닥 모양으로 깊게 갈라지며, 윤이 나고 가장자리에 톱니가 있다. 꽃은 5월에 엷은 홍색이나 흰색으로 피고 줄기 끝에 모여 달린다. 열매는 삭과이고 달걀 모양이며 7~8월에 익는다. 어린 잎은 식용한다.

바위에서 자라는 단풍잎

주로 물가의 바위 틈에서 자라며, 손바닥 모양으로 갈라진 잎이 단풍나무 잎과 비슷하다고 하여 '돌단풍'이라고 불린다.

물매화풀

[범의귀과]

여러해살이풀. 산지의 볕이 잘 드는 습지에서 키 30cm 정도 자라며 줄기는 모여 난다. 뿌리에서 난 잎은 모여 나고 달걀 모양이며 잎자루가 길다. 줄기에 달린 잎은 1장이고 잎자루가 없다. 꽃은 7~9월에 흰색으로 피고 줄기 끝에 1송이씩 위를 향해 달린다. 열매는 삭과이고 넓은 달걀 모양이며, 10~11월에 익는다.

매화를 닮은 꽃

꽃의 모양이 매화나무의 꽃과 비슷하고 습기가 많은 곳에서 잘 자라기 때문에 '물매화' 라고 부른다.

열매

산수국

[범의귀과]

갈잎떨기나무. 산골짜기나 자갈밭에서 높이 1m 정도 자라며 작은 가지에 털이 있다. 잎은 어긋나고 긴 타원형이며 가장자리에 뾰족한 톱니가 있다. 꽃은 7~8월에 하늘색과 흰색으로 피고 가지 끝에 모여 달린다. 열매는 삭과이고 달걀 모양이며, 9~10월에 익는다.

바위취
[범의귀과]

늘푸른여러해살이풀. 그늘진 습지에서 키 60cm 정도 자라며, 전체에 적갈색 털이 빽빽하게 난다. 잎은 뿌리줄기에서 뭉쳐나며 콩팥 모양이고 가장자리에 톱니가 있다. 꽃은 5월에 흰색으로 피고 꽃줄기에 모여 달린다. 열매는 삭과이고 달걀 모양이며 10월에 익는다. 전체를 약재로 쓴다.

국수나무
[장미과]

갈잎떨기나무. 산과 들에서 높이 1~2m 자라고 가지 끝이 밑으로 처진다. 잎은 어긋나고 넓은 달걀 모양이며 끝이 뾰족하다. 꽃은 5~6월에 연한 노란색으로 피고 새 가지 끝에 여러 송이가 모여 달린다. 열매는 골돌과이고 달걀 모양이며 잔털이 많으며 8~9월에 익는다.

아하!
국수가닥이 들어 있는 나무

줄기 한가운데에 수(髓)라고 하는 흰색 부분이 있는데, 이것이 국수가닥과 비슷하다고 하여 '국수나무'라는 이름이 붙었다.

마가목

[장미과]

갈잎중키나무. 깊은 산지의 숲 속에서 높이 8m 정도 자란다. 잎은 어긋나고 깃꼴겹잎이며, 작은잎은 넓은 피침형이고 가장자리에 톱니가 있다. 꽃은 5~6월에 흰색으로 피고 가지 끝에 많이 모여 달린다. 열매는 이과이고 둥글며 9~10월에 붉은색으로 익는다. 열매와 나무 껍질을 약재로 쓴다.

아하!

말의 이빨처럼 돋아나는 새싹

봄철에 돋는 새싹이 말의 이빨처럼 힘차게 돋아난다고 하여 '마아목(馬牙木)'이라 한 것이, 점차 변화되어 '마가목'으로 바뀌었다고 한다.

담자리꽃나무

[장미과]

늘푸른떨기나무. 고산 지대에서 높이 10cm 정도 자라며 줄기는 옆으로 벋는다. 잎은 어긋나고 넓은 타원형이며 가장자리에 톱니가 있다. 꽃은 6~7월에 흰색으로 피고 꽃줄기 끝에 1송이씩 달린다. 열매는 수과이고 9~10월에 익으며 흰색 털이 있다.

뱀딸기

〔장미과〕

여러해살이풀. 풀밭이나 논둑에서 자란다. 덩굴이 옆으로 벋으면서 마디에서 뿌리가 내린다. 잎은 어긋나고 달걀 모양이며 가장자리에 톱니가 있다. 꽃은 4~5월에 노란색으로 피며 잎겨드랑이에서 나온 긴 꽃줄기 끝에 1송이씩 달린다. 열매는 수과이고 둥글며 6월에 붉게 익는다. 열매를 먹는다.

아하!

뱀에 물린 상처를 치료하는 풀

열매가 딸기와 비슷하고 뱀이 자주 발견되는 습기가 많은 곳에서 잘 자라므로 '뱀딸기'라고 붙여진 듯하다. 잎과 줄기는 뱀에 물린 상처를 치료하는 약재로 쓴다.

덩굴딸기 열매

덩굴딸기(줄딸기)

멍석딸기 열매

멍석딸기

붉은가시딸기(곰딸기)

산딸기나무

양지꽃

양지꽃
〔장미과〕

여러해살이풀. 산과 들의 양지에서 키 30~
50cm 자란다. 전체에 거친 털이 있다. 잎은 뿌
리에서 모여나고 깃꼴겹잎이며, 작은잎은 타원
형이고 가장자리에 톱니가 있다. 꽃은 4~6월
에 노란색으로 피고 줄기 끝에 10송이 정도가
모여 달린다. 열매는 수과이고 달걀 모양이며
6~7월에 익는다. 어린 잎을 나물로 먹는다.

양지에서 자라는 풀

햇빛이 잘 드는 풀밭 양
지 쪽에서 잘 자라므로
'양지꽃' 이라고 부르는
것 같다.

돌양지꽃

제주양지꽃(제주소시랑개비)

나도양지꽃(금강금매화)

솜양지꽃

물양지꽃

세잎양지꽃

산오이풀

오이풀

오이풀

〔장미과〕

여러해살이풀. 산이나 들에서 1m 정도 자란다. 뿌리에서 난 잎은 깃꼴겹잎이며 작은잎은 타원형이고 가장자리에 톱니가 있다. 줄기에 난 잎은 어긋나고 작다. 꽃은 6~9월에 검붉은색으로 피고 줄기 끝에 모여 달리는데 꽃잎이 없다. 열매는 수과이고 10월에 익는다. 뿌리를 약재로 쓴다.

오이 냄새가 나는 풀

어린 줄기와 잎에서 상큼한 냄새가 나는데 이것이 오이 냄새와 비슷하다고 하여 '오이풀'이라고 한다.

큰오이풀

짚신나물

[장미과]

여러해살이풀. 들이나 길가에서 키 30~100cm 자라며 전체에 거친 털이 많이 난다. 잎은 어긋나고 깃꼴겹잎이며, 작은잎은 피침형이고 가장자리에 거친 톱니가 있다. 꽃은 6~8월에 노란색으로 피고 줄기와 가지 끝에 많이 모여 달린다. 열매는 수과이고 꽃받침에 싸이며, 갈고리 같은 털 때문에 물체에 잘 붙는다. 어린 순을 나물로 먹는다.

짚신만큼 맛이 없는 나물

잎의 모양이 짚신처럼 생겼고, 또 어린 싹으로 나물을 해 먹으면 짚신을 삶아 먹는 것만큼이나 맛이 없다고 하여 '짚신나물'이라는 이름이 붙었다고 한다.

재미있는 꽃이야기

학이 가져다 준 약초

옛날 조선 시대 때 두 친구가 과거를 보기 위해 서울로 가던 중에 한 친구가 병이 났다. 갑자기 온몸에서 힘이 쭉 빠지며 코와 입에서 피가 뚝뚝 떨어지기 시작한 것이다.

"물, 물 좀 줘."

"여기는 물이 없네. 조금만 참게."

바로 그 때 두루미 한 마리가 날아와서 입에 물고 있던 풀을 떨어뜨려 주었다.

"두루미가 이 풀을 주는군. 이것으로 목을 축이게."

피를 흘리던 친구는 그 풀을 받아서 씹어 먹었다. 그랬더니 신기하게도 코와 입에서 나오던 피가 멎었다. 두 친구는 얼싸안고 기뻐했다.

"선학이 귀한 약초를 보냈구나."

두 친구는 간신히 과거 날짜에 서울에 도착하여 과거 시험을 무사히 치렀고 나란히 급제했다.

여러 해가 지난 뒤, 두 친구는 우연히 길에서 만나 정겹게 얘기를 나누었다.

"여보게, 우리가 과거 보러 갈 때 고생한 일 기억나나?"

"그걸 누가 잊어버리겠는가? 나는 그 약초를 꼭 찾고 싶네."

두 사람은 그 풀의 생김새를 그려서 많은 사람들한테 찾아 달라고 부탁했다. 한참이 지난 뒤에 어느 사람이 그 풀을 찾아냈다. 그런데 풀의 이름은 몰랐다. 그래서 두 사람은 약초를 갖다 준 두루미를 기념하기 위해 이름을 '선학초(仙鶴草)'라고 지었다. 이 풀이 바로 짚신나물이었다. 그 뒤로 짚신나물은 출혈을 멎게 하는 약으로 쓰게 되었다.

조팝나무

조팝나무
〔장미과〕

    갈잎떨기나무. 산과 들에서 높이 1.5~2m 자라며 줄기는 무리지어 난다. 잎은 어긋나고 타원형이며 가장자리에 잔톱니가 있다. 꽃은 4~5월에 흰색으로 피고, 잎겨드랑이에 4~5송이씩 무리지어 가지 윗부분을 덮는다. 열매는 골돌과이고 9월에 익는다. 어린 잎은 나물로 먹는다.

아하!

좁쌀을 붙여 놓은 꽃줄기

    줄기에 조밀하게 달린 작고 하얀 꽃들이, 튀겨 놓은 좁쌀을 붙여 놓은 것처럼 보인다고 하여 '조밥나무' 라고 부르다가 점차 강하게 발음되어 '조팝나무' 가 되었다.

산조팝나무

공조팝나무

덤불조팝나무

꼬리조팝나무

일본조팝나무

찔레나무

〔장미과〕

갈잎떨기나무. 산기슭이나 냇가에서 높이 1~2m 자라고 가지가 많이 갈라지며 날카로운 가시가 있다. 잎은 어긋나고 깃꼴겹잎이며 작은잎은 달걀 모양이고 가장자리에 톱니가 있다. 꽃은 5월에 연한 붉은색 또는 흰색으로 피고, 가지 끝에 여러 송이가 모여 달린다. 열매는 수과이고 둥글며 9월에 붉은색으로 익는다.

아하! 가시가 많은 꽃나무

활처럼 휘어 비스듬히 자라는 줄기와 가지에 가시가 많아 잘 찔리므로 '찔레나무' 라고 부른다.

재미있는 꽃 이야기

고향을 그리는 소녀의 마음

고려 때, 우리 나라에서는 당시 강대국이던 원나라에 매년 처녀를 뽑아 궁녀로 바치는 관례가 있었다.

어느 해, 가엾은 소녀 찔레는 다른 처녀들과 함께 원나라로 끌려가서 그 곳에서 살게 되었다. 다행히 원나라 주인은 마음씨가 착한 찔레에게 고된 일을 시키지 않아 찔레의 생활은 호화롭고 자유로웠다.

그러나 찔레는 그리운 고향과 부모·동생들의 생각을 지울 수가 없었다. 가난해도 고향이 좋고 지위가 낮아도 내 부모가 좋고, 남루한 옷을 입어도 내 형제가 좋았다. 찔레의 향수는 무엇으로도 달랠 수 없었다.

찔레가 고향을 그리는 마음을 버리지 못하고 10여 년의 세월을 눈물로 보내던 어느 날이었다. 찔레를 가엾게 여긴 원나라 주인은 사람을 고려로 보내 찔레의 가족을 찾아오게 했으나 찾지 못하고 돌아왔다.

할 수 없이 찔레는 주인의 허가를 얻어 혼자서 고향의 가족을 찾아 고려로 돌아오게 되었다. 그러나 고향의 찔레가 살던 집은 이미 없어지고 가족도 어디로 갔는지 소식을 알 수 없었다. 찔레는 부모와 동생의 이름을 부르며 여기저기 산 속을 헤매었다.

그렇지만 그리운 동생은 찾지 못했다. 슬픔에 잠긴 찔레는 원나라로 다시 가서 사느니 차라리 죽는 것이 낫다고 생각해, 고향집 근처에서 스스로 목숨을 끊고 말았다.

그 후 찔레가 부모와 동생을 찾아 헤매던 골짜기와 개울가마다 그녀의 마음은 흰 꽃잎이 되고 소리는 향기가 되어 '찔레꽃' 으로 피어났다고 한다.

꽃

열매

큰뱀무

〔장미과〕

　여러해살이풀. 산과 들에서 키
70cm 정도 자라며 전체에 털이 난다.
뿌리에서 난 잎은 깃꼴겹잎이며 작은
잎은 달걀 모양이다. 줄기에 달린 잎은
어긋나고 3개로 갈라지며 끝이 뾰족하
다. 꽃은 6월에 노란색으로 피며 가지
끝에 1송이씩 달린다. 열매는 수과이고
둥글게 모이며 8~9월에 익는다. 어린
잎은 나물로 먹는다.

해당화
[장미과]

갈잎떨기나무. 바닷가의 모래 땅과 산기슭에서 높이 1~1.5m 자라며 갈색 가시와 억센 털이 빽빽이 난다. 잎은 어긋나고 깃꼴겹잎이며 작은잎은 타원형이다. 꽃은 5~7월에 홍색이나 흰색으로 피고, 가지 끝에 1~3송이씩 달린다. 열매는 수과이고 둥글며 8월에 붉게 익는다. 꽃과 열매를 약재로 쓴다.

재미있는 꽃 이야기

누나를 그리는 소년의 넋

옛날 어느 바닷가에 아주 사이가 좋은 오누이가 살고 있었다. 어느 날 관청의 아전들이 궁녀로 뽑혔다며 누이를 강제로 데려가 버렸다.

"안 돼요, 우리 누나를 데려가지 마세요."

아전들도 마음이 아팠지만 나라의 명령이라서 어쩔 수가 없었다.

"어허! 저리 비켜라! 나라의 명을 거역하면 아주 큰 벌을 받게 된단다."

소년은 하늘이 무너지는 듯 앞이 캄캄했다. 어린 동생을 두고 떠나야 하는 누나도 기가 막혀 할 말을 잊은 채 흐느끼기만 했다.

"누나, 가지 마! 나만 두고 가면 안 돼! 나도 데리고 가!"

"누나가 꼭 돌아올게. 건강하게 잘 살아야 한다."

동생은 누나의 치맛자락을 붙잡고 발버둥을 치며 울었지만, 어느 새 누이는 배를 타고 멀리 수평선 너머로 사라지고 말았다.

"누나, 나 혼자 어떻게 살아! 누나! 어서 돌아와!"

며칠을 두고 누나를 부르며 울고 또 울던 동생은 지쳐서 바다를 바라보던 그 자리에 선 채로 죽고 말았다. 그 후 그 동생이 죽은 자리에 소년의 울음 같은 붉은 꽃이 피었다. 해당화가 바로 그 꽃이라고 한다.

Close up — 콩 과

꽃은 나비를 닮고 열매는 좋은 식용식물

콩과 식물의 특징

- 전세계에 13,000여 종이 있으며 우리 나라에는 92종이 있다.
- 작은 풀에서 큰 나무까지 있으며, 덩굴식물 등 다양하다.
- 잎은 어긋나고 대개 겹잎이다.
- 꽃은 나비 모양이며 꽃잎은 대개 5장이고, 5개인 꽃받침 5개의 밑이 붙어 꽃받침통이 된다.
- 열매는 협과이고 콩꼬투리 모양이며 드물게 다육질이 있다.

나비 모양 화관

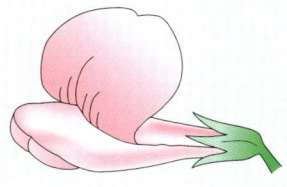

수술 ― 암술

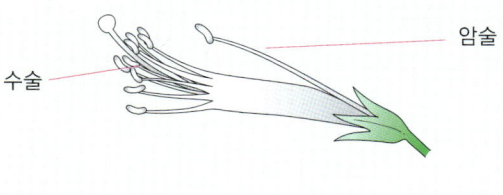

씨

열매

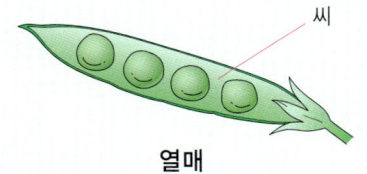

달구지풀

〔콩과〕

여러해살이풀. 풀밭에서 키 30cm 정도 자라며 줄기는 모여난다. 잎은 어긋나고 손바닥 모양의 겹잎이며, 작은잎은 피침형이고 잎맥이 뚜렷하다. 꽃은 6~9월에 짙은 붉은색으로 피고 잎겨드랑이에서 나온 꽃줄기 끝에 10~20송이가 부챗살처럼 달린다. 열매는 협과이고 10월에 익으며, 꼬투리에 4~6개의 씨가 들어 있다.

두메자운

〔콩과〕

여러해살이풀. 높은 산에서 7~12cm 자라며 전체에 비단털이 있다. 잎은 뿌리에서 모여 나고 깃꼴겹잎이며, 작은잎은 피침형이고 잎자루가 길다. 꽃은 7~8월에 홍자색으로 피고 긴 꽃줄기 끝에 1~5송이가 달린다. 열매는 협과이고 달걀 모양이며, 크게 부풀고 겉에 긴 털이 있다.

미모사

〔콩과〕 민감풀 · 신경초

　한해살이풀. 브라질 원산이며 키 30cm 정
도 자라고 전체에 잔털과 가시가 있다. 잎은
어긋나고 긴 잎자루가 있으며 깃꼴겹잎이 손
바닥 모양으로 배열한다. 꽃은 7~8월에 연
한 붉은색으로 피고 꽃줄기 끝에 빽빽하게
모여 공처럼 달린다. 열매는 협과이고 마디
가 있으며 겉에 털이 있고 씨가 3개 들어 있
다. 뿌리를 제외하고 약재로 쓴다.

아하! **신경이 민감한 풀**

　잎을 건드리면 시든 것처럼 바로 밑으로
처지면서 작은잎이 오므라들기 때문에,
신경이 민감하다고 하여 ‘신경초’ 또는
‘민감풀’ 이라고도 부른다.

잎을 건드리지 않았을 때

잎을 건드렸을 때

벌노랑이
〔콩과〕

여러해살이풀. 산과 들의 양지에서 키 30cm 정도 자란다. 잎은 어긋나고 겹잎이며, 작은잎은 달걀 모양이고 가장자리가 밋밋하다. 꽃은 6~8월에 노란색 또는 연한 주황색으로 피고, 꽃줄기 끝에 1~4송이씩 달린다. 열매는 협과이고 선형이며 8월에 익는다. 뿌리를 약재로 쓴다.

새콩
〔콩과〕

한해살이덩굴풀. 들에서 길이 1~2m 자란다. 긴 잎자루 끝에 달리는 잎은 어긋나고 겹잎이며 작은잎은 달걀 모양이다. 꽃은 8~9월에 자주색으로 피고 잎겨드랑이에 6송이씩 모여 달린다. 열매는 협과이고 납작한 타원형이며 구부러진다.

자귀나무

[콩과] 야합수

갈잎중키나무. 산기슭 양지에서 높이 3~5m 자란다. 잎은 어긋나고 깃꼴겹잎이며 작은잎은 낫 모양이다. 꽃은 6~7월에 연분홍색으로 피고 작은 가지 끝에 15~20송이씩 달린다. 25개 정도인 붉은 수술이 꽃처럼 보인다. 열매는 협과이고 9~10월에 익으며, 편평한 꼬투리이고 씨가 5~6개 들어 있다.

재미있는 꽃 이야기

부부의 사랑을 확인하는 꽃

옛날 어느 마을에 황소같이 힘이 센 두고라는 이름을 가진 청년이 살고 있었다.

열심히 일한 덕분에 가난했던 집 형편이 나아지자 두고는 결혼을 하고 싶었지만, 주위에는 마음에 드는 여자가 없었다.

그러던 어느 날, 두고는 산 속 고개를 넘다가 꽃들이 만발한 집 한 채를 발견하고 자신도 모르게 그 집 뜰로 들어섰다. 꽃구경에 정신이 팔려 있을 때 부엌문을 열고 한 처녀가 나왔다. 시선이 마주친 두 사람은 곧 서로 사랑을 느꼈고 두고는 꽃 한 송이를 따서 처녀에게 주며 아내가 되어 달라고 하였다.

처녀의 승낙으로 결혼한 두고는 더욱 열심히 일하였다.

어느 날, 읍내로 장을 보러 나간 두고는 그만 과부의 유혹에 빠져 며칠씩 집을 비우게 되었다. 두고의 아내는 남편의 마음을 돌리기 위해 백일기도를 했다. 백일째 되는 날 밤 꿈에 산신이 나타났다.

"언덕 위에 피어 있는 꽃을 꺾어다 방 안에 꽂아 두어라."

두고의 아내는 산신의 말대로 꽃을 꺾어다 방 안에 꽂아두었다. 밤늦게 돌아온 두고는 방 안의 꽃을 보고 결혼할 때 자기가 아내에게 꺾어 주었던 그 꽃임을 알았다. 두고는 그때 아내의 사랑을 다시 깨닫고 더욱 열심히 살게 되었다.

이 꽃이 바로 자귀나무 꽃이었다고 한다.

조록싸리

〔콩과〕

갈잎떨기나무. 산기슭에서 높이 2
~3m 자란다. 잎은 어긋나고 3장으로
된 겹잎이며, 작은잎은 양끝이 뾰족한
달걀 모양이다. 꽃은 6~7월에 홍자색
으로 피고 잎겨드랑이에 모여 달린다.
열매는 협과이고 타원형이며 10월에
익는다. 꼬투리는 끝이 뾰족하고 누운
털에 싸인다.

아하!

회초리를 만드는 나무

싸리나무는 옛날부터 아이들 교육
용 회초릿감으로 많이 쓰였다. 다른
나무는 옹이가 있어 상처나기 쉬워
서 위험하지만 줄기의 굵기가 일정
한 싸리나무 가지는 회초리로 아주
그만이었다.

땅비싸리(논싸리)

싸리나무

꽃싸리

족제비싸리

재미있는 꽃 이야기

선비의 절을 받은 나무

옛날 어떤 선비가 과거에 장원 급제하여 금의환향하는 길이었다.

그런데 이 선비가 마을 뒤에 있는 고갯마루에 이르자, 갑자기 말에서 내려 숲 속으로 들어가는 것이었다.

"숲 속에는 왜 들어가십니까?"

선비를 환영하려고 나와 있던 마을 사람들은 모두 고개를 갸웃거릴 수밖에 없었다. 그래서 이상하게 여긴 마을 사람들이 뒤따라 들어갔다.

선비는 한참 숲길을 가다가 싸리나무 앞에 이르자, 그 싸리나무에 대고는 넙죽 큰절을 하는 것이었다. 이상하게 여긴 마을 사람들이 선비에게 물어 보았다.

"싸리나무에 절한 까닭이 무엇입니까? 무슨 사연이 있습니까?"

선비는 빙긋이 웃으며 대답했다.

"아주 고마운 사연이 있습니다. 제가 과거 공부를 할 때 이 나무가 저를 많이 때려주어서 제가 공부를 열심히 할 수 있었습니다. 이 싸리나무 회초리가 아니었다면 어찌 나한테 오늘의 영광이 있었겠습니까?"

마을 사람들은 그제서야 선비의 깊은 뜻을 알아차릴 수가 있었다.

싸리나무는 옛날부터 회초릿감으로 많이 쓰였던 것이다.

자운영

〔콩과〕

두해살이풀. 중국 원산이며 논과 밭에서 키 10~25cm 자란다. 잎은 깃꼴겹잎이고 작은 잎은 타원형이며 9~11장 달린다. 꽃은 4~5월에 홍자색 또는 흰색으로 피고 긴 꽃줄기 끝에 7~10송이가 달린다. 열매는 협과이고 긴 타원형이며, 꼭지가 짧고 6월에 익는다. 어린 잎을 나물로 먹는다.

자귀풀

〔콩과〕

한해살이풀. 밭둑이나 습지에서 키 50~80cm 자란다. 잎은 어긋나고 깃꼴겹잎이며, 작은잎은 긴 타원형이고 뒷면이 흰빛을 띤다. 꽃은 7월에 노란색으로 피고 잎겨드랑이에 모여 달린다. 열매는 협과이고 선형이며 6~8개의 마디가 있으며 9~10월에 익는다. 전체를 차 대용으로 달여 마신다.

 **자귀나무를 닮은 풀**

깃털처럼 잘게 갈라지는 잎의 모양이 자귀나무의 잎과 비슷하다고 하여 '자귀풀'이라는 이름이 붙었다. 자귀나무처럼 밤에 잎이 오므라든다.

토끼풀

〔콩과〕 클로버

여러해살이풀. 유럽 원산이며 키 20~30cm 자란다. 땅 위로 벋어가는 줄기 마디에서 뿌리가 내리며 잎이 드문드문 달린다. 잎은 3장으로 된 겹잎이고 작은 잎은 넓은 달걀 모양이며 잎자루가 길다. 꽃은 6~7월에 흰색으로 피고 긴 꽃줄기 끝에 모여 둥글게 달린다. 열매는 협과이고 선형이며, 9월에 익고 씨가 4~6개 들어 있다.

붉은토끼풀(레드클로버)

칡

[콩과]

갈잎덩굴나무. 산기슭의 양지에서 자라며 전체에 갈색 또는 흰색 털이 있다. 잎은 어긋나고 3장으로 된 겹잎이며, 작은잎은 넓은 달걀 모양이고 가장자리가 얕게 갈라지며 잎자루가 길다. 꽃은 8월에 붉은 빛을 띤 자주색으로 피고 잎겨드랑이에 많이 모여 달린다. 열매는 협과이고 넓은 선형이며, 굵은 털이 있고 9~10월에 익는다.

꽃

재미있는 꽃이야기

수도산의 칡덩굴

경북 금릉군 증산면 수도리 수도산에는 수도암이라는 절이 있다.

이 절은 고려 때 도선국사가 창건하였다고 한다. 절을 지을 때 불상을 경남 거창군 가북면에서 조성하여 놓고 운반 때문에 걱정하고 있었다.

"도저히 우리 힘으로는 옮기는 일이 불가능합니다."

"그럼 어찌하면 좋소? 모두들 지혜를 짜 보시오."

좋은 방법을 찾지 못해 애태우고 있을 때, 홀연히 노승 한 분이 나타나서 불상을 등에 업고 전혀 힘든 기색도 없이 성큼성큼 걷기 시작했다.

"이렇게 고마울 수가!"

"어디에 계시는 분이시기에 이토록 신령하신 걸까?"

모두들 노승의 법력에 감탄하면서 뒤를 따랐다.

이윽고 절 어귀에 다다랐는데 그만 칡덩굴에 발이 걸려서 노승이 넘어지게 되었다. 노승은 화가 나서 산신을 불러서 호통을 쳤다.

"앞으로는 이 산에서 칡이 자라지 못하게 하라."

그 때부터 이 수도산에서는 칡이 자라지 않는다고 한다. 칡은 어디서나 왕성하게 자라는 식물인데, 이 산에서는 수도암을 중심으로 약 300m 주위의 지역에서는 칡을 볼 수 없고, 능선을 넘어서야 칡이 자라는 이상한 현상을 오늘날에도 볼 수 있다.

이 때 노승이 옮긴 불상은 비로자나불로서 보물 제307호로 지정되어 보호되고 있다.

괭이밥

〔괭이밥과〕

여러해살이풀. 밭이나 길가, 빈
터에서 키 10~30cm 자라며 전체
에 가는 털이 난다. 잎은 어긋나고
3갈래진 겹잎이며, 작은잎은 염통
모양이고 잎자루가 길다. 꽃은 5
~9월에 노란색으로 피고, 잎겨드
랑이에서 나온 긴 꽃줄기 끝에 1
송이씩 달린다. 열매는 삭과이고
원기둥 모양이며 9월에 익는다.
어린 잎은 식용한다.

아하!
시큼한 맛이 나는 풀

뿌리줄기와 잎 등 체내에 수산(蓚
酸)이 들어 있어 시큼한 신맛이 나
므로 '시금초'라고도 부르며, 어린
잎을 따서 심심풀이삼아 생으로 먹
기도 한다.

자주괭이밥

큰괭이밥

큰괭이밥 열매

이질풀
〔쥐손이풀과〕

여러해살이풀. 산과 들에서 키 50~100cm 자라며 전체에 긴 털이 퍼져 난다. 잎은 마주나고 손바닥 모양으로 갈라지며 가장자리 윗부분에 톱니가 있다. 꽃은 8~9월에 분홍색으로 피며 잎겨드랑이에서 나온 꽃줄기 끝에 1송이씩 달린다. 열매는 삭과이고 곧게 서며, 9~10월에 익으면 5개로 갈라진다. 전초를 약재로 쓴다.

아하! 이질 치료약

열매를 맺기 시작할 때 채취하여 풀 전체를 약재로 쓰는데 이질병의 치료에 특효가 있다고 하여 '이질풀'이라고 한다.

흰꽃이질풀

백선
〔운향과〕

여러해살이풀. 산기슭에서 키 50~90cm 자란다. 잎은 마주나고 깃꼴겹잎이며, 작은잎은 타원형이고 가장자리에 톱니가 있다. 꽃은 5~6월에 흰색이나 연한 붉은색으로 피고, 줄기 끝에 여러 송이가 모여 달린다. 열매는 삭과이고 8월에 익으며, 5개로 갈라지고 털이 난다. 뿌리를 약재로 쓴다.

꽃쥐손이

세잎쥐손이

쥐손이풀

털쥐손이

쥐손이풀
〔쥐손이풀과〕

여러해살이풀. 산과 들에서 키 50~80cm 자라며 전체에 밑을 향한 털이 있다. 잎은 마주나고 잎자루가 길며 손바닥 모양으로 깊게 갈라진다. 작은잎은 피침형이고 가장자리에 톱니가 있다. 꽃은 7~9월에 연한 붉은색 또는 붉은빛이 강한 자주색으로 피고, 잎겨드랑이에서 나온 긴 꽃줄기 끝에 달린다. 열매는 삭과이고 곧게 서며 9~10월에 익는다.

애기풀

〔원지과〕 영신초

여러해살이풀. 산에서 키 20cm 정도 자란다. 전체에 잔털이 나고 줄기는 밑동에서 모여난다. 잎은 어긋나고 타원형이며 잎자루가 매우 짧다. 꽃은 4~6월에 자주색으로 피고 꽃줄기에 여러 송이가 모여 달린다. 열매는 삭과이고 둥글며 8~9월에 익는다. 전초를 약재로 쓴다.

흰물봉선

노랑물봉선

물봉선

물봉선

〔봉선화과〕

한해살이풀. 산골짜기의 물가나 습지에서 무리지어 나며 키 40~80cm 자란다. 잎은 어긋나고 넓은 피침형이며 끝이 뾰족하고 가장자리에 예리한 톱니가 있다. 꽃은 8~9월에 홍자색으로 피고 가지 윗부분에 모여 달린다. 열매는 삭과이고 피침형이며, 10월에 익으면 껍질이 터지면서 씨가 튀어나온다.

단풍나무
〔단풍나무과〕

갈잎큰키나무. 산지의 계곡에서 높이 10m 정도 자란다. 잎은 마주나고 손바닥 모양으로 깊게 갈라지며, 갈래조각은 넓은 피침형이고 끝이 뾰족하며 가장자리에 겹톱니가 있다. 꽃은 암수한그루며 4~5월에 검붉은색으로 피고 가지 끝에 모여 달린다. 열매는 시과이고 9~10월에 익는다. 뿌리 껍질과 가지를 약재로 쓴다.

바람을 타고 퍼지는 열매

열매가 프로펠러처럼 생겨 바람을 타고 멀리 날아가기 때문에, 바람 풍(風)자와 나무 목(木)자를 합쳐 단풍나무 풍(楓)자가 되었다. 한자로 '단풍 풍(楓)'이라고 쓴다.

꽃

열매

호랑가시나무

〔감탕나무과〕 묘아자나무

늘푸른떨기나무. 해변가 낮은 산의 양지에서 높이 2~3m 자라며 가지가 무성하다. 잎은 어긋나고 두꺼우며 윤기가 있고 타원상 육각형이다. 꽃은 4~5월에 흰색으로 피고 잎겨드랑이에 5~6송이씩 모여 달린다. 열매는 핵과이고 둥글며 9~10월에 적색으로 익는다.

꽃

열매

고추나무

〔고추나무과〕

갈잎떨기나무 . 골짜기와 냇가에서 높이 3~5m 자란다. 잎은 마주나고 3장으로 된 겹잎이며, 작은 잎은 달걀 모양이고 가장자리에 잔톱니가 있다. 꽃은 5~6월에 흰색으로 피고 가지 끝에 여러 송이가 모여 달린다. 열매는 삭과이고 반원형이며 9~10월에 익는다. 어린잎을 먹는다.

노박덩굴

〔노박덩굴과〕

　갈잎덩굴나무. 산과 들의 숲속에서 높이 10m 정도 자란다. 잎은 어긋나고 끝이 뾰족한 타원형이며 가장자리에 톱니가 있다. 꽃은 암수딴그루이며 5~6월에 연두색으로 피고, 잎겨드랑이에 여러 송이가 모여 달린다. 열매는 삭과이고 둥글고 10월에 노란색으로 익으며 3개로 갈라진다. 어린 잎을 나물로 먹는다.

열매

화살나무

〔노박덩굴과〕 참빗나무

　갈잎떨기나무. 산기슭과 암석지에서 높이 3m 정도 자라며, 잔가지에 화살깃 같은 날개가 있다. 잎은 마주나고 타원형 또는 달걀 모양이며 가장자리에 잔톱니가 있다. 꽃은 5월에 황록색으로 피고 잎겨드랑이에 3송이씩 달린다. 열매는 삭과이고 10월에 붉게 익으며 씨는 흰색이다. 어린 잎을 나물로 먹는다.

머루
[포도과]

갈잎덩굴나무. 산기슭 숲 속에서 길이 10m 정도 자란다. 덩굴손이 나와 다른 식물이나 물체를 휘감는다. 잎은 어긋나고 가장자리에 톱니가 있으며 뒷면에 적갈색 털이 빽빽하게 난다. 꽃은 암수딴그루이며 5~6월에 황록색으로 피고, 잎과 마주나온 꽃줄기에 여러 송이가 모여 달린다. 열매는 장과이고 9~10월에 흑자색으로 익는다. 열매는 식용하거나 약재로 쓴다.

재미있는 꽃 이야기

머루와 천남성

식물 나라의 이야기이다. 머루와 천남성이 치열한 세력 다툼을 벌였다.

"흥! 감히 나를 이기겠다고?"

머루는 자기를 우습게 보는 천남성이 괘씸하기 짝이 없었다.

'아무래도 혼 좀 내줘야겠어.'

머루는 천남성을 향해 소리쳤다.

"야! 천남성아! 어디 한번 모든 꽃들이 보는 데서 싸워 보자! 당당히 실력을 겨뤄 보잔 말이다!"

천남성은 머루의 도전을 받자 덩이줄기를 꼿꼿이 세우며 대들었다.

"그래, 난 너 따윈 두렵지 않아! 당장 결판을 내자구!"

머루와 천남성은 다른 꽃들이 지켜보는 가운데 맹렬히 싸우기 시작했다.

"에고고! 아이구야!"

오래지 않아 싸움은 머루의 승리로 끝났다.

"어디 다시 한 번 까불어 보라지! 흥!"

머루는 으쓱거리며 나무에 올라 자리를 잡았다. 천남성은 풀이 죽어 땅 속으로 기어들었다. 천남성의 덩이줄기에는 깊은 골이 져 있는데 이것은 머루와 싸울 때 베어진 상처 자리라고 한다.

맹독성인 천남성 독도 머루에게는 맥을 못 춘다. 기생충을 없애기 위해 천남성을 먹고 천남성 독의 해독제로 머루를 먹는 것은 이 때문이다.

수박풀

〔아욱과〕

한해살이풀. 들이나 길가에서 키 30~60cm 자라며 전체에 흰색 거친 털이 있다. 잎은 어긋나고 3~5개로 깊게 갈라지며, 갈래는 긴 타원형이고 가장자리에 톱니가 있다. 꽃은 7~8월에 연한 노란색으로 피고 잎겨드랑이에서 나온 작은 꽃줄기 끝에 1송이씩 달린다. 열매는 삭과이고 9~10월에 익으며 꽃받침으로 싸여 있다.

수박을 닮은 열매

깃털 모양으로 갈라진 잎이 수박 잎을 닮았고, 열매를 싸고 있는 껍질의 무늬가 수박 열매의 무늬와 비슷하므로 '수박풀'이라는 이름이 붙었다.

열매

어저귀

〔아욱과〕

한해살이풀. 인도 원산이고 키 1.5m 정도 자라며 전체에 잔털이 빽빽하게 난다. 잎은 어긋나고 끝이 뾰족한 염통 모양이며 가장자리에 둔한 톱니가 있다. 꽃은 7~9월에 노란색으로 피고 잎겨드랑이에 1송이씩 달린다. 열매는 삭과이고 10월에 익는다. 줄기 껍질을 섬유재로 쓴다.

서향나무
〔팥꽃나무과〕

늘푸른떨기나무. 중국 원산이며 높이 1~2m 자라고 가지가 많이 갈라진다. 잎은 어긋나고 타원형이며 윤기가 난다. 꽃은 암수딴그루이며 3~4월에 홍자색으로 피고 묵은 가지 끝에 여러 송이가 모여 달린다. 열매는 장과이고 5~6월에 붉은색으로 익는다. 뿌리껍질과 나무껍질은 약재로 쓴다.

진한 향기가 나는 나무

서향나무는 꽃이 피면 독특하고 진한 향기가 나므로 밤길에서도 곧 서향나무임을 알 수 있고, 그 향이 멀리까지 간다고 하여 '천리향'으로도 불린다.

백서향

재미있는 꽃이야기

울지 않는 새

옛날 어느 절에서 한 비구니가 잠을 자다가 아름다운 향내가 풍겨오는 곳으로 끝없이 찾아가고 있는 꿈을 꾸었다.

그 향을 따라가 보니 극락 세계의 키 작은 나무에 핀 흰꽃에서 좋은 향내가 풍기고 있었다. 비구니는 그 꽃에 코를 가까이 대고 한참 꽃 냄새를 맡다가 잠에서 깼다.

그런데 잠이 깨어서도 그 꽃의 향기가 계속 풍겨 나오는 것이 아닌가!

'이 향기는 분명히 꿈 속에서 맡았던 향기야. 대체 어디서 나는 것일까? 어디 향기를 따라가 봐야지!'

비구니는 꿈 속에서처럼 향내를 따라갔다가 드디어 그 꽃을 찾게 되었다.

'아, 찾았다! 이 꽃은 극락의 꽃이 분명해! 한 송이 꺾어가야지.'

비구니는 꽃 한 송이를 꺾어 들고 마을로 돌아왔다.

"이 꽃의 이름을 알고 계신 분이 없나요?"

그러나 어린이로부터 할아버지에 이르기까지 모두들 고개를 흔들었다.

"처음 보는 꽃이오."

"이렇게 좋은 향기를 맡아 본 적도 없어."

비구니는 끝내 그 꽃의 이름을 알아 내지 못했다.

그 후 사람들은 그 꽃은 극락에서 본 꽃이므로 상서로운 꽃이라 하여 '서향(瑞香)'이라는 이름으로 불렀다. 또, 다른 사람들은 잠을 자다가 향내로 알게 된 꽃이라 하여 '수향(睡香)'이라고도 불렀다고 한다.

서향나무

백서향

왕과

[박과]

여러해살이덩굴풀. 산과 들에서 길이 2~3m 자란다. 땅 속의 덩이줄기는 감자 모양이며 전체에 가시털이 있다. 잎은 어긋나고 염통 모양이다. 꽃은 긴 종 모양이며 7~8월에 노랑색으로 피고, 잎겨드랑이에 1송이씩 달린다. 열매는 장과이고 긴 타원형이며 9월에 익는다.

피뿌리풀

〔팥꽃나무과〕

여러해살이풀. 제주도 들판의 풀밭에서 키 30~40cm 자라며 뿌리는 선홍색이다. 잎은 어긋나고 피침형이며 잎자루가 거의 없이 다닥다닥 달린다. 꽃은 5~7월에 홍색으로 피고 원줄기 끝에 여러 송이가 모여 달린다. 열매는 수과이고 타원형이며 꽃받침통 안에 들어 있다.

피처럼 붉은 뿌리

뿌리의 색이 혈액의 색깔과 비슷한 선홍색이어서 '피뿌리풀'이라고 이름을 붙였다.

삼별초의 난과 피뿌리풀

우리 나라에서는 제주도와 황해도 일부 지방에서 자라는 피뿌리풀은 원래 몽골의 초원 지방에서 많이 자라는 풀인데 고려 때 제주도에 처음 들어왔다고 한다.

고려 때 몽골의 침략과 예속화에 반발하여 삼별초군이 난을 일으키고, 진도와 제주도를 근거지로 대항하였다. 그러자 고려 조정과 몽골에서는 많은 군사를 동원하여 이 삼별초군을 토벌하였다. 그리고 몽골군이 제주도에 군영을 설치하고 군마를 기르게 되었다. 이 때 몽골군이 기르던 몽골말의 분뇨에 이 피뿌리풀의 씨앗이 섞여 나와 제주도에 퍼지기 시작했다는 것이다.

삼별초군은 토벌되었지만 나라를 지키려던 그들의 붉은 피가 밴 듯, 뿌리가 빨간 피뿌리풀은 지금도 옛날 그들의 정신을 전해주고 있다.

부처꽃

〔부처꽃과〕

여러해살이풀. 산과 들의 습지에서 키 1m 정도 자란다. 잎은 마주나고 피침형이며 잎자루가 없다. 꽃은 5~8월에 홍자색으로 피고 잎겨드랑이에 3~5송이가 층층이 달린다. 열매는 삭과이고 긴 타원형이며 꽃받침통 안에 들어 있고 9월에 익으면 2개로 쪼개져 씨가 나온다. 전체를 약재로 쓴다.

아하! 부처님께 올린 꽃

넓은 들판에서 큰 키로 우뚝 자라서 꽃이 피기 때문에 '부처꽃'이라고 한다. 또 옛날부터 이 꽃을 부처님 앞에 많이 올렸으므로 '부처꽃'이라는 이름이 붙었다고도 한다.

박쥐나무

〔박쥐나무과〕

갈잎떨기나무. 바위가 많은 산지 숲 속에서 자란다. 잎은 어긋나고 염통 모양이며 끝이 얕게 갈라진다. 꽃은 잎이 나기 전인 4월에 자홍색으로 피고 잎겨드랑이에 여러 송이가 모여 달린다. 열매는 핵과이고 달걀 모양이며 9월에 진한 파란색으로 검게 익는다. 어린 잎은 식용하고 열매는 약재로 쓴다.

아하! 박쥐를 닮은 나무

박쥐처럼 그늘에서도 잘 자라며, 넓은 잎이 전체적으로 보면 둥근 편이나 다섯 개의 갈래가 있어서 박쥐의 펼친 날개처럼 보인다 하여 '박쥐나무'라고 한다.

제비꽃과

뒤로 튀어나온 거(距)가 특징인 가련한 꽃

제비꽃과 식물의 특징

- 전세계에 800여 종이 있으며 우리 나라에는 47종이 있다.
- 대부분 풀이며 드물게 떨기나무도 있다.
- 줄기 가운데쯤에 포엽이 1쌍 마주난다.
- 잎은 어긋나고 간혹 마주나기도 하며 홑잎이다.
- 꽃은 1송이씩 달리며 꽃잎과 꽃받침은 5장씩이고 아래쪽 꽃잎이 가장 크거나 밑부분이 꼬리처럼 튀어나와 거(꿀주머니)가 된다.

- 열매는 삭과 또는 장과이고 다 익으면 3개로 갈라진다.

위꽃잎

거

옆꽃잎

입술꽃잎

옆꽃잎

포엽

떡잎

잎자루

제비꽃

〔제비꽃과〕

　여러해살이풀. 산과 들에서 흔히 나며 키 10cm 정도 자란다. 잎은 밑동에서 뭉쳐나고 피침형이며, 끝이 둔하고 가장자리에 톱니가 있다. 잎자루가 길고 날개가 있다. 꽃은 4~5월에 보라색으로 피고 잎 사이에서 나온 꽃줄기가 끝에 1송이씩 옆을 향해 달린다. 열매는 삭과이고 넓은 타원형이며 6~7월에 익는다. 어린 잎은 나물로 먹는다.

제비가 올 때 피는 꽃

　봄에 제비가 올 때 꽃이 핀다고 해서 '제비꽃'이라고 불린다. 또 매년 이 꽃이 필 때면 식량이 부족해진 오랑캐들이 북쪽에서 쳐들어온다고 해서 '오랑캐꽃'이라고도 한다.

열매

제비꽃

고깔제비꽃

노랑제비꽃

낚시제비꽃

남산제비꽃

광릉제비꽃

졸방제비꽃

줄민둥뫼제비꽃

섬제비꽃

뫼제비꽃

서울제비꽃

둥근털제비꽃

알록제비꽃

잔털제비꽃

청알록제비꽃

태백제비꽃

흰젖제비꽃

재미있는 꽃 이야기

암소로 변한 제우스의 연인

그리스 신화에 나오는 제우스는 강의 신 이나코스의 딸 이오를 보자마자 한눈에 반해, 연인으로 삼고는 구름을 일으켜 놓고 그 속에서 이오와 재미있게 놀기만 했다.

이를 눈치챈 제우스의 부인인 헤라가 구름을 헤치고 나타나자, 놀란 제우스는 재빨리 이오를 암소로 변신시켰다. 헤라가 암소를 아름답다고 칭찬하며 달라고 하자, 제우스는 어쩔 수 없이 헤라에게 암소로 변신한 이오를 주었다. 헤라는 암소를 올리브나무에 매어 두고, 잠을 자지 않는 괴물 아르고스에게 지키도록 하였다.

제우스는 이오를 불쌍히 여겨 전령인 헤르메스에게 이오를 구출할 것을 지시하였다. 제우스의 지시를 받은 헤르메스는 피리를 불어 아르고스를 잠들게 하여 죽여 버렸다.

이오가 자유롭게 되자, 헤라는 쇠파리를 보내 이오를 괴롭혔다. 쇠파리에 시달린 이오는 나일강까지 도망을 갔다. 제우스는 마침내, 앞으로는 절대 이오를 만나지 않겠다고 헤라에게 약속한 후, 이오를 인간의 모습으로 바꾸어 주었다.

헤라와 제우스에게서 자유로워진 이오는 그 후 이집트 여왕이 되었으며 많은 이집트 왕을 낳았다.

신화에 의하면, 제우스는 이오를 헤라의 눈으로부터 감추기 위해 암소의 모습으로 바꾸어 놓았을 때, 사랑하는 이오에게 잡풀을 먹이는 것을 불쌍하다고 생각하였다. 그래서 그녀가 아름다운 것을 먹을 수 있도록 목장에 이오의 눈을 닮은 아름다운 꽃이 피는 풀을 자라게 하였는데, 그것이 제비꽃이라고 한다.

산딸나무
〔층층나무과〕

갈잎큰키나무. 산에서 높이 7~12m 자라며 가지가 층을 이루면서 퍼진다. 잎은 마주나고 달걀 모양이며 뒷면에 털이 난다. 꽃은 6월에 흰색으로 피고 가지 끝에 20~30송이씩 모여 달린다. 꽃잎은 없고 흰색 총포 4개가 꽃잎처럼 보인다. 열매는 취과이고 둥글게 모여 덩이를 이루며 10월에 붉은빛으로 익는다. 열매를 먹는다.

열매

딸기처럼 생긴 열매
열매가 산딸기 열매와 비슷하게 생겼기 때문에 '산딸나무'라고 이름지어졌다.

층층나무
〔층층나무과〕

갈잎큰키나무. 산지의 계곡 숲 속에서 높이 20m 정도 자라며, 가지가 층층으로 달려서 수평으로 퍼진다. 잎은 어긋나고 넓은 타원형이며 끝이 뾰족하다. 꽃은 5~6월에 흰색으로 피고 가지 끝에 모여 달린다. 꽃잎은 넓은 피침형이고 꽃받침통과 더불어 겉에 털이 있다. 열매는 핵과이고 둥글며 9~10월에 자흑색으로 익는다.

층을 만들며 가지가 퍼지는 나무
원줄기에 돌려나는 가지가 한 무더기씩 수평으로 넓게 퍼져 계단처럼 층을 만들기 때문에 '층층나무'라고 부른다.

가시오갈피

오갈피나무

〔두릅나무과〕

갈잎떨기나무. 산과 들에서 키 3~4m 자라며
가지가 많아 사방으로 퍼진다. 잎은 어긋나고
손바닥 모양의 겹잎이며, 작은잎은 달걀 모양이
고 가장자리에 겹톱니가 있다. 꽃은 8~9월에
자주색으로 피고 가지 끝에 모여 달린다. 열매
는 장과이고 타원형이며 10월에 검은색으로 익
는다. 어린 잎을 식용하고 뿌리와 나무껍질을
약재로 쓴다.

오갈피나무 열매

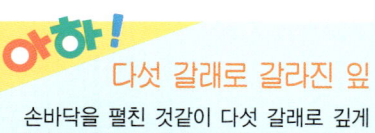

다섯 갈래로 갈라진 잎

손바닥을 펼친 것같이 다섯 갈래로 깊게
갈라진 특이한 모양의 잎을 가진 나무여
서 '오갈피나무'라 불리며, 뛰어난 약효
로 '나무인삼'이라는 별명이 붙었다.

가시오갈피 열매

4 : 4 : 4 로 이루어진 꽃

바늘꽃과 식물의 특징

- 전세계에 640여 종이 있으며 우리 나라에는 15종이 있다.
- 대부분이 풀이며 드물게 떨기나무도 있고 물 속에서 자라기도 한다.
- 잎은 홑잎이며 마주나거나 어긋나고 잎집은 탈락하거나 없다.
- 꽃은 대개 잎겨드랑이에 1송이씩 달리거나 이삭 모양으로 붙는다.
- 꽃받침잎 4장, 꽃잎 4장, 수술 4개(또는 8개)로서 4 : 4 : 4로 이루어진 것이 많다.
- 열매는 삭과 또는 견과이고 다 익으면 마르고 세로로 갈라져 씨를 퍼뜨리는 것이 많다. 털이슬 종류는 열매가 벌어지지 않는다.

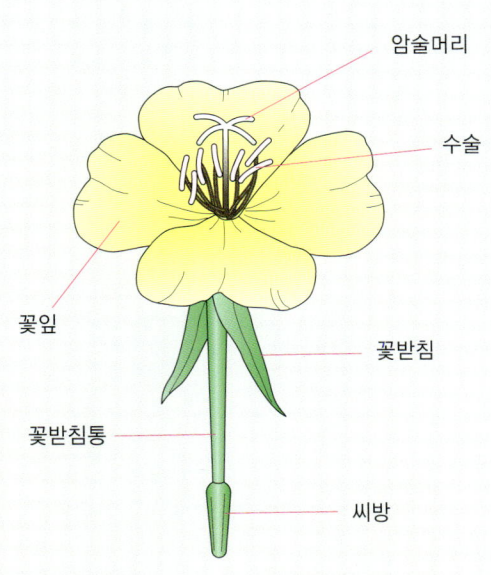

암술머리

수술

꽃잎

꽃받침

꽃받침통

씨방

달맞이꽃
〔바늘꽃과〕

여러해살이풀. 남아메리카 칠레 원산이며 산과 들의 빈터에서 키 50~90cm 자라고 전체에 짧은 털이 난다. 잎은 어긋나고 끝이 뾰족한 피침형이며 가장자리에 얕은 톱니가 있다. 꽃은 7월에 노란색으로 피고 잎겨드랑이에 1송이씩 달리는데, 밤에 피었다가 아침에 시든다. 열매는 삭과이고 긴 타원형이며 9월에 익으면 4개로 갈라져 씨가 나온다.

달이 뜨면 피는 꽃

노란색 꽃이 저녁에 해질 무렵 달이 뜰 때쯤 피었다가 다음 날 아침에는 시들어 버리므로 '달맞이꽃'이라고 부른다.

애기달맞이꽃

재미있는 꽃 이야기

달을 사랑한 님프

옛날 유럽의 한 호숫가에 별을 사랑하는 님프들이 살고 있었다. 이들은 밤마다 별이 잠기는 호수를 들여다보며 별자리 전설을 얘기하는 것에 더할 수 없는 행복을 느꼈다.

그러나 한 님프만은 별을 좋아하지 않았다. 그는 달빛을 좋아했다. 달을 제쳐두고 별 따위를 사랑하는 님프들이 미웠다.

"별 따위는 없는 것이 좋아요. 달만 있다면 이 호수가 얼마나 아름다울까!"

달을 사랑하는 님프가 몰래 혼자 지껄이는 이 소리를 다른 님프들이 듣고, 그들은 화가 나서 제우스 신에게 일러바쳤다.

제우스 신은 불같이 화를 냈다. 달만을 사랑하는 님프는 제우스의 명령으로 달도 볼 수 없는 쓸쓸한 호숫가로 쫓겨갔다.

얼마 후에 달의 신인 아르테미스가 이 사실을 알았다. 아르테미스는 자기를 사랑하는 그 님프를 그렇게 고생시킬 수가 없었다. 그래서 제우스 신 몰래 그 님프를 만나기로 약속하고 호숫가로 찾아갔다.

제우스가 이것을 알고 아르테미스가 가는 곳을 따라 구름으로 태양을 가리고 비를 퍼부어 그 님프를 만나지 못하게 방해했다. 그 동안 그 님프는 달이 없는 호숫가에서 아르테미스를 기다리다 지치고 자꾸만 여위어 갔다.

아르테미스가 그 황량한 호수에 다다랐을 때는 이미 그 님프는 죽어 있었다. 아르테미스는 님프를 안고 서럽게 울다가 언덕 위에 묻었다. 얼마 후 그 무덤에서 달빛을 닮은 노란꽃이 피는 풀이 자라났다. 사람들은 달이 뜨는 밤에만 꽃이 피는 그 풀을 '달맞이꽃'이라고 부르며 님프를 위로했다.

달맞이꽃

달맞이꽃
열매

큰달맞이꽃

분홍바늘꽃
〔바늘꽃과〕

　여러해살이풀. 산지의 개활지에
서 군락을 이루며 키 1.5m 정도
자란다. 잎은 어긋나고 피침형이
며, 가장자리에 잔톱니가 있고 뒤
로 말린다. 꽃은 7∼8월에 분홍색
으로 피고 원줄기 끝에 모여 달린
다. 열매는 삭과이고 좁고 긴 타원
형이며 꼬부라진 털이 있다. 전체
를 약재로 쓴다.

긴 바늘같이
생긴 열매

　꽃이 분홍색이며 열매 꼬투리가 바
늘같이 긴 데서 '분홍바늘꽃'이라는
이름이 붙었다.

향기나는 풀, 약초로 손꼽히는 식물

산형과 식물의 특징

- 전세계에 3,000여 종이 있으며 우리 나라에는 67종이 있다.
- 대부분 풀이며 대개 줄기 속이 빈다.
- 식물 전체에 정유 성분을 가진 것이 많고 향기나는 풀로 자주 이용된다.
- 잎은 어긋나며 많이 갈라지고 겹잎이 많다.
- 잎자루 밑이 엽초처럼 퍼져 줄기를 감싼다.
- 가느다란 꽃줄기가 우산살처럼 나오고 끝에 작은 꽃이 달린다.
- 열매는 건과이고 2개로 나뉜다.

겹우산모양꽃차례

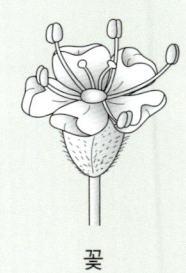

꽃

바디나물

〔산형과(미나리과)〕 사약채

여러해살이풀. 산이나 들의 습지 부근에서 키 80~150cm 자란다. 잎은 피짜루가 긴 깃꼴겹잎이고 작은잎은 삼각상 난형이며 가장자리에 예리한 톱니가 있다. 꽃은 8~9월에 흰색 또는 짙은 자주색으로 피고 줄기 끝에 모여 겹산형화서로 달린다. 열매는 분과이고 납작한 타원형이다. 뿌리를 약재로 쓴다.

어수리

〔산형과(미나리과)〕

여러해살이풀. 산과 들에서 키 70~150cm 자란다. 줄기는 속이 빈 원기둥 모양이고 거친 털이 있다. 잎은 어긋나고 깃꼴겹잎이며, 작은잎은 삼각형이고 잎자루 밑은 줄기를 감싼다. 꽃은 7~8월에 흰색으로 피고 가지와 줄기 끝에 모여 달린다. 열매는 분과이고 달걀 모양이며 9~10월에 익는다. 어린 잎을 나물로 먹는다.

참당귀

〔산형과(미나리과)〕

여러해살이풀. 산골짜기 냇가 근처에서 키 1~2m 자라며 전체에 자줏빛이 돈다. 뿌리에서 난 잎과 밑부분의 잎은 깃꼴겹잎이며, 작은잎은 타원형이고 가장자리에 톱니가 있으며 잎집이 넓다. 꽃은 8~9월에 자주색으로 피고 꽃잎은 5장이며 줄기 끝에 많이 모여 달린다. 열매는 분과이고 타원형이며, 10월에 익고 가장자리에 날개가 있다. 어린 잎을 나물로 먹고 뿌리를 약재로 쓴다.

풀협죽도

〔꽃고비과〕

여러해살이풀. 북아메리카 원산이며 줄기가 무더기로 나와서 키 1m 정도 자란다. 잎은 마주나거나 3장씩 돌려나고 피침형이며 잔털이 있다. 꽃은 6~9월에 분홍색·자주색·흰색 등으로 피고 원줄기 끝에 여러 송이가 모여 달린다. 열매는 9월에 익는다.

매화노루발

노루발풀

노루발풀

〔노루발과〕

  늘푸른여러해살이풀. 산지 숲 속 그늘에서
키 25cm 정도 자란다. 잎은 밑동에서 모여나
고 넓은 타원형이며 잎자루가 길다. 꽃은 6∼
7월에 황백색으로 피고 긴 꽃줄기에 5∼12송
이가 밑을 향해 달린다. 열매는 삭과이고 납
작한 공 모양이며 9월에 갈색으로 익는다. 전
체를 약재로 쓴다.

노루의
발굽을 닮은 꽃

  꽃이 피면 아래를 향하여 달린 꽃의
모양이 노루의 발굽과 비슷하다고 하
여 '노루발풀'이라고 부르며, 한자로
는 '녹제초(鹿蹄草)'라고 한다.

노란만병초
〔진달래과〕

늘푸른떨기나무. 높은 산에서 키 1m 정도 자란다. 잎은 가죽질이고 타원형이며 그물맥이 뚜렷하다. 꽃은 깔때기 모양이며 5~7월에 담황색으로 피고 줄기 끝에 3~10송이씩 달린다. 열매는 삭과이고 타원형이며 9월에 익는다.

재미있는 꽃이야기

죽은 연인을 살린 꽃

신라 사람 최항은 부모의 반대로 사랑하는 여인을 만나지 못하자 애태우던 나머지 몇 달이 지나지 않아 그만 죽고 말았다.

그런데 죽은 지 여드레째 되는 한밤중에 최항이 사랑하는 여인의 집에 나타났다. 여인은 그가 죽은 줄도 모르고 좋아하였다. 그 때 최항은 자기 머리에 꽂혀 있던 석남화를 여인에게 나누어 주었다.

"부모님께서 같이 살아도 좋다고 해서 데리러 왔소."

그래서 두 사람은 함께 최항의 집까지 갔는데 대문이 잠겨 있어서 최항이 혼자 먼저 담을 넘어 안으로 들어갔다. 그런데 금세 나온다던 최항이 날이 새도 나타나지 않았다. 여인이 아침에 밖으로 나온 그 집 하인에게 최항과 같이 왔던 이야기를 하니 하인은,

"그분은 세상을 떠난 지 벌써 여드레나 되었는데 오늘이 장례날입니다. 어떻게 그럴 수 있습니까?"

하며 의아해하였다. 여인은 최항이 머리에 꽂고 있다 나누어 주어 자기 머리에도 꽂고 있는 석남화를 가리키며 말했다.

"그럴 리 없어요. 그분도 이걸 머리에 틀림없이 꽂고 있을 거예요."

그래서 최항의 식구들이 관을 열어 보자, 과연 죽은 최항의 머리에는 석남화가 꽂혀 있었다. 그리고 옷도 금세 새벽 풀숲을 걸어온 듯 촉촉히 젖은 그대로였다.

여인은 최항이 죽었다는 사실을 알고 몹시 슬퍼하며 큰 소리로 울었다. 그 바람에 죽은 최항이 깜짝 놀라 되살아났고, 그제서야 부모의 허락을 얻어 그 여인과 결혼하여 행복하게 살았다고 한다.

석남화는 만병초의 다른 이름이다.

꽃

열매

가솔송
〔진달래과〕

갈잎떨기나두. 높은 산 꼭대기에서 높이 10~25cm 자란다. 잎은 빽빽하게 나고 끝이 약간 둥근 선형이며 가장자리에 잔톱니가 있다. 꽃은 단지 모양이며 7월에 자홍색으로 피고, 가지 끝에 2~6송이씩 달린다. 열매는 삭과이고 둥글며 9월에 익는다. 북한에서는 천연기념물로 지정하여 보호하고 있다.

진달래

〔진달래과〕 참꽃

갈잎떨기나무. 산지의 양지쪽에서 높이 2~3m 자란다. 잎은 어긋나고 양끝이 뾰족한 피침형이다. 꽃은 깔때기 모양이며 잎이 나기 전인 4월에 연분홍색으로 피고, 가지 끝 부분에서 1송이씩 나오지만 2~5송이가 모여 달리기도 한다. 열매는 삭과이고 타원형이며 10월에 익는다. 꽃을 식용하며 약재로도 쓴다.

먹을 수 있는 참꽃

꽃 빛깔이 달래꽃보다 진하다 하여 '진달래' 라고 한다. 진달래는 먹을 수 있다고 하여 '참꽃' 이라 불리고, 철쭉은 독성이 있어 먹을 수 없다고 하여 '개꽃' 이라고 불린다.

재미있는 꽃이야기

선녀와 나무꾼의 사랑

옛날 하늘 나라에서 꽃밭을 가꾸는 선녀가 지상에도 예쁜 꽃을 심고 싶어 살며시 지상으로 내려왔다가 그만 벼랑에서 떨어져 부상을 입고 말았다.

마침 그 곳을 지나가던 진씨라는 나무꾼이 선녀를 발견하고 자기 집으로 데려갔다. 선녀는 지극한 정성으로 간호하는 나무꾼에게 반해 결혼을 하였다. 선녀는 나무꾼의 아내가 되어 행복하게 살면서도 언젠가는 하늘 나라로 돌아가야 하기에 마음이 괴로웠다. 이윽고 선녀는 예쁜 딸을 낳고 아기의 이름을 달래라고 지었다.

그리고 얼마 후 예쁜 꽃이 온 산자락에 빨갛게 피어나던 날, 선녀는 홀연히 하늘 나라로 올라가 버렸다. 슬픈 마음으로 선녀를 그리워하던 진씨 나무꾼은 세월이 흘러 늙고 병들었지만, 진달래는 어느새 어여쁜 처녀로 성장했다.

그런데 고을의 못된 사또가 달래를 첩으로 삼으려고 하였다. 달래가 이를 완강히 거절하자 마침내 사또는 달래를 잡아다 목을 베고 말았다. 달래가 죽었다는 소식을 듣고 달려온 늙은 나무꾼은 시신을 안고 통곡하며 울부짖다가 그 자리에서 숨을 거두고 말았다.

그 때 갑자기 달래의 시신이 없어지더니 빨간 꽃송이들이 함박눈처럼 쏟아져 나무꾼의 시신을 덮어 꽃무덤을 만들었다. 그 후 나무꾼의 무덤에서는 해마다 빨간 꽃이 피어났다. 사람들은 그 꽃을 나무꾼 딸의 이름을 따서 '진달래' 라고 불렀다.

까치수영

〔앵초과〕 개꼬리풀 · 까치수염

여러해살이풀. 산과 들의 습한 풀밭에서 키 50~100cm 자라며 전체에 잔털이 난다. 줄기는 붉은 빛이 도는 원기둥 모양이다. 잎은 어긋나고 긴 타원형이다. 꽃은 6~8월에 흰색으로 피고 원줄기 끝에 여러 송이가 모여 달린다. 열매는 삭과이고 둥글며 9월에 붉은 갈색으로 익는다. 어린 잎을 먹는다.

아하! 개꼬리를 닮은 꽃

하얀색 작은 꽃들이 모인 긴 꽃차례가 길게 옆으로 굽은 것이 개의 꼬리와 비슷하다고 하여 '개꼬리풀'이라고도 한다.

큰까치수영

아하! 해변에서 자라는 진주

갯벌에서 잘 자라고 까치수염과 비슷하다고 하여 '갯까치수염'이라 하며, 열매가 둥글고 잎 표면이 윤기가 나는 것이 진주같다 하여 '해변진주초(海邊眞珠草)'라고도 부른다

까치수영

갯까치수영

봄맞이 · 애기봄맞이

봄맞이
〔앵초과〕

두해살이풀. 들에서 흔히 나며 키 10cm 정도 자란다. 잎은 모두 뿌리에서 나고 반원형이며 가장자리에 둔한 톱니와 거친 털이 있다. 꽃은 4~5월에 흰색으로 피고 긴 꽃줄기 끝에 4~10송이씩 모여 달린다. 열매는 삭과이고 둥글며 익으면 윗부분이 5개로 갈라진다. 어린 잎을 식용한다.

앵초 · 설앵초

앵초
〔앵초과〕

여러해살이풀. 산의 습지에서 자라며 전체에 꼬부라진 털이 많다. 잎은 뿌리에서 모여나고 달걀 모양이며 가장자리가 얕게 갈라진다. 꽃은 깔때기 모양이며 4~5월에 적자색으로 피고 잎 사이에서 나온 긴 꽃줄기 끝에 5~20송이가 모여 달린다. 열매는 삭과이고 둥글며 8월에 익는다. 어린 잎을 먹는다.

좁쌀풀
[앵초과]

여러해살이풀. 산과 들의 햇볕이 잘 드는 습지에서 키 1m 정도 자란다. 잎은 마주나거나 돌려나고 달걀 모양이며 가장자리가 밋밋하다. 꽃은 6∼8월에 노란색으로 피고 줄기 끝에 여러 송이가 모여 달린다. 열매는 삭과이고 둥글며 8∼9월에 익으며 꽃받침이 남아 있다. 어린 잎을 식용한다.

때죽나무
[때죽나무과] 족나무

갈잎중키나무. 산과 들의 낮은 지대에서 높이 10m 정도 자란다. 잎은 어긋나고 달걀 모양이며 가장자리에 톱니가 약간 있다. 꽃은 종 모양이며 5∼6월에 흰색으로 피고 잎겨드랑이에 2∼5송이씩 밑을 향해 달린다. 열매는 삭과이고 공 모양이며, 9월에 익고 껍질이 터져서 씨가 나온다. 열매를 약재로 쓴다.

쪽동백나무
〔때죽나무과〕

갈잎큰키나무. 산지에서 높이 6~15m 자란다. 잎은 어긋나고 타원형이며 뒷면에 별 모양의 털이 난다. 꽃은 깔때기 모양이며 5~6월에 흰색으로 피고 새 가지 끝에 모여 달린다. 열매는 핵과이고 달걀 모양이며 7~10월에 회백색으로 익는다. 열매로 기름을 짠다.

미선나무
〔물푸레나무과(목서과)〕

갈잎떨기나무. 한국 특산식물이며 볕이 잘 드는 산기슭에서 높이 1m 정도 자란다. 잎은 마주나고 끝이 뾰족한 달걀 모양이다. 꽃은 잎이 나기 전인 3~4월에 연분홍색이나 흰색으로 피고 전년도 가지에 모여 달린다. 열매는 시과이고 타원형이며, 9~10월에 여물고 씨가 2개 들어 있다.

쥐똥나무

〔물푸레나무과(목서과)〕

갈잎떨기나무. 산기슭이나 들에서 높이 2~4m 자란다. 잎은 마주나고 긴 타원형이며 끝이 둔하다. 꽃은 통 모양이며 5~6월에 흰색으로 피고 가지 끝에 많이 모여 달린다. 열매는 장과이고 달걀 모양이며 10월에 검은색으로 익는다. 꽃을 약재로 쓴다.

아하!

쥐똥처럼 생긴 열매

줄기에 달리는 검은 열매의 표면에 윤기가 거의 없다. 이 둥근 열매의 크기와 모양이 영락없이 쥐똥처럼 생겨서 '쥐똥나무'라는 이름이 붙었다.

구슬봉이

큰구슬봉이

봄구슬봉이

구슬봉이

〔용담과〕

두해살이풀. 양지바른 들에서 키 5~10cm 자란다. 뿌리에서 난 잎은 큰 달걀 모양이고 줄기에서 마주난 잎은 피침형이며 밑부분이 잎집이 되어 줄기를 감싼다. 꽃은 종 모양이며 5~6월에 연한 자주색으로 피고 줄기 끝에 달린다. 열매는 삭과이고 8~9월에 익는다.

쓴풀

흰자주쓴풀

쓴풀
〔용담과〕

한해 또는 두해살이풀. 산과 들에서 키 5~20cm 자라며 줄기에 자줏빛이 돈다. 잎은 마주나고 선형이며 끝이 뾰족하다. 꽃은 9~10월에 자주색으로 피고 줄기나 가지 끝에 3~5송이씩 달린다. 열매는 삭과이고 피침형이며 11월에 익는다. 전체를 약재로 쓴다.

아하!
쓴맛을 지닌 풀

한방에서는 잎을 채취하여 그늘에서 말린 것을 '당약(當藥)'이라 하여 약재로 쓰는데, 매우 쓴맛을 지니고 있다. 그래서 '쓴풀'이라는 이름이 붙은 것 같다.

용담
〔용담과〕

여러해살이풀. 산지의 풀밭에서 키 60cm 정도 자란다. 잎은 마주나고 피침형이며, 가장자리가 깔깔하고 밑은 줄기를 감싼다. 꽃은 종 모양이며 8~10월에 자주색으로 피고 잎겨드랑이와 줄기 끝에 달린다. 열매는 삭과이고 길쭉하며 10~11월에 익는다. 어린 잎을 식용하고 뿌리를 약재로 쓴다.

아하!
강한 쓴맛이 나는 풀

약재로 이용하는 뿌리에서 강한 쓴맛이 나는데 그 쓴맛이 용(龍)의 쓸개(膽)보다 더 쓰다고 하여 '용담(龍膽)'이라고 한다. '웅담(熊膽)'이라고도 부른다.

비로용담

진퍼리용담

멧용담

산용담

흰그늘용담

재미있는 꽃 이야기

산신령이 준 풀

경북 봉화군에 용담에 얽힌 전설이 있다.

옛날에 어느 나무꾼이 산 속에서 나무를 하다 사냥꾼에게 쫓기는 토끼를 나뭇짐에 숨겨 구해주었다.

"자, 어서 가거라. 그리고 다음부터는 조심하거라. 안전한 곳에서 풀을 뜯어먹도록 해라. 알았지?"

토끼는 알았다는 듯이 눈을 몇 번 깜박이더니 숲 속으로 뛰어갔다.

다음 날, 땔감을 구하러 간 나무꾼은 눈 속에서 이상한 풀뿌리를 핥고 있는 토끼를 발견하였다.

"반갑다, 토끼야."

토끼는 나무꾼에게 풀뿌리를 먹어 보라는 눈짓을 했다.

"알았어, 맛이 아주 좋은 모양이로구나!"

사냥꾼이 그 뿌리를 캐어 맛을 보니 지독하게 썼다.

"에, 퉤퉤! 아이고 써라! 입맛만 버렸잖아? 이놈의 토끼, 구해 준 보답은 못할망정 골탕을 먹이다니…!"

화가 난 나무꾼이 토끼를 잡으려고 하자, 갑자기 토끼가 사라지고 산신령이 나타났다.

"내가 바로 네가 구해 준 토끼다. 네가 날 살려 준 은혜에 보답하기 위해 네게 이 약초를 알려 주는 것이다."

이 말을 들은 나무꾼은 그 풀뿌리를 캐어 약초로 팔아 부자가 되었다. 사람들은 그 풀을 산신령이 준 풀이라고 하여, 영초(靈草)로 여겼는데 바로 용담이었다.

박주가리

[박주가리과]

여러해살이덩굴식물. 들판의 풀밭에서 길이 3m 정도 자란다. 줄기를 자르면 흰젖 같은 유액이 나온다. 잎은 마주나고 긴 염통 모양이며 뒷면이 뽀얗다. 꽃은 7~8월에 흰색으로 피고 잎겨드랑이에 모여 달린다. 열매는 골돌과이고 표주박 모양이며, 10월에 익고 사마귀 모양의 돌기가 있다. 연한 잎을 나물로 먹고 잎과 열매를 약재로 쓴다.

아하!

바가지처럼 생긴 열매

다 익어서 벌어진 열매 꼬투리가 박으로 만든 조그만 바가지 같다고 하여 '박주가리'라고 한다.

열매

열매 꼬투리가 터져 나온 씨

꼭두서니과

투박하고 검소한 꽃들

꼭두서니과 식물의 특징

- 전세계에 4,500여 종이 있으며 우리 나라에는 26종이 있다.
- 줄기에 가시가 빽빽하게 나 깔깔하며 꼭두서니 등의 줄기는 네모지고 덩굴성이다.
- 잎은 홑잎이며 마주나고 때로는 잎과 턱잎이 같은 모양이고 돌려난다.
- 꽃은 대개 1송이씩 달린다.
- 꽃잎은 보통 통 모양이고 4~10갈래로 갈라진다.
- 열매는 삭과 · 장과 · 핵과다.

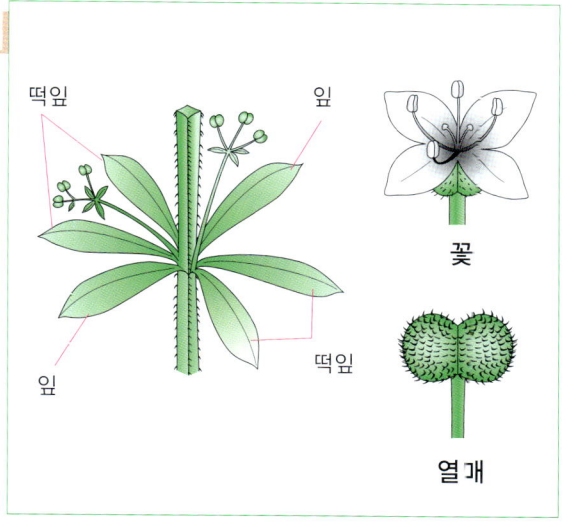

떡잎 · 잎 · 꽃 · 떡잎 · 잎 · 열개

계요등

〔꼭두서니과〕

갈잎덩굴나무. 길이 5~7m 자라며 전체에서 냄새가 난다. 잎은 마주나고 달걀 모양이다. 꽃은 7~9월에 흰색으로 피고 잎겨드랑이에 달린다. 열매는 핵과이고 둥글며 9~10월에 황갈색으로 익는다. 전체를 약재로 쓴다

아하!

닭똥 냄새가 나는 풀

닭똥(계뇨 ; 鷄尿) 냄새와 비슷한 냄새가 나는 덩굴 식물이라고 하여 '계요등' 이라고 불린다.

나팔을 빼닮은 단아한 꽃

메꽃과 식물의 특징

- 전세계에 1,600여 종이 있으며 우리 나라에는 6종이 있다.
- 대부분 풀이나 덩굴식물이며 줄기는 덩굴성이고 유액이 있다.
- 잎은 어긋나고 홑잎이다.
- 화관은 대개 깔때기 모양이며 꽃봉오리일 때는 뒤틀려 있다.
- 열매는 삭과이고 익으면 벌어지며 씨에 털이 있다.

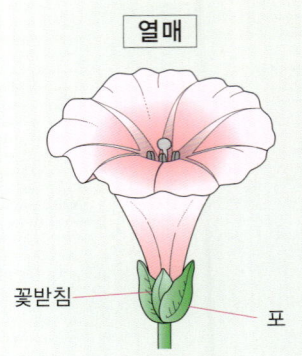

열매

꽃받침   포

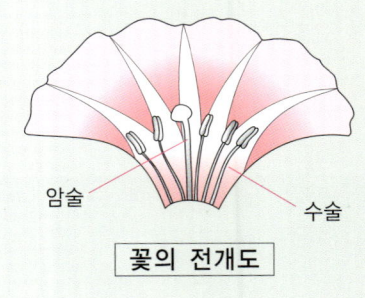

암술   수술

꽃의 전개도

메꽃

갯메꽃

갯메꽃
〔메꽃과〕

여러해살이덩굴풀. 바닷가 모래
밭에서 길이 2m 정도 자란다. 잎
은 어긋나고 염통 모양이며 두껍
다. 꽃은 나팔 모양이며 5월에 연
분홍색으로 피고 잎겨드랑이에서
나온 긴 꽃줄기에 1송이씩 달린다.
열매는 삭과이고 포와 꽃받침으로
싸여 있으며 8~9월에 익는다. 어
린 잎과 땅속줄기를 식용한다.

바닷가에서
자라는 메꽃

나팔처럼 생긴 꽃의 모양이 메꽃과
비슷하고, 주로 바닷가 모래땅에서
자라기 때문에 '갯메꽃'이라고 한다.

꽃

실새삼

새삼
〔메꽃과〕

한해살이덩굴풀. 산과 들의 구릉지에서 길이 5m 정도 자란다. 처음에는 땅에서 자라다가 곧 다른 식물에 흡판으로 붙어 기생한다. 줄기는 노란색이며 잎이 없다. 꽃은 종 모양이며 8~9월에 흰색으로 피고 줄기 위에 모여 이삭처럼 달린다. 열매는 삭과이고 달걀 모양이며 9~10월에 익는다. 씨를 약재로 쓴다.

둥근잎유홍초
〔메꽃과〕

한해살이덩굴풀. 열대 아메리카 원산이며 길이 1~2m 자란다. 잎은 어긋나고 끝이 뾰족한 염통 모양이다. 꽃은 긴 깔때기 모양이며 8~9월에 황적색으로 피고, 잎겨드랑이에서 나온 긴 꽃줄기 끝에 3~5송이씩 달린다. 열매는 삭과이고 둥글며 씨는 선형이다.

꽃마리
〔지치과〕

　두해살이풀. 산과 들에서 키 10
~30cm 자라며 전체에 짧은 털이
있다. 뿌리에서 난 잎은 뭉쳐나고
달걀 모양이며 잎자루가 길다. 줄
기에 난 잎은 어긋나고 긴 달걀
모양이다. 꽃은 4~7월에 연한 하
늘색으로 피고 줄기 끝에 모여 달
린다. 열매는 분열과이고 짧은 자
루가 있으며 7~8월에 익는다. 어
린 잎을 나물로 먹고 전체를 약재
로 쓴다.

꽃마리

둥글게
말려 있다.

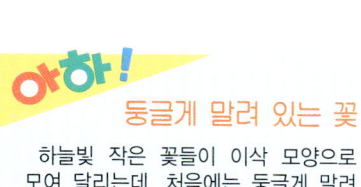

참꽃마리

둥글게 말려 있는 꽃

　하늘빛 작은 꽃들이 이삭 모양으로
모여 달리는데, 처음에는 둥글게 말려
있다가 점차 풀리면서 차례로 꽃이 피
므로 '꽃말이'라고 한 것이 변하여
'꽃마리'가 되었다.

당개지치

반디지치

당개지치

〔지치과〕

여러해살이풀. 산지의 그늘진 습지에서 키 40cm 정도 자란다.
잎은 어긋나고 넓은 타원형이며 겉과 가장자리에 흰 털이 있다.
꽃은 5~6월에 자주색으로 피고 줄기 끝에 여러 송이가 달린다.
열매는 분과이고 8~9월에 검은색으로 익는다.

누리장나무

〔마편초과〕 개나무

갈잎떨기나무. 산기슭이나 계곡 또는 바닷가의 비옥한 땅에서 높이 2m 정도 자란다. 잎은 마주나고 끝이 뾰족한 달걀 모양이다. 꽃은 8~9월에 연홍색으로 피고 새 가지 끝에 모여 달린다. 열매는 핵과이고 둥글며 10월에 진한 남색으로 익는다. 어린 잎을 나물로 먹는다.

누린내가 나는 나무

잎을 비롯한 식물체 전체에서 구린내 비슷한 누린내가 나기 때문에 '누리장나무'라고 한다. '구린내나무' 또는 '개똥나무'라고도 부른다.

누린내풀

〔마편초과〕

여러해살이풀. 산과 들에서 키 1m 정도 자라며 전체에 짧은 털이 있다. 잎은 마주나고 넓은 달걀 모양이며 역한 냄새가 난다. 꽃은 7~8월에 하늘색을 띤 자주색으로 피고 줄기와 가지 끝에 여러 송이가 드문드문 달린다. 열매는 삭과이고 9~10월에 익으면 4개로 갈라진다. 전체를 약재로 쓴다.

작살나무

작살나무

〔마편초과〕

갈잎떨기나무. 산기슭에서 높이 2~4m 자란다. 잎은 마주나고 긴 타원형이며 가장자리에는 잔 톱니가 있다. 꽃은 8월에 연한 자줏빛으로 피고 잎겨드랑이에 모여 달린다. 열매는 핵과이고 둥글며 10월에 자주색으로 익는다. 잎을 약재로 쓴다.

털작살나무(새비나무)

좀작살나무

흰작살나무

꿀 풀 과

입술을 닮은 꽃잎

꿀풀과 식물의 특징

- 전세계에 3,500여 종이 있으며 우리 나라에 는 55종이 있다.
- 대부분 풀이며 드물게 떨기나무도 있다.
- 보통 줄기와 가지는 네모지며 전체에서 좋은 냄새가 난다.
- 잎은 홑잎이고 마주나거나 돌려난다.
- 꽃은 대개 입술 모양으로 화관은 통 모양이 고, 끝이 2개로 나뉘어 입 모양이 된다.
- 열매는 분과이고 4개로 나뉘고 안에 씨가 1개씩 들어 있다.

입술 모양 화관

윗입술

아랫입술

분과

골무꽃

광릉골무꽃

떡잎골무꽃

골무꽃
〔꿀풀과〕

여러해살이풀. 산과 들의 숲 가장자리 그늘에서 키 30cm 정도 자라며 전체에 짧은 털이 난다. 잎은 마주나고 염통 모양이며 가장 자리에 둔한 톱니가 있다. 꽃은 5~6월에 자주색으로 피고 줄기 끝 부분에 한쪽으로 치우쳐 2줄로 빽빽이 달린다. 열매는 소견과이고 꽃받침에 싸여 있으며 7월에 익는다. 어린 잎을 나물로 먹는다.

광대나물
〔꿀풀과〕

　두해살이풀. 풀밭이나 습한 길가에서 키 30cm 정도 자란다. 잎은 마주나고 가장자리에 톱니가 있으며, 위쪽 잎은 잎자루가 없고 양쪽에서 줄기를 완전히 둘러싼다. 꽃은 4~5월에 붉은색으로 피고 잎겨드랑이에 여러 송이가 돌려난 것처럼 달린다. 열매는 분과이고 달걀 모양이며 전체에 흰 반점이 있고 7~8월에 익는다. 어린 잎을 나물로 먹는다.

광대수염
〔꿀풀과〕

　여러해살이풀. 산지의 숲 속 그늘에서 키 60cm 정도 자라며 줄기에 털이 약간 있다. 잎은 마주나고 달걀 모양이며 가장자리에 톱니가 있다. 꽃은 5월에 연한 붉은빛을 띤 자주색 또는 흰색으로 피고 잎겨드랑이에 5~6송이씩 층을 지어 달린다. 열매는 분과이고 달걀 모양이며 7~8월에 익는다. 어린 잎을 나물로 먹고 꽃은 약재로 쓴다.

금란초   내장금란초

금란초

〔꿀풀과〕
금창초

여러해살이풀. 산과 들의 길가에서 자라며, 줄기는 눕고 전체에 털이 있다. 뿌리에서 뭉쳐난 잎은 넓은 피침형이며 가장자리에 톱니가 있고, 줄기에 난 잎은 긴 타원형이다. 꽃은 3~6월에 자주색으로 피고 잎겨드랑이에 여러 송이가 돌려 달린다. 열매는 소견과이고 둥글며 8~10월에 익는다.

송장풀

〔꿀풀과〕 개속단

여러해살이풀. 산지의 풀밭에서 키 1m 정도 자라며 전체에 갈색 누운 털이 빽빽이 난다. 잎은 마주나고 달걀 모양이며 가장자리에 거친 톱니가 있다. 꽃은 입술 모양이며 8월에 연한 분홍색, 또는 흰색으로 피고 잎겨드랑이에 층층으로 달린다. 열매는 소견과이고 반들반들하며 10월에 검은색으로 익는다. 전체를 약재로 쓴다.

꿀풀 흰꿀풀

꿀풀
〔꿀풀과〕

여러해살이풀. 산기슭의 볕이 잘 드는 풀밭에서 키 30cm 정도 자라며 전체에 짧은 흰 털이 흩어져 난다. 잎은 마주나고 긴 달걀 모양이며 끝이 뾰족하다. 꽃은 7~8월에 자줏빛으로 피고 원줄기 끝에 모여 빽빽하게 층을 이루며 달린다. 열매는 소견과이고 9월에 황갈색으로 익는다. 어린 잎을 식용한다.

박하
〔꿀풀과〕

여러해살이풀. 개울가와 저지대의 습한 곳에서 키 60~100cm 자라며 전체에 짧은 털이 있고 향내가 난다. 잎은 마주나고 긴 타원형이며 가장자리에 날카로운 톱니가 있다. 꽃은 7~10월에 흰색으로 피고 잎겨드랑이에 모여 이삭처럼 달린다. 열매는 소견과이고 달걀 모양이며 9~11월에 익는다.

배초향

〔꿀풀과〕

여러해살이풀. 산과 들의 양지쪽 자갈밭에서 키 40~100cm 자란다. 잎은 마주나고 끝이 뾰족한 염통 모양이며 가장자리에 둔한 톱니가 있다. 꽃은 7~9월에 자주색으로 피고, 원줄기와 가지 끝에 많이 모여 빽빽하게 달린다. 열매는 소견과이고 납작한 타원형이며 10월에 익는다. 어린 잎을 나물로 먹는다.

벌깨덩굴

〔꿀풀과〕

여러해살이풀. 산지의 그늘진 곳에서 키 15~30cm 자라며 줄기는 옆으로 벋는다. 잎은 마주나고 염통 모양이며 가장자리에 둔한 톱니가 있다. 꽃은 5월에 보라색으로 피고 잎겨드랑이에 2~6송이씩 한 쪽을 향해 달린다. 열매는 소견과이고 달걀 모양이며 7~8월에 익는다. 어린 잎을 식용한다.

석잠풀
〔꿀풀과〕

여러해살이풀. 산과 들의 습지에서 키 30~60cm 자란다. 잎은 마주나고 피침형이며 가장자리에 톱니가 있다. 꽃은 6~9월에 연한 자주색으로 피고 가지와 줄기 윗부분의 마디마다 층층이 달린다. 열매는 분과이고 꽃받침 속에 들어 있으며 9~10월에 익는다. 어린 잎을 식용한다.

조개나물
〔꿀풀과〕

여러해살이풀. 산과 들의 양지바른 곳에서 키 30cm 정도 자라며 긴 흰 털이 빽빽하게 난다. 잎은 마주나고 뿌리에 난 잎은 달걀 모양이며 줄기에 난 잎은 타원형이다. 꽃은 5~6월에 자주색으로 피고 잎겨드랑이에 빽빽하게 모여 달린다. 열대는 소견과이고 둥글납작하며 8월에 익는다. 꽃이 달린 원줄기와 잎을 약재로 쓴다.

익모초

〔꿀풀과〕

두해살이풀. 산과 들에서 키 1m 정도 자란다. 줄기에 흰 털이 나서 흰빛을 띤 녹색으로 보인다. 잎은 마주나고 뿌리에 달린 잎은 달걀 모양이며 줄기에 달린 잎은 3개로 갈라진다. 꽃은 7~8월에 연한 홍자색으로 피고 잎겨드랑이에 여러 송이가 층층으로 달린다. 열매는 소견과이고 넓은 달걀 모양이며 9~10월에 익는다. 전체를 약재로 쓴다.

재미있는 꽃이야기

어머니를 도운 약초

옛날, 어느 시골에 가난한 모자가 살았다. 그런데 어머니는 아들을 낳고 나서 몸조리를 잘못해 큰 병이 들었는데, 아들이 열 살이 넘어도 낫지 않았다.

아들은 근처에 사는 약초 캐는 노인을 찾아가서 어머니의 병을 설명하고 약을 지어왔다. 그러나 약효는 며칠뿐이어서 아들은 다시 노인을 찾아갔다.

"며칠 동안은 괜찮았는데 다시 아프시다고 합니다. 완전히 낫는 약은 없나요?"

"있긴 하지만 쌀 다섯 가마와 은돈 열 냥은 있어야지. 워낙 비싼 약초니까."

가난한 아들은 약값을 마련할 수 없자, 궁리 끝에 약초꾼 노인의 집 앞에 있는 큰 나무 위로 올라가 밤을 새우면서 노인의 행동을 살폈다.

새벽이 되자 노인은 호미와 망태를 챙겨 들고 집을 나갔다. 아들은 나무에서 내려와 조심조심 몰래 노인의 뒤를 밟았다. 노인은 강둑 쪽으로 가더니 한 곳에 앉아서 무언가를 열심히 캔 뒤 잎은 모두 훑어 강에 버리고 돌아갔다. 아들은 얼른 강물에 뛰어들어 약초잎 몇 개를 주워들고 그 약초잎처럼 생긴 풀을 보이는 대로 캐서 집으로 가져갔다.

아들은 자기가 캐온 풀잎을 달여 어머니께 드렸다. 약을 먹은 어머니는 금세 몸이 회복되었다. 아들은 그 후 날마다 강둑에 나가 그 약초를 캐어 어머니께 정성껏 달여 드렸다.

아들은 그 약초의 이름을 몰랐으므로 어머니를 도운 약초라 하여 '익모초(益母草)'라고 이름지었다. 그 뒤로 익모초는 산모의 산후 몸조리 약으로 널리 쓰이게 되었다.

향유

〔꿀풀과〕 노야기

한해살이풀. 산과 들에서 키
60cm 정도 자란다. 전체에 연
한 털이 나고 향기가 짙다. 잎
은 마주나고 달걀 모양이며, 잎
가장자리에 톱니가 있고 잎자
루가 길다. 꽃은 8~9월에 연
한 홍자색으로 피고, 원줄기나
가지 끝에 모여 한쪽으로 치우
쳐서 이삭 모양으로 달린다. 열
매는 소견과이고 좁은 달걀 모
양이며 10월에 익는다. 전체를
약재로 쓴다.

향유

꽃향유

미치광이풀

〔가지과〕

여러해살이풀. 깊은 산골짜기의 그늘에서 키 30~60cm 자란다. 잎은 어긋나고 긴 타원형이며 끝이 뾰족하다. 꽃은 4~5월에 짙은 보라색으로 피고 잎겨드랑이에 1송이씩 밑으로 처져 달린다. 열매는 삭과이고 둥글며 꽃받침에 싸이고 7~8월에 익으면 뚜껑이 열리듯이 갈라져서 씨가 나온다. 뿌리와 잎을 약재로 쓴다.

먹으면 미쳐 버리는 풀

전체에 독성이 있어 사람이나 동물이 이 풀을 먹으면 미친 듯이 날뛰다 죽는다고 하여 '미치광이풀'이라고 부른다.

재미있는 꽃 이야기

독초를 먹고 죽은 새댁

옛날에 강원도 화천의 산골로 시집온 새댁이 있었다.

"어머니, 오늘 반찬을 뭘 만들까요?"

"봄철이라 뒷산에 가면 햇나물이 나 있을 텐데…."

"그럼 제가 뒷산에 가서 나물을 캐올게요."

며느리는 뒷산에 올라갔다. 어느 한 곳에 산나물이 소담스럽게 나 있었다.

"어머나! 처음 보는 나물이네? 아주 맛깔스럽게 생겼는데? 기왕 온 김에 많이 뜯어가야겠다."

며느리는 그 나물을 한 광주리 캐다 삶았다. 아직 식사때가 아니었기 때문에 어머니는 밭일을 나가고 없었다.

'어머니께서 죄송하지만 간을 보기 위해 내가 먼저 나물을 먹어 봐야지.'

며느리는 탐스러운 나물을 맛있게 무쳐 먹었다.

"어? 맛이 아주 상큼한걸!"

너무 맛이 좋아서 며느리는 혼자서 한 접시의 나물을 다 먹고 말았다.

그런데 그 나물은 사실 독풀이었다.

온몸에 독이 퍼진 새댁은 고통스러워 가슴을 쥐어뜯으며 맨땅에 구르기도 하고 이리저리 뛰어다니다 끝내 숨을 거두고 말았다.

그 후 사람들은 새댁이 뜯어다 먹은 풀을 보면 '미치광이풀'이라 부르게 되었다. 새댁이 숨을 거두기 전에 고통 때문에 몸부림을 치는 모습이, 마치 미친 사람처럼 보였기 때문이었을 것이다.

참배암차즈기

〔꿀풀과〕

여러해살이풀. 산지 숲 속에서 키 50cm 정도 자라며 전체에 연한 갈색 털이 있다. 잎은 마주나고 넓은 타원형이며 가장자리에 둔한 톱니가 있다. 꽃은 입술 모양이며 8월에 노란색으로 피고 줄기의 각 마디에 2~6송이씩 달린다. 열매는 9~10월에 익으며 씨는 다소 편평한 달걀 모양이다. 어린 잎을 식용한다.

닭의장풀

〔닭의장풀과〕 달개비

한해살이풀. 길가나 풀밭, 냇가의 습지에서 키 15~50cm 자란다. 잎은 어긋나고 피침형이며 밑은 잎집이 있다. 꽃은 7~8월에 하늘색으로 피고 꽃잎은 3장이며 잎겨드랑이에서 나온 꽃줄기 끝에 달린다. 열매는 삭과이고 타원형이며 9~10월에 익는다. 어린 잎을 식용한다.

아하!

닭장 밑에서 잘 자라는 풀

닭장 밑에서 잘 자라는 풀이라 하여 '닭의장풀'이라고 불린다. 또 꽃잎이 오리발 같다고 하여 '압각초(鴨脚草)'라고도 하고 '닭개비(달개비)'라고도 했다.

입술을 닮은 꽃잎

현삼과 식물의 특징

- 전세계에 3,000여 종이 있으며 우리 나라에는 55종이 있다.
- 대부분 풀이나 떨기나무이며 드물게 큰키나무도 있다.
- 줄기는 대개 둥글며 사각인 것도 뚜렷하지는 않다.
- 잎은 마주나거나 어긋난다.
- 꽃은 대개 입술 모양으로 좌우가 같으며, 화관은 통 모양이고 끝이 4~5개로 나뉘어 입 모양이 된다(큰개불알풀이나 큰털냉초 등은 입술 모양 화관이 아니다).
- 열매는 삭과이고 안에 작은 씨가 많이 들어 있다.

큰개불알풀의 꽃

입술 모양의 꽃

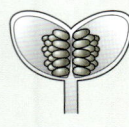

열매는 2실

선개불알풀

선개불알풀

〔현삼과〕

두해살이풀. 유럽 원산이며 길가 풀밭에서 키 10~30cm 자란다. 잎은 마주나고 달걀 모양이며 가장자리에 둔한 톱니가 있다. 꽃은 5~6월에 연한 자주색을 띤 남색으로 피고 줄기 윗부분의 잎겨드랑이에 1송이씩 달린다. 열매는 삭과이고 염통 모양이며 끝이 파진다.

곧추 선 개불알풀

열매가 개의 불알 같다 하여 '개불알풀'이라는 이름이 붙고, 개불알풀에 비해 곧추서서 자라므로 '선개불알풀'이라고 부른다.

큰개불알풀(봄까치꽃)

꽃며느리밥풀

애기며느리밥풀

꽃며느리밥풀

[현삼과]

한해살이풀. 산지의 볕이 잘 드는 숲 가장자리에서 키 30～50cm 자라는 반기생 식물이다. 잎은 마주나고 좁은 달걀 모양이다. 꽃은 입술 모양이며 7～8월에 홍자색으로 피고 가지 끝에 모여 달린다. 열매는 삭과이고 납작한 달걀 모양이며 10월에 익는다. 씨는 타원형이고 검은색이다.

새며느리밥풀

시어머니에게 쫓겨난 며느리

며느리밑씻개 · 꽃며느리밥풀 · 며느리배꼽 등 '며느리'라는 낱말이 들어간 풀꽃들은 모두 아들의 사랑을 빼앗긴 시어머니의 며느리에 대한 미움을 표현하고 있다.

어느 시골의 가난한 농가에 착한 며느리가 살고 있었다. 하루는 제사상에 올릴 밥을 짓다가 그만 실수로 쌀알 두 개를 땅에 떨어뜨렸다. 며느리는 땅에 떨어진 쌀 두 톨이 너무나 아까웠다.

'어쩌지? 흙이 묻은 쌀로 제삿밥을 지을 수도 없고, 귀중한 쌀을 버리기도 아깝고….'

며느리는 얼른 쌀알을 주워서 입에 넣었다. 그런데 그만 며느리를 미워하던 시어머니가 그 광경을 보고 말았다.

"아니, 저것이 제삿밥 지을 쌀을 먼저 먹다니? 저런 집안 망해먹을 게 있나!"

"어머니! 그런 것이 아니라…."

"시끄럽다! 당장 이 집에서 나가거라!"

"잘못했어요, 한 번만 용서해 주세요."

그러나 매정한 시어머니는 가엾은 며느리를 끝내 쫓아내고 말았다. 억울한 마음에 며느리는 목을 매어 죽고 말았다.

얼마 후 그 며느리를 묻은 자리에서 풀이 자라났는데, 이 풀의 꽃은 혓바닥처럼 생긴 붉은 꽃잎 한가운데 흰 쌀알 같은 흰 점이 2개 있었다. 사람들은 쫓겨난 며느리의 넋이 환생한 것이라고 하여 '며느리밥풀꽃'이라는 이름을 붙였다.

구름송이풀

한라송이풀

흰송이풀

구름송이풀

[현삼과]

여러해살이풀. 높은 산에서 키 5~15cm 자라며 원줄기에 부드러운 털이 있다. 잎은 돌려나고 깃꼴겹잎이며 가장자리에 톱니가 있다. 꽃은 7~8월에 적자색으로 피고 줄기 끝에 모여 달린다. 열매는 삭과이고 10월에 익으며, 끝이 길고 뾰족하다. 어린 잎을 먹는다.

칼송이풀

나도송이풀

산꼬리풀

긴산꼬리풀

산꼬리풀

〔현삼과〕

여러해살이풀. 산지의 초원에서 키 40~80cm 자라며 포기 전체에 짧은 털이 난다. 잎은 마주나고 타원형이며 가장자리에 뾰족한 톱니가 있다. 꽃은 8월에 보라색으로 피고 가지와 원줄기 끝에 잔꽃이 모여 촘촘하게 달린다. 열매는 삭과이고 납작한 공 모양이다.

주름잎

[현삼과]

한해 또는 두해살이풀. 밭둑 등 다소 습한 곳에서 키 5~20cm 자라며 전체에 털이 있다. 잎은 마주나고 달걀 모양이며 겉에 주름이 있다. 꽃은 통 모양이며 5~8월에 연한 자주색으로 피고 줄기 끝에 여러 송이가 달린다. 열매는 삭과이고 둥글며 꽃받침으로 싸여 있다. 어린 잎을 나물로 먹는다.

아하!
잎에 주름이 많은 풀

잎 가장자리에 주름처럼 보이는 결각이 있어 '주름잎' 이라고 부른다. 또, 줄기가 기울어 땅에 누운 듯 자라는 것은 '누운주름잎' 이라고 한다.

주름잎

누운주름잎

질경이

[질경이과]

여러해살이풀. 풀밭이나 길가에서 10~50cm 자란다. 잎은 뿌리에서 뭉쳐나고 달걀 모양이다. 꽃은 6~8월에 흰색으로 피고 잎 사이에서 나온 꽃줄기 윗부분에 이삭처럼 빽빽이 달린다. 열매는 삭과이고 10월에 익으면 갈라져 뚜껑처럼 열리며 씨가 여러 개 있다. 어린 잎을 먹는다.

아하!
밟혀도 죽지 않는 강인한 생명력

사람의 왕래가 많은 길가에서도 잘 자랄 뿐만 아니라 예로부터 수레바퀴에 깔려도 죽지 않고 강인하게 살아난다고 하여 한자로는 '차전초(車前草)' 라고 쓴다.

불두화
〔인동과〕

갈잎떨기나무. 산지에서 높이 3
~6m 자라며 어린 가지는 붉은빛
을 띠는 녹색이나, 자라면서 회흑
색으로 변한다. 잎은 마주나고 넓
은 달걀 모양이며 가장자리에 불
규칙한 톱니가 있다. 꽃은 5~6월
에 흰색으로 피고 꽃줄기 끝에 많
이 모여 달린다. 열매는 핵과이고
둥글며 9월에 붉은색으로 익는다.

부처님
머리를 닮은 꽃

부처님이 태어난 사월 초파일 무렵
에 피는 꽃의 모양이 부처님의 머리
처럼 곱슬곱슬하기 때문에 '불두화
(佛頭花)'라고 불린다. 불두화는 불
교를 상징한다고 한다.

 재미있는 꽃 이야기

말을 구한 풀

중국 한나라 광무제 때 마무 장군이 이끄는
기마대가 승전을 거듭하며 적을 추격하다가
황하 북쪽의 평원에서 가뭄을 맞아 물과 군량
미를 구할 수 없었다.

"후유, 이런 가뭄이 오다니! 전쟁 중에 식량
이 떨어지게 되었으니 군사들이 어떻게 힘을
얻지?"

마무 장군은 참모들을 불러 좋은 방법을 궁
리해 보라고 지시했다.

"무엇이라도 먹을 수 있는 것들을 찾아보도
록 하오."

"장군님, 들판의 풀밖에 먹을 것이 없습니
다. 마을도 너무 멀어서 곡식을 얻으러 갈 수
가 없습니다."

"지금 말들까지 피오줌을 싸며 쓰러지고 있
습니다. 며칠만 더 이런 지경이 계속되면 모

든 말들이 다 죽을 수밖에 없습니다."

마무 장군은 안타까웠다.

"어떻게 얻은 승리인데 이렇게 망친단 말이
오. 말이 없이는 전투가 불가능한데‥."

그 때 한 병사가 환호성을 지르며 뛰어와
보고를 했다.

"장군님, 신기한 풀을 발견했습니다. 픽픽
쓰러져 죽어가던 말들이 모두 힘을 얻어 일어
나고 있습니다."

장군과 참모들이 나가 보니 말들은 가뭄 속
에서도 돋아난 풀을 뜯어먹고 있었다. 그 풀이
바로 질경이였다.

그 후 사람들은 마무 장군과 말을 위기에서
구해 준 기적 같은 풀이라고 해서 이 질경이
를 '마의초(馬醫草)' 또는 '마제초(馬蹄草)'
라고 했다.

병꽃나무

붉은병꽃나무

병꽃나무
〔인동과〕

　갈잎떨기나무. 산지 숲 속에서 높이 2~3m 자라며 줄기에 얼룩 무늬가 있다. 잎은 마주나고 달걀 모양이며 가장자리에 톱니가 있다. 꽃은 병 모양이며 5월에 노랗게 피었다가 점차 붉어지며, 잎 겨드랑이에 1~2송이씩 달린다. 열매는 삭과이고 잔털이 있으며, 9월에 익으면 2개로 갈라지고 씨에 날개가 있다.

삼색병꽃나무

아하!

병을 닮은 꽃

　꽃과 열매의 기다란 모양이 병을 거꾸로 세워 놓은 것 같아 '병꽃나무' 라는 이름이 붙었다.

흰병꽃나무

인동덩굴

〔인동과〕

갈잎덩굴나무. 산과 들에서 길이 5m 정도 자란다. 줄기는 길게 벋어 오른쪽으로 다른 물체를 감으면서 올라간다. 잎은 마주나고 긴 타원형이다. 꽃은 5~6월에 흰색으로 피었다가 나중에 노란색으로 변하며, 잎겨드랑이에 2송이씩 달린다. 열매는 장과이고 둥글며 10~11월에 검게 익는다.

겨울을 견뎌내는 덩굴

겨울에도 덩굴이 마르지 않으며, 간혹 푸른 잎도 그대로 살아 있어 '겨울을 견뎌낸다'는 뜻으로 '인동(忍冬)덩굴'이라고 불린다. '겨우살이덩굴'이라는 이름도 있다.

열매

재미있는 꽃 이야기

금화와 은화

옛날 어떤 고을에 한 부부가 살았다. 그런데 결혼 후 몇 해가 지나도 자식이 없었다. 부부는 자식을 얻는 데 좋다는 약을 먹고, 신에게도 부처에게도 간절히 빌었다. 그 정성이 하늘에 닿아 마침내 딸 쌍둥이를 낳았다.

큰 딸을 금화(金花), 작은 딸을 은화(銀花)라고 이름지었고, 두 자매는 건강하고 예쁘게 커 갔다. 또 우애가 아주 좋아 서로 절대로 떨어지지 않을 것을 맹세하였다. 살아서도 한 자리에 자고 죽어서도 한 무덤에 묻히자고 굳게 약속했다. 16세가 되어 그 미모가 소문나 혼담이 들어왔어도 두 자매는 절대로 떨어져 살 수 없다고 모두 사양했다.

그러던 어느 날, 갑자기 언니 금화가 큰 병이 나고 의원도 가망이 없다는 중병의 진단을 내렸다. 병의 전염을 염려하였지만 막무가내로 언니 곁을 떠나지 않던 동생도 결국 같은 병으로 함께 앓아눕게 되었다. 얼마 후 두 자매는 함께 숨을 거두면서 다짐하였다.

"반드시 약초가 되어 이 세상에서 다시는 이런 병으로 죽는 일은 없도록 하겠어요."

부모는 딸들의 소원대로 한 무덤에 함께 묻어 주었다.

다음 해 봄에 무덤에서 한 줄기 가냘픈 덩굴식물이 돋아나더니 여름에 흰 꽃과 노란 꽃이 함께 피었다. 이것을 본 사람들은 두 자매의 화신이라 여겨 이 꽃을 '금은화(金銀花)'라고 부르게 되었다.

인동덩굴의 꽃은 처음에는 흰색이었다가 차츰 노란색으로 변하는데, 여러 송이가 같이 피어 있으므로 흰 꽃과 노란 꽃이 따로 피는 것으로 생각하여 '금은화'라고도 부른다.

작은 꽃이 많이 모여 꽃무더기를 만든다

마타리과 식물의 특징

- 전세계에 400여 종이 있으며 우리 나라에는 9종이 있다.
- 모두 풀이며 말리면 대개 좋지 않은 냄새가 난다.
- 잎은 뿌리에서 모여나거나 줄기에서 마주난다.
- 작은 꽃이 가지 끝에 모여 달린다.
- 꽃잎이 모여 통이나 깔때기 모양을 이루며 끝이 5개로 갈라진다.
- 열매는 건과이고 속에 씨가 1개 들어 있다.

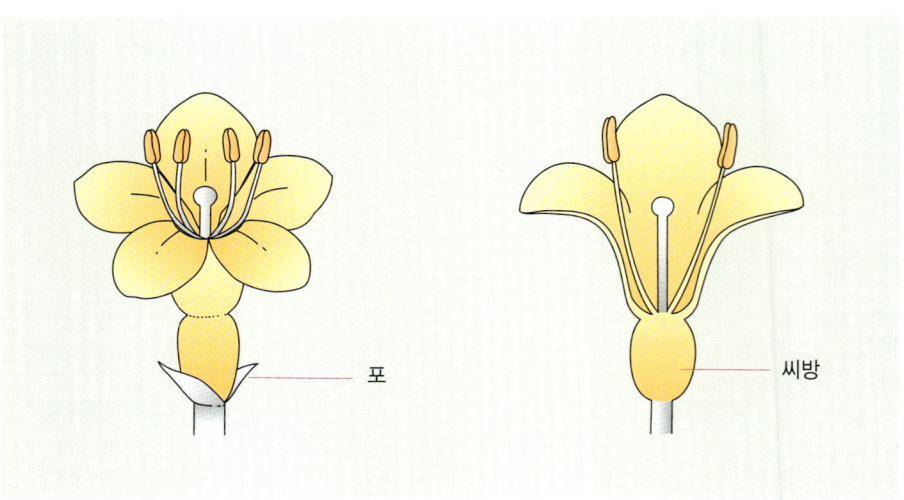

포

씨방

마타리

〔마타리과〕

여러해살이풀. 산과 들의 양지쪽에서 키 60~150cm 자란다. 잎은 마주나며 깃 모양으로 깊게 갈라진다. 꽃은 7~9월에 노란색으로 피고 줄기와 가지 끝에 작은 꽃이 많이 모여 달린다. 열매는 타원형이며 9월에 익는다. 연한 순은 나물로 먹는다.

아하!

된장 냄새가 나는 풀

마타리는 어린 싹을 나물로 먹을 수 있는데 쓴맛이 있으므로 '고채(苦菜)'라고도 부르며, 뿌리에서 된장 냄새 같은 향이 풍기는 데서 '패장(敗醬)'이라는 이름도 생겼다.

쥐오줌풀

〔마타리과〕

여러해살이풀. 산지의 그늘지고 습한 곳에서 키 40~80cm 자란다. 잎은 마주나고 깃꼴겹잎이며, 갈래는 달걀 모양이고 가장자리에 드문드문 톱니가 있다. 꽃은 5~8월에 연한 붉은빛으로 피고 가지와 줄기 끝에 많이 모여 달린다. 열매는 수과이고 피침형이며 8월에 익는다. 어린 잎을 나물로 먹고 뿌리를 약재로 쓴다.

초 롱 꽃 과

꽃잎 끝이 5개로 갈라지는 단정한 꽃

초롱꽃과 식물의 특징

- 전세계에 1,500여 종이 있으며 우리 나라에는 24종이 있다.
- 대부분 풀이며 줄기를 자르면 흰 유액이 나온다. 드물게 나무도 있다.

- 잎은 대개 마주나고 홑잎이다.
- 꽃은 대부분 통이나 종 모양이며 크고 화려하다.
- 꽃잎은 끝이 5개로 갈라지고 꽃받침은 씨방에 붙는다.
- 열매는 삭과 또는 장과이며 씨가 작고 많다.

꽃잎 —

꽃받침 —

암술머리가 벌어질 때
수술은 시든다.

열매

도라지

더덕
〔초롱꽃과(도라지과)〕

여러해살이덩굴풀. 산에서 길이 2m 정도 자란다. 잎은 어긋나고 피침형이며 가지 끝에서는 모여 달린 것처럼 보인다. 꽃은 종 모양이며 8~9월에 자주색으로 피고 가지 끝에 달린다. 열매는 삭과이고 원추형이며 9월에 익는다. 어린 잎과 뿌리를 먹고, 뿌리는 약재로도 쓴다.

모싯대
〔초롱꽃과(도라지과)〕

여러해살이풀. 산지의 약간 그늘 진 곳에서 키 40~100cm 자란다. 잎은 어긋나고 달걀 모양이며 가장자리에 뾰족한 톱니가 있다. 꽃은 종 모양이며 8~9월에 보라색으로 피고 원줄기 끝에 달린다. 열매는 삭과이고 10월에 익는다. 연한 부분과 뿌리를 식용하고, 뿌리를 약재로도 쓴다.

염아자
〔초롱꽃과(도라지과)〕

여러해살이풀. 산골짜기 낮은 지대 숲에서 키 50~100cm 자란다. 잎은 어긋나고 긴 달걀 모양이며 가장자리에 톱니가 있다. 꽃은 7~9월에 보라색으로 피고 잎겨드랑이에 여러 송이가 달린다. 꽃잎은 깊게 5개로 갈라져서 젖혀지며 갈래꽃같이 보인다. 열매는 삭과이고 납작한 공 모양이며 10~11월에 익는다. 어린 잎을 나물로 먹는다.

자주꽃방망이
〔초롱꽃과(도라지과)〕

여러해살이풀. 산과 들의 풀밭에서 키 40~100cm 자라며 전체에 털이 많다. 잎은 피침형이며 뿌리에서 난 잎은 잎자루가 길다. 꽃은 종 모양이며 7~8월에 보라색으로 피고, 줄기 끝과 잎겨드랑이에 여러 송이가 모여 달린다. 열매는 삭과이고 10~11월에 익는다. 뿌리를 약재로 쓴다.

아하!
자주색 꽃으로 만들어진 방망이

연약한 줄기 끝에 커다란 도라지꽃 모양의 자주색 꽃이 한 군데에 여러 개가 모여진 것이 꽃방망이 같다고 하여 '자주꽃방망이'라고 불린다.

초롱꽃

금강초롱

초롱꽃
〔초롱꽃과(도라지과)〕

여러해살이풀. 산과 들의 풀밭에서 키 40~100cm 자라며 전체에 퍼진 털이 있다. 잎은 어긋나고 긴 달걀 모양이며 가장자리에 불규칙한 톱니가 있다. 꽃은 6~8월에 연한 홍자색 또는 흰색으로 피고 꽃잎에 짙은 반점이 있으며 긴 꽃줄기 끝에서 밑을 향해 달린다. 열매는 삭과이고 달걀 모양이며 9월에 익는다. 어린 잎을 나물로 먹는다.

재미있는 꽃 이야기

종치기 노인의 넋

옛날에 종을 치는 한 노인이 살고 있었다. 노인은 아침·점심·저녁으로 종을 쳐서 사람들에게 시간을 알려주는 고마운 일을 하였다.

"어머니, 종이 두 번 쳤어요. 서당에 다녀올게요."

"그래, 종이 세 번 울리기 전에 돌아와서 저녁을 먹어라."

마을 사람들에게 종은 고마운 시계였다.

그러던 어느 날, 새로 부임한 심술궂은 사또가 종소리가 시끄럽다며 종을 치지 못하게 했다.

"웬 소란이냐? 귀가 시끄럽구나! 당장 그만두라고 하여라. 아니, 그럴 게 아니라, 지금 당장 가서 그 종을 통째로 떼어 오너라!"

포졸들은 그 길로 우르르 노인이 집으로 몰려가서 종을 떼어내고 말았다. 하루아침에 종을 빼앗긴 노인은 그 날부터 시름시름 앓다가 그만 세상을 버리고 말았다. 그 이듬해 노인의 무덤 가에서 종 모양의 꽃이 무더기로 피어났다.

사람들은 그 꽃이 종치는 노인의 영혼이 깃들인 꽃이라 생각하여 이름을 '종꽃'이라고 지어 불렀고, 세월이 흐르면서 밤에 불을 밝히는 청사초롱을 닮았다고 해서 '초롱꽃'이라 부르게 되었다.

잔대

잔대

〔초롱꽃과(도라지과)〕

여러해살이풀. 산에서 키
40~120cm 자라며 전체적으
로 잔털이 있다. 잎은 어긋나
거나 돌려나고 타원형이며 가
장자리에 겹톱니가 있다. 꽃
은 종 모양이며 7~9월에 하
늘색으로 피고, 원줄기 끝에
여러 송이가 달린다. 열매는
삭과이고 10월에 익는다. 어
린 잎과 뿌리를 식용하고, 뿌
리는 약재로도 쓴다.

진퍼리잔대

아하! 술잔을 닮은 열매

꽃받침잎이 달린 채 덜 익은 열
매 모습이 술잔과 비슷하다고 하
여 '잔대' 라고 부르는 것 같다.

흰잔대

가는층층잔대

층층잔대

당잔대

톱잔대

흰잔대

종꽃
〔초롱꽃과(도라지과)〕

　두해살이풀. 유럽 남부 원산이며 키 1m 정도 자라고 줄기에 굵은 털이 빽빽하다. 잎은 피침형이고 가장자리에 잔톱니가 있다. 꽃은 커다란 종 모양이며 5~6월에 붉은색·진보라색·흰색 등으로 피고 꽃줄기 끝에 1~2송이씩 달린다.

금불초
〔국화과〕

　여러해살이풀. 산과 들의 습지에서 키 30~60cm 자라며 전체에 털이 난다. 잎은 어긋나고 긴 타원형이며 가장자리에 잔톱니가 있다. 꽃은 7~9월에 노란색으로 피고 가지와 줄기 끝에 여러 송이가 달린다. 열매는 수과이고 10월에 익는다. 어린 잎을 나물 또는 국거리로 식용한다.

개망초

〔국화과〕

두해살이풀. 북아메리카 원산이며 들이나 길가에서 키 30~100cm 자라고 전체에 털이 난다. 잎은 어긋나고 달걀 모양이며 가장자리에 드문드문 톱니가 있다. 꽃은 8~9월에 흰색으로 피고 가지와 줄기 끝에 여러 송이가 모여 달린다. 열매는 수과이고 8~9월에 익는다. 어린 잎을 식용한다.

아하!

나라가 망할 때 꽃이 많이 핀 풀

1910년 우리 나라가 국권침탈을 당했을 때 전국에 꽃이 많이 피었다고 하며, 나라가 망할 때 돋아난 풀이라는 뜻으로 '망초(亡草)'라 이름 짓고 망초와 개망초를 망국초(亡國草)로 여겼다.

이고들빼기

고들빼기

〔국화과〕 씬나물

　　두해살이풀. 산과 들이나 밭 근처에서 키 80cm 정도 자라며, 줄기는 붉은 자줏빛을 띤다. 잎은 끝이 뾰족한 달걀 모양이며 밑부분이 줄기를 감싸고 가장자리에 불규칙한 톱니가 있다. 꽃은 5~7월에 노란색으로 피고 가지 끝에 여러 송이가 달린다. 열매는 수과이고 납작한 원뿔형이며 7~10월에 검은색으로 익는다. 어린 잎과 뿌리를 식용한다.

열매

고들빼기

왕고들빼기

바위구절초

〔국화과〕

여러해살이풀. 높은 산 중턱바위 틈에서 키 15~30cm 자라며 전체에 털이 빽빽이 난다. 잎은 깃꼴로 깊게 갈라지며 갈래는 피침형이다. 꽃은 8~9월에 분홍색 또는 흰색으로 피고 줄기 끝에 1송이씩 달린다. 열매는 수과이고 긴 타원형이다. 전체를 약재로 쓴다.

아하!

구월에 잘라야 좋은 풀

9월 9일에 잘라야 약효가 좋다고 하여 구절초(九切草)라고 부른다. 또, 부인병에 잘 쓰이므로 선모초(仙母草)라고도 한다

한라구절초

가는잎구절초
(산구절초)

낙동구절초

금계국
[국화과]

한해 또는 두해살이풀. 북아메리카 남부 원산이며 키 30~ 60cm 자란다. 잎은 마주나고 깃꼴겹잎이며 갈래는 타원형이다. 꽃은 6~8월에 진한 노란색으로 피고 줄기와 가지 끝에 1송이씩 달린다. 열매는 수과이고 달걀 모양이며 가장자리가 두껍다.

큰금계국

도깨비바늘
[국화과]

한해살이풀. 산과 들의 황무지에서 키 25~85cm 자란다. 잎은 마주나고 깃꼴겹잎이며, 갈래는 또는 긴 타원형하고 끝이 뾰족하며 가장자리에 톱니가 있다. 꽃은 8~10월에 노란색으로 피고 줄기와 가지 끝에 1송이씩 달린다. 열매는 수과이고 좁은 선형이다. 어린 잎은 식용한다.

도깨비처럼 달라붙는 열매

바늘처럼 가늘고 길쭉한 열매 끝에 밑을 향한 가시 같은 털이 있어 사람의 옷이나 짐승의 털에 잘 붙는데, 모르는 사이에 도깨비같이 달라붙는다고 하여 '도깨비바늘'이라고 한다.

도꼬마리
[국화과]

한해살이풀. 들이나 길가에서 키 1.5m 정도 자라며 전체에 억센 털이 많이 나 있다. 잎은 넓은 삼각형이며 끝이 뾰족하고 잎자루가 길다. 꽃은 8~9월에 노란색으로 피고 가지 끝에 1송이씩 달린다. 열매는 수과이고 넓은 타원형이며 바깥쪽에 갈고리 같은 가시가 있다. 열매를 약재로 쓴다.

뚱딴지

〔국화과〕
돼지감자

여러해살이풀. 북아메리카 원산이며 키 1.5~3m 자라고 줄기에 억센 털이 있다. 잎은 마주나거나 어긋나고 끝이 뾰족한 긴 타원형이며 가장자리에 톱니가 있다. 꽃은 8~10월에 노란색으로 피고, 줄기와 가지 끝에 1송이씩 달린다. 열매는 수과이고 덩이줄기를 식용한다.

머위

털머위

머위

〔국화과〕

여러해살이풀. 산과 들의 습지에서 키 50cm 정도 자란다. 잎은 땅속줄기에서 나오고 콩팥 모양이며 가장자리에 톱니가 있다. 꽃은 암수딴그루며 4월에 흰색으로 피고 꽃줄기 끝에 잔꽃이 빽빽하게 달린다. 열매는 수과이고 원통형이며 6월에 익는다. 잎자루와 꽃을 식용하며, 꽃은 약재로도 사용한다.

뻐꾹채

〔국화과〕

여러해살이풀. 산과 들에서 키 1m 정도 자란다. 잎은 어긋나고 타원형이며, 깃털처럼 갈라지고 가장자리에 톱니가 있다. 꽃은 6~9월에 홍자색으로 피고 줄기 끝에 1송이씩 달린다. 열매는 수과이고 타원형이며 9~10월에 익는다. 어린 잎을 식용하고 뿌리를 약재로 쓴다.

뻐꾸기를 닮은 꽃

뻐꾸기가 날아와 노래할 때쯤 꽃이 핀다고 하여 '뻐꾹채'라고 한다. 또, 꽃봉오리에 붙은 비늘잎이 뻐꾸기의 가슴 깃털처럼 보인다고 하여 '뻐꾹채'라고 부른다고도 한다.

삽주

〔국화과〕

여러해살이풀. 산과 들에서 키 30~100cm 자란다. 잎은 어긋나고 긴 타원형이며 가장자리에 바늘 모양의 가시가 있다. 꽃은 암수딴그루며 7~10월에 흰색으로 피고, 줄기와 가지 끝에 1송이씩 달린다. 열매는 수과이고 털이 있으며 갈색 관모가 있다. 어린 잎을 식용하고 뿌리를 약재로 쓴다.

민들레
[국화과]

여러해살이풀. 주로 양지에서 자라며 줄기는 없다. 잎은 뿌리에서 뭉쳐나고 피침형이며, 깊게 갈라지고 가장자리에 톱니가 있다. 꽃은 4~5월에 노란색으로 피고 잎 사이에서 나온 꽃줄기 끝에 1송이씩 달린다. 열매는 수과이고 긴 타원형이며 7~8월에 갈색으로 익는다. 어린 잎을 나물로 먹고 뿌리는 약재로 쓴다.

흰노랑민들레

산민들레

개민들레

흰민들레

재미있는 꽃 이야기

머리가 하얗게 센 민들레

성경에 나오는 노아는 아담과 하와의 10대 손으로 아주 착한 사람이었다.

여호와는 노아에게 잣나무로 거대한 배를 만들게 하고, 거기에 노아의 가족과 세상의 짐승 한 쌍씩을 태우게 했다. 여호와는 40일 간 비를 내렸다.

사방이 보이지 않도록 엄청난 비가 쏟아지고 홍수가 밀어닥쳤다. 온 세상은 물로 가득 찼고, 모든 동물은 멸종되었다. 다만 노아의 방주에 타고 있던 사람과 짐승들만이 살아 남게 되었다.

다들 홍수를 피하려고 높은 산으로 달아났다. 그러나 민들레만은 발이 땅에 묻혀서 달아날 수가 없었다. 시뻘건 물이 사납게 밀려왔으나, 민들레는 그저 벌벌 떨고만 있었다. 금세

물은 턱밑까지 차올랐다. 어찌나 마음을 졸였던지 민들레의 머리는 하얗게 세어버렸다.

"하느님, 저를 살려 주세요! 오, 하느님!"

민들레는 마지막으로 하늘에 대고 구원을 요청했다. 하느님은 가엾은 민들레를 구해 주기로 했다. 그래서 한 줄기 바람을 보냈다.

하얗게 머리가 센 민들레의 씨앗이 바람에 실려 멀리 산 중턱 양지바른 곳으로 날아갔다. 이렇게 해서 민들레는 죽지 않고 이듬해 봄에 다시 태어나게 되었다. 민들레는 늘 하느님의 은혜에 감사하고 살았다. 그래서 오늘날에도 꽃이 피면 하루 종일 하늘을 우러러보고, 밤이 되면 고개를 숙여 오므라든다는 것이다.

민들레의 꽃말은 '흩어짐'인데, 하얀 씨들이 흩어져 날아가는 데서 비롯된 것 같다.

왜솜다리

솜다리

산솜다리

솜다리
[국화과]

여러해살이풀. 높은 산 바위 틈에서 키 15~25cm 자라며 전체가 흰 솜털로 덮여 있다. 잎은 긴 피침형이며 잎자루가 거의 없다. 꽃은 6~8월에 노란색으로 피고 줄기 끝에 8~16송이가 모여 달린다. 열매는 수과이고 긴 타원형이며 10월에 익는데 짧은 털이 빽빽하게 난다. 어린 잎을 식용한다.

아하!

솜털이 많은 풀

흔히 알프스 지방의 에델바이스로 잘못 알고 있는 이 풀은, 강한 바람과 추위를 피하기 위해 키가 작고 전체에 솜 같은 흰 털이 많아 '솜다리' 라는 이름이 붙었다.

조뱅이

〔국화과〕 자리귀

두해살이풀. 들과 밭 가장자리에서 키 25~50cm 자란다. 잎은 어긋나고 피침형이며 끝이 둔하고 가장자리에 잔 톱니와 더불어 가시 같은 털이 있다. 꽃은 암수 딴그루며 5~8월에 자주색으로 피고 줄기나 가지 끝에 달린다. 열매는 수과이고 9~10월에 흰색으로 익는다. 어린 잎을 나물로 먹고 전체를 약재로 쓴다.

솜방망이

산솜방망이

물솜방망이

솜방망이

〔국화과〕

여러해살이풀. 산지의 양지쪽에서 키 20~65cm 자라며 원줄기에 흰색 털이 많다. 뿌리에서 난 잎은 타원형이며 줄기에 난 잎은 드물게 달린다. 꽃은 5~6월에 노란색으로 피고 원줄기 끝에 여러 송이가 달린다. 열매는 수과이고 원통형이며 6월에 익는다. 어린 잎을 나물로 먹고 꽃은 약재로 사용한다.

쑥
[국화과]

여러해살이풀. 들의 양지바른 풀밭에서 키 60~120cm 자라며 전체에 거미줄 같은 털이 빽빽하게 난다. 잎은 어긋나고 타원형이며 깃털 모양으로 갈라진다. 꽃은 7~9월에 연한 홍자색으로 피고 줄기 끝에 작은 꽃이 모여 달린다. 열매는 수과이고 10월에 익는다. 어린 잎을 식용하고 잎과 줄기는 약재로 쓴다.

재미있는 꽃 이야기

건국신화와 쑥

쑥과 마늘은 우리 나라 역사의 시작과 함께 등장하는 오랜 식물이다.

'삼국유사'에 의하면, 곰과 호랑이가 한 동굴 속에 살면서 환웅님께 사람으로 환생하게 해 달라고 빌었다.

환웅은 신령스러운 풀인 마늘 20통과 쑥 한 자루를 내주면서 말했다.

"이것을 먹고 100일 동안 햇빛을 보지 않으면 사람이 되리라."

그런데 호랑이는 이것을 지키지 못했으나 곰은 그대로 지켜서 21일 만에 사람인 웅녀가 되었다고 한다.

이처럼 쑥은 우리 나라의 건국신화에 등장하고 있어서 우리 민족과는 끊으려야 끊을 수 없는 식물이라고 할 수 있다.

그리고 환웅이 신시를 건설하고 인간의 여러 일을 다스리는 제3조목에는 마늘과 쑥으로 병을 다스린다고 했다. 이렇게 볼 때 마늘과 쑥은 먼 옛날부터 식품과 약초의 역할을 겸했음을 엿볼 수 있다.

쑥부쟁이

[국화과] 권영초

여러해살이풀. 산과 들의 약간 습한 곳에서 키 30~100cm 자란다. 잎은 어긋나고 피침형이며 가장자리에 굵은 톱니가 있다. 꽃은 7~10월에 자주색으로 피고 줄기와 가지 끝에 1송이씩 달린다. 열매는 수과이고 달걀 모양이며, 잔털이 나고 10~11월에 익는다. 어린 잎을 나물로 먹는다.

재미있는 꽃 이야기

쑥을 캐는 대장장이의 딸

옛날 깊은 산골에 가난한 대장장이 가족이 살았다. 대장장이의 큰딸은 병든 어머니와 동생들을 돌보며 쑥을 캐러 다녔기에 마을 사람들은 '쑥을 캐는 불쟁이네 딸'이라는 뜻으로 '쑥부쟁이'라고 부르곤 하였다.

어느 날 쑥부쟁이는 산에서 상처를 입은 노루와 함정에 빠진 사냥꾼을 구해주었다. 사냥꾼은 잘생긴 청년이었다. 두 사람은 서로 사랑하게 되었고, 청년은 부모님의 허락을 얻어 내년 가을에 돌아온다며 떠나버렸다. 그러나 몇 해가 지나도 그 청년은 돌아오지 않았다.

어느 날 그리움에 점차 야위어 가던 쑥부쟁이 앞에 전에 목숨을 구해 준 노루가 나타나서는 보랏빛 주머니에 담긴 노란 구슬 세 개를 주며 말했다.

"구슬을 하나씩 입에 물고 소원을 말하면 세 가지 소원이 이루어질 것입니다."

쑥부쟁이가 구슬을 하나 입에 물고 어머니의 병이 낫게 해달라고 하자 어머니는 건강을 되찾았다. 두 번째 구슬로 사냥꾼 청년을 만나게 해달라고 빌자 바로 청년이 나타났다. 그는 이미 결혼하여 아이까지 두고 있었다. 쑥부쟁이는 그의 처자식에게 상처를 줄 수 없어 나머지 세 번째 구슬로 그 청년이 가족에게 돌아가도록 했다.

그러나 끝내 마음 속으로 그 청년을 잊지 못하던 쑥부쟁이는 어느 날 그만 절벽에서 떨어져 죽고 말았다. 죽고 난 그 자리에 많은 나물이 무성하게 자랐고 아름다운 꽃을 피웠다. 보랏빛 꽃잎과 노란 꽃술은 노루가 준 주머니와 세 개의 구슬처럼 보였다. 사람들은 쑥부쟁이가 죽어서도 배고픈 동생들에게 나물을 뜯게 해주려고 다시 태어났다며 이 꽃을 쑥부쟁이라고 불렀다.

씀바귀

〔국화과〕 씀배나물

여러해살이풀. 산과 들에서 키 25~50cm 자란다. 가지를 자르면 쓴맛이 나는 흰 즙이 나온다. 뿌리에서 난 잎은 피침형이고 줄기에 난 잎은 밑부분이 원줄기를 감싼다. 꽃은 5~7월에 노란색으로 피고 줄기 끝에 5~7송이가 달린다. 열매는 수과이고 연노란색 관모가 있다. 뿌리와 어린 잎을 나물로 먹고 전체를 약재로 쓴다.

아하! 쓴맛이 나는 나물

뿌리줄기를 캐어 나물로 무쳐 반찬으로 먹는데 쓴맛이 강하므로 찬물에 담가 오래 우려내야 한다. '쓴맛이 나는 나물' 이라는 뜻으로 '씀바귀' 라고 한다.

씀바귀

벌씀바귀

산씀바귀

흰씀바귀

엉겅퀴

엉겅퀴

〔국화과〕 가시나물

여러해살이풀. 산과 들에서 키 50~
100cm 자라며 전체에 흰 털이 있다. 잎은
타원형이고 깃털 모양으로 갈라지며, 밑동
은 줄기를 감싸고 가장자리에 톱니와 가시
가 있다. 꽃은 6~8월에 붉은색·자주색·
흰색으로 피고, 가지와 줄기 끝에 1송이씩
달린다. 열매는 수과이고 긴 타원형이며 9
월에 익는다. 어린 잎을 식용하고 전체를
약재로 쓴다.

열매

재미있는 꽃이야기

바이킹을 물리친 가시풀

옛날 북유럽의 바이킹 족들이 스코틀랜
드에 쳐들어왔을 때의 일이다.

바다를 건너온 바이킹들은 몰래 기습을
하려고 달이 없는 밤에 해안에 상륙하였
다. 바이킹 족들은 너무 어두워 갈피를
못잡고 우왕좌왕하다가 그만 길을 잘못
들어 무성하게 우거진 엉겅퀴밭에 들어
가고 말았다. 날카로운 엉겅퀴의 가시에
찔린 바이킹 족들은 모두 비명을 지를
수밖에 없었다.

난데없는 비명 소리를 들은 스코틀랜드
사람들은 무서운 바이킹 족들이 쳐들어
온 것을 알고, 모두 성 안으로 피하여 무
사히 살아남을 수 있었다.

그 후부터 엉겅퀴 꽃은 스코틀랜드의
국화(國花)가 되었다.

정영엉겅퀴

도깨비엉겅퀴

고려엉겅퀴

큰엉겅퀴(장수엉겅퀴)

들엉겅퀴

지느러미가 달린 풀

줄기 전체에 물고기의 지느러미 같은 날개가 많이 붙고 날개 가장 자리에 가시로 끝나는 이빨 모양의 톱니가 있어 '지느러미엉겅퀴'라고 부른다.

지느러미엉겅퀴 로제트

지느러미엉겅퀴(엉거시)

잇꽃

[국화과] 홍화

두해살이풀. 이집트 원산이며 키 1m 정도 자란다. 잎은 어긋나고 넓은 피침형이며 가장자리에 가시 같은 톱니가 있다. 꽃은 7~8월에 붉은빛이 도는 노란색으로 피고, 가지 끝에 1송이씩 달린다. 열매는 수과이고 표면에 윤기가 있으며 9월에 흰색으로 익는다. 어린 잎을 식용하고 꽃은 약재로 쓴다.

지칭개

〔국화과〕

두해살이풀. 밭이나 들에서 키 60~80cm 자란다. 잎은 긴 타원형이고 깃 모양이며 가장자리에 톱니가 있다. 꽃은 5~7월에 자주색으로 피고 가지와 줄기 끝에 1송이씩 달린다. 열매는 수과이고 긴 타원형이며 검은빛이 도는 갈색으로 익는다. 어린 잎을 나물로 먹고 전체를 약재로 쓴다.

진득찰

털진득찰

진득찰

〔국화과〕

한해살이풀. 들이나 밭 근처에서 키 35~100cm 자라며 전체에 짧은 털이 성기게 난다. 잎은 마주나고 달걀 모양이며 가장자리에 톱니가 있다. 꽃은 8~9월에 노란색으로 피고, 가지와 줄기 끝에 많이 모여 달린다. 열매는 수과이고 달걀 모양이며 10월에 익는다. 열매를 약재로 쓴다.

곰취

곰취
〔국화과〕

여러해살이풀. 고원이나 깊은 산의 습지에서 키 1~2m 자란다. 뿌리에서 난 잎은 염통 모양이고 가장자리에 톱니가 있으며 잎자루가 길다. 꽃은 7~9월에 노란색으로 피고 줄기 끝에 잔꽃이 모여 달린다. 열매는 수과이고 원통형이며 10월에 익는다. 어린 잎을 나물로 먹는다.

가장 큰 잎을 가진 취나물

취나물 중에서 가장 큰 잎을 가지고 있으므로 크다는 뜻으로 '곰취'라고 불리며, 잎의 모양이 말발굽 같다고 하여 '마제엽(馬蹄葉)'이라고도 한다.

참취(나물취)

각시취

개미취(자원)

수리취(개취)

재미있는 꽃이야기

오래 기억되게 하는 풀

옛날 어느 고을에 부모에 대한 효성심이 깊은 두 형제가 살고 있었다. 그런데 형제는 아버지가 돌아가시자 크게 슬퍼하여 늘 무덤가를 맴돌며 그리워하고, 도무지 아무 일도 하지 않고 눈물로 나날을 보냈다. 해가 거듭될수록 형제가 시름에만 잠겨 있자 집안 형편이 말이 아니게 되었다.

어느 날 형이 문득 정신을 추스르고 자신들을 돌아보게 되었다.

'이 꼴이 무엇인가? 이렇게 사는 것은 돌아가신 부모님도 원하시지 않을 게야. 원추리꽃을 바라보면 시름을 잊게 된다고 하니 원추리를 심어 보자.'

형은 이렇게 마음먹고 부모님 무덤가에 원추리를 심었는데, 얼마 후 과연 시름을 잊고 열심히 일하여 잘 살 수 있게 되었다.

그러나 동생은 여전히 아버지의 무덤을 맴돌면서 슬퍼했다.

'슬픔을 잊는 것은 어버이를 잊는 것과 같다. 나는 그렇게 할 수 없다. 오히려 개미취를 바라보면 마음에 생각한 것을 잊지 않는다 하니, 나는 개미취를 심어 어버이 그리는 마음을 잊지 않고 오래 기억하련다.'

그래서 동생은 개미취를 심고 아예 무덤가에 살면서 시묘살이를 했다. 그리고 무덤을 지키는 귀신으로부터 앞일을 미리 알 수 있는 능력을 얻게 되었다. 그 소문이 퍼져 동생은 사람들에게 예언을 해주고 큰 돈을 벌어 잘 살 수 있었다.

그 후부터 원추리는 근심을 잊게 하는 풀, 개미취는 오래 기억되게 하는 풀로 여겨지게 되었다.

큰각시취 서덜취 미역취(돼지나물)

한련초
〔국화과〕

한해살이풀. 길가나 밭둑에서 키 10~60cm 자라며 전체에 짧고 억센 털이 난다. 잎은 마주나고 피침형이며 가장자리에 잔톱니가 있다. 꽃은 8~10월에 흰색으로 피고 줄기와 가지 끝에 1송이씩 달린다. 열매는 수과이고 세모지며 10월에 익는다. 전체를 약재로 쓴다.

톱풀

〔국화과〕
가새풀

여러해살이풀. 산과 들에서 키 50~110cm 자라며 줄기 윗부분에 털이 많이 난다. 꽃은 7~10월에 연한 붉은색과 흰색으로 피고 줄기와 가지 끝에 5~7송이가 모여 달린다. 열매는 수과이고 납작하며 11월에 익는다. 어린 잎을 나물로 먹는다.

아하!

톱날을 가진 풀

길다란 잎의 가장자리가 잘게 갈라져 있는 것이 톱날처럼 보이므로 '톱풀' 이라는 이름이 붙었다.

재미있는 꽃 이야기

영웅과 아름다운 여왕

트로이 전쟁이 한창이던 때였다. 그리스의 영웅 아킬레우스는 전쟁터에서 트로이 군 장수 100명을 죽이겠다고 맹세했다.

벌써 99명을 벤 아킬레우스는 한 사람의 목만 치면 100명을 채우는 셈이었다. 마지막 1명은 너무 벅찬 상대였지만, 아킬레우스는 혼신의 힘을 기울여 싸워 결국 100명째 장수도 말에서 떨어뜨렸다.

아킬레우스는 상대가 사나이일 것이라고 생각하고 목을 베려고 투구를 벗겼다. 그러나 그 안에는 금발의 아름다운 여인이 눈을 감고 있었다. 그녀는 아마존의 용감한 여왕 펜데실리아였다.

아킬레우스는 아녀자와 싸운 자신이 무척 부끄러웠다. 그리하여 제우스에게 펜데실리아를 살려 줄 것을 간청했다. 제우스는 아름다운 펜데실리아를 한 떨기 예쁜 꽃으로 다시 태어나게 했다. 사람들은 아킬레우스의 남자다운 마음씨를 기념하여 이 꽃을 아킬레아라고 불렀다. 이 아킬레아 꽃이 바로 톱풀이다.

또 다른 그리스 신화에 영웅 아킬레우스가 톱풀로 병사들의 상처를 치료하여 적을 물리쳤다는 이야기도 있다.

아킬레우스의 이름을 딴 톱풀의 속명은 아킬레아(Achillea)이다.

꽃잎과 똑같이 생긴 꽃받침

백합과 식물의 특징

- 전세계에 3,500여 종이 있으며 우리 나라에는 88종이 있다.
- 여러해살이풀로 대부분 땅 속에 알줄기나 비늘줄기와 땅속줄기를 가지며 드물게 떨기나무도 있다.
- 잎은 어긋나고 간혹 마주나거나 돌려난다.
- 꽃잎(내화피편) 3장과 꽃받침(외화피편) 3장이 똑같은 모양과 빛깔을 하고 있다.
- 수술은 6개, 암술은 1개, 씨방은 3실로 된다.
- 열매는 삭과 또는 장과이다.

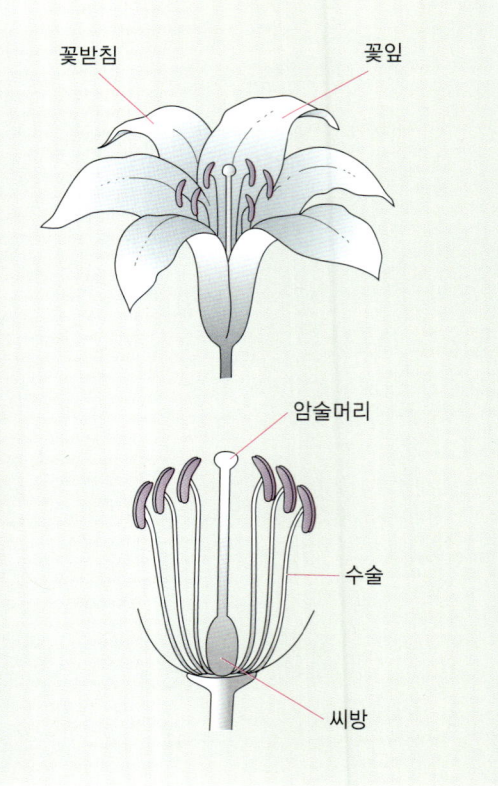

꽃받침　　꽃잎

암술머리

수술

씨방

개감채

〔백합과〕

여러해살이풀. 높은 산의 암석 지대에서 키 15cm 정도 자란다. 뿌리에서 난 잎은 보통 2장이고 선형이며 줄기에 난 잎은 가장자리가 위로 말린다. 꽃은 넓은 종 모양이며 7~8월에 흰색으로 피고, 줄기 끝에 1송이씩 달린다. 열매는 삭과이고 달걀 모양이며 9월에 갈색으로 익는다. 어린 잎을 식용하고 전체를 약재로 쓴다

달래

〔백합과〕

여러해살이풀. 산기슭과 들에서 키 5~12cm 자란다. 잎은 1~2개 넓은 선형이다. 꽃은 4월에 흰색 또는 붉은빛이 도는 흰색으로 피고, 잎 사이에서 나온 꽃줄기 끝에 1~2송이씩 달린다. 열매는 삭과이고 둥글며 7월에 익는다. 전체를 식용한다.

아하! 작은 마늘

달래는 들에서 자라는 마늘이라 하여 야산(野蒜)이라 하고, 또 서아시아 원산의 마늘(대산;大蒜)에 대하여 작은 마늘이라는 뜻으로 '소산(小蒜)'이라고도 한다.

주아(육아)

참나리
〔백합과〕

여러해살이풀. 산과 들에서 키 1.5m 정도 자란다. 잎은 어긋나고 피침형이며 잎겨드랑이에 둥근 주아가 붙는다. 꽃은 7~8월에 꽃잎 안쪽에 흑자색 반점이 있는 황적색으로 피고 줄기 끝에 2~10송이가 달린다. 열매는 삭과이고 긴 달걀 모양이며 9월에 익는다. 비늘줄기를 먹고 약재로도 쓴다.

아하!
나리의 이름 유래

고려 때 이두명(吏讀名)인 '견내리화(犬乃里花)', '대각나리(大角那里)', 조선 시대의 '흰날이', '산날이', '개날이' 등의 이름에서 변화하여 '나리'가 되었다고 한다.

하늘나리

하늘말나리

뻐꾹나리

날개하늘나리

땅나리

털중나리

중나리

재미있는 꽃이야기

순결을 지킨 처녀

옛날 어느 마을에 한 아름다운 처녀가 살고 있었다. 처녀는 착한 마음씨와 바른 행실로 인근에서 칭찬이 자자했다.

그 고을에는 행동거지가 아주 나쁜 고을 원님의 아들이 있었는데, 아버지의 권세를 믿고 모든 악행은 다 저지르고 다녔다.

"으하하, 이 말은 내가 가져가겠네. 돈은 아버지한테 직접 받으시게나!"

원님의 아들이 막무가내로 물건을 가져가도 장사꾼들은 원님한테 물건값을 청구할 수가 없었다. 그랬다가는 어떤 벌을 받을지 몰랐기 때문이었다.

그런데 원님의 아들은 아름다운 그 처녀를 보고 첫눈에 반해 버렸다.

'어떡하든 저 아가씨와 결혼하고 말 테다.'

그러나 아가씨는 원님의 아들을 싫어했다. 사람을 보내 만나기를 청해도 만나 주지 않자, 원님의 아들은 나쁜 마음을 먹었다.

'괘씸한 것! 날아가는 새도 떨어뜨리는 권세를 가진 원님이 내 아버지거늘…!'

어느 날, 그녀를 강제로 희롱하려 하자 처녀는 한사코 저항하다가 마침내 스스로 목숨을 끊어 끝내 순결을 지켰다.

'그렇다고 목숨을 끊다니! 아, 내가 크게 잘못했구나!'

원님의 아들은 자신의 잘못을 크게 뉘우치고 그녀를 양지바른 곳에 묻어 주었다.

훗날 그 무덤 위에 꽃 한 송이가 피어났다고 한다. 원님의 아들은 그 꽃을 거두어 고이 길렀는데 이 꽃이 바로 나리꽃이다.

꽃

열매

맥문동

[백합과]

여러해살이풀. 산지의 그늘진 곳에서 키 20~50cm 자란다. 굵은 뿌리줄기에서 잎이 모여 나와서 포기를 형성한다. 잎은 짙은 녹색을 띠고 선형이며 밑부분이 잎집처럼 된다. 꽃은 5~6월에 연분홍색으로 피고 꽃줄기 1마디에 3~5송이씩 달린다. 열매는 삭과이고 둥글며 10~11월에 검은색으로 익는다. 뿌리를 약재로 쓴다.

둥굴레
[백합과]

여러해살이풀. 산과 들에서 키 30~60cm 자란다. 잎은 어긋나고 긴 타원형이며 한쪽으로 치우쳐서 퍼진다. 꽃은 종 모양이며 6~7월에 녹색빛을 띤 흰색으로 피고 잎겨드랑이에 1~2송이씩 달린다. 열매는 장과이고 둥글며 9~10월에 검게 익는다. 어린 잎과 뿌리줄기를 식용한다.

대나무를 닮은 풀

둥근 열매와 대나무를 닮은 잎 때문에 '옥죽(玉竹)'이라고도 하고, 가지런히 잎을 달고 있는 모습이 신선같이 보인다 하여 '신선초(神仙草)'라고도 부른다.

둥굴레

열매

퉁둥굴레

용둥굴레

각시둥굴레
(둥굴레아재비)

무릇

[백합과]

여러해살이풀. 약간 습기
가 있는 들판에서 키 20~
50cm 자란다. 잎은 선형이
며 봄과 가을에 2개씩 마주
난다. 꽃은 7~9월에 진한
분홍색으로 피고 긴 꽃줄기
끝에 잔꽃이 많이 모여 달린
다. 열매는 삭과이고 달걀
모양이며 9~10월에 익는다.
비늘줄기와 어린 잎을 먹고
뿌리를 약재로 사용한다.

박새

[백합과]

여러해살이풀. 깊은 산의 습지
에서 키 1.5m 정도 자란다. 잎은
촘촘히 어긋나고 넓은 타원형이며
주름이 많다. 꽃은 7~8월에 연한
노란빛을 띤 흰색으로 피고, 줄기
끝에 많이 모여 달린다. 열매는 삭
과이고 타원형이며, 8~9
월에 익으면 3개
로 갈라진다.
뿌리를 약
용한다.

산부추

두메부추

두메부추
〔백합과〕

여러해살이풀. 산에서 키 20~30cm 자란다. 전체에 퍼진 털이 있으며 뿌리에서 잎과 꽃줄기가 뭉쳐난다. 잎은 뿌리에서 나고 긴 선형이다. 꽃은 8~9월에 홍자색으로 피고 꽃잎은 6장이며, 꽃줄기 끝에 작은 꽃이 많이 모여 달린다. 열매는 삭과이고 둥글다.

산자고
〔백합과〕

여러해살이풀. 들의 양지 바른 풀밭에서 키 30cm 정도 자란다. 잎은 긴 선형으로 밑동에서 2장 나오며 밑이 줄기를 감싼다. 꽃은 넓은 종 모양이며 4~5월에 흰색으로 피고 줄기 끝에 1~3송이가 달린다. 열매는 삭과이고 세모지며 7~8월에 익는다. 전체를 식용하고 비늘줄기를 약재로 쓴다.

산마늘

〔백합과〕 명이

여러해살이풀. 산지의 숲 속에서 자란다. 잎은 밑동에서 2~3개씩 나며 넓고 크다. 꽃은 5~7월에 흰색으로 피고 꽃줄기 끝에 잔꽃이 많이 모여 달린다. 열매는 삭과이고 염통 모양이며 8~9월에 익는다. 씨는 검은색이다. 전체를 식용한다.

재미있는 꽃이야기

생명을 이은 명이나물

옛날 울릉도가 한때 해적의 근거지가 된 적이 있었다.

그 때 나라에서 공도 정책을 펴 섬 사람들을 모두 육지에 나오게 하였다. 그 후, 조선 말엽에 100여 명의 백성들을 다시 섬에 이주시켜 개척하게 하였다.

어느 해 태풍이 몹시 심하여 밭농사를 망치게 되었다.

"이제 우린 뭘 먹고 살꼬?"

"인제 어디서 식량을 구해야 하나?"

섬이기 때문에 배가 뜨지 못하면 어디서도 곡식을 구할 수가 없었다. 태풍으로 인해 교통사정이 나빴던 섬의 식량 사정은 극도에 달하여 긴 겨울을 기아에 허덕이게 되었다.

"여보게, 자네 집에 곡식 남은 것이 있거든 조금만 나눠 주게. 너무 굶어서 우리 손녀의 명이 끊어지게 생겼네."

"나눠 줄 게 있으면 얼마나 좋겠는가. 우리 집도 모두 목숨이 끊기게 생겼다네. 후유…."

그때 한 젊은이가 뛰어오며 소리쳤다.

"이것 좀 보세요! 눈 속에서 캤어요!"

"오, 이것은 산마늘 잎이 아닌가!"

주민들은 눈 속에서 돋아나는 산마늘 잎을 따다 쪄서 콩가루와 버무려서 먹고 겨우 연명할 수 있었다.

이 후 울릉도에서는 생명을 이어 나갔다는 뜻에서 산마늘을 '명이(命而)나물'이라고 부른다고 한다.

삿갓나물

〔백합과〕

여러해살이풀. 산지 숲 속 그늘에서 키 20~40cm 자란다. 잎은 줄기 끝에 돌려나고 피침형이며 양끝이 뾰족하다. 꽃은 5~7월에 엷은 황록색으로 피고 잎 가운데에서 나온 꽃줄기 끝에 1송이씩 달린다. 열매는 삭과이고 둥글며 9~10월에 익는다. 어린 잎을 식용한다.

얼레지

〔백합과〕

여러해살이풀. 산지의 숲 그늘에서 키 25~30cm 자란다. 잎은 밑동에서 2장이 마주나고 긴 타원형이며 자주색 무늬가 있다. 꽃은 4~5월에 홍자색으로 피고 잎 사이에서 나온 꽃줄기 끝에 1송이씩 달린다. 꽃잎은 6장이고 밑부분에 W형의 무늬가 있다. 열매는 삭과이고 넓은 타원형이며 7~8월에 익는다. 잎을 먹고 비늘줄기는 약재로 쓴다.

아하! 얼룩무늬 반점이 있는 풀

잎에 얼룩무늬 반점이 있다 하여 '얼레지'라고 붙여진 것 같다. 잎으로 국을 끓이면 미역국 맛이 난다고 하여 '미역추나물'이라고도 부른다.

애기나리

〔백합과〕

여러해살이풀. 산지의 숲 속에서 키 15~40cm 자란다. 잎은 어긋나고 긴 달걀 모양이다. 꽃은 4~5월에 흰색으로 피고 꽃잎은 6장이며, 줄기 끝에 1~2송이가 밑을 향해 달린다. 열매는 장과이고 둥글며 6~7월에 검은색으로 익는다. 어린잎과 줄기를 나물로 먹는다.

애기나리
열매

큰애기나리

큰애기나리
열매

작고 귀여운 나리

전체적인 모습이 나리와 비슷하지만 나리보다 작다는 뜻으로 '애기나리'라는 이름이 붙었다.

금강애기나리(진부애기나리)

은방울꽃

[백합과]

여러해살이풀. 산기슭에서 키 25~35cm 자란다. 잎은 밑동에서 2장이 마주나고 긴 타원형이다. 꽃은 종 모양이며 5~6월에 흰색으로 피고, 밑동에서 나온 꽃줄기 끝에 10송이 정도 달린다. 열매는 장과이고 둥글며 7월에 붉게 익는다. 어린 잎을 식용한다.

방울을 닮은 꽃

꽃의 모양이 작은 방울과 같고 빛깔이 희기 때문에 '은방울꽃' 이라 한다. 한자로는 '영란(鈴蘭)' 이라고 쓰며, 좋은 향내가 나므로 '향수화(香水花)' 라고도 부른다.

재미있는 꽃 이야기

붉은 피에서 피어난 꽃

옛날 그리스에 레오나르도라는 용감한 청년이 있었다.

어느 날, 이 청년은 사냥을 갔다가 그만 길을 잃고 말았다. 청년은 낮에도 방향을 구분할 수 없는 깊은 숲 속으로 빠져들고 말았다.

그 때 숲 속에서 무서운 화룡(火龍)을 만났다. 화룡의 눈은 날카로웠고, 입에서는 불을 뿜고, 혓바닥은 붉은 용암같이 날름거렸다. 화룡은 길을 막고 청년을 집어삼킬 듯이 노려보았다. 아무리 용감한 청년이었지만 처음 화룡을 보는 순간 당황하고 놀라지 않을 수 없었다. 하지만 청년은 정신을 가다듬고 화룡을 노려보며 맞섰다.

화룡이 물러설 기미가 안 보였기 때문에 청년은 칼을 뽑아들고 싸웠다. 청년과 화룡은 사흘 낮과 밤을 싸웠으나 좀처럼 승부가 나지 않았다. 마침내 나흘째 되는 날 화룡이 먼저 지치고 말았다. 청년은 그 틈을 타서 마지막 일격을 가했다. 화룡은 심장에 칼을 맞고 드디어 쓰러지고 말았다.

그러나 청년도 그만 큰 상처를 입었는데 그 상처에서 붉은 피가 흘러내려 땅을 적셨다. 그 후 그 핏자국에서 작고 아름다운 꽃이 피었는데 이것이 '은방울꽃' 이라고 한다. 그래서 서양은방울꽃이 처음 움틀 띠는 불그스름한 포막에 싸여서 나온다고 한다.

원추리

〔백합과〕

여러해살이풀. 산지 초원에서 키 1m 정도 자란다. 잎은 2줄로 마주나고 길며 밑이 서로 감싸고 있다. 꽃은 7~8월에 노란색으로 피고 잎 사이에서 나온 꽃줄기 끝에 6~8송이가 달린다. 열매는 삭과이고 10월에 익는다. 어린 잎은 나물로 먹고 뿌리를 약재로 쓴다.

원추리

아하!
근심을 잊게 하는 풀

근심을 잊게 한다는 뜻으로 한자이름을 '훤초(萱草)'라고 하는데, 이것이 '원쵸리', '원츌리'로 변하다가 '원추리'로 굳어져 이름이 되었다고 한다.

애기원추리

왕원추리

시름을 잊게 하는 풀

옛날 어느 고을에 아버지를 극진히 모시는 효성이 깊은 두 형제가 있었다. 이윽고 아버지가 연로하여 돌아가시자, 크게 슬퍼하며 무덤가를 맴돌고, 시름에만 잠겨 눈물로 나날을 보냈다. 해가 거듭될수록 시름에만 잠겨 도무지 일을 할 수 없게 되자 집안 형편이 말이 아니게 되었다.

'이 꼴이 무엇인가. 이렇게 사는 것은 돌아가신 부모님도 원하시지 않을 게야. 원추리꽃을 바라보면 근심이나 슬픔 같은 시름을 잊게 해 준다고 하니 원추리를 심어 보자.'

형은 이렇게 마음먹고 아버지의 무덤가에 원추리를 많이 심었다. 얼마 후 원추리꽃이 활짝 피어 아버지 무덤을 화사하게 만들었다. 그것을 바라본 형은 마음이 밝아졌다.

'이제는 아버님도 편안히 계실 수 있겠지.'

과연 형은 시름을 잊고 열심히 일하여 잘 살 수 있게 되었다고 한다.

그러나 동생은 여전히 아버지의 무덤을 찾으면서 슬퍼했다.

'슬픔을 잊으려는 것은 어버이를 잊으려는 것과 다를 게 무엇인가? 나는 그렇게 할 수 없다. 개미취를 바라보면 한번 마음에 생각한 것을 잊지 않는다 하니 개미취를 심어 두고 어버이 그리는 마음을 오래 기억하련다.'

그래서 동생은 개미취를 심고 아예 무덤가에서 시묘살이를 했다. 그리고 귀신으로부터 예언의 능력을 얻어 사람들에게 예언을 해주고 동생도 큰 돈을 벌어 잘 살 수 있었다.

그 후부터 원추리는 근심을 잊게 하는 풀, 개미취는 오래 기억되게 하는 풀로 여겨지게 되었다.

윤판나물

[백합과]

여러해살이풀. 산과 들의 숲 속에서 키 30~60cm 자란다. 잎은 어긋나고 긴 타원형이며 윤기가 난다. 꽃은 4~6월에 황금색과 흰색으로 피고, 가지 끝에 1~3송이씩 아래를 향해 달린다. 열매는 장과이고 둥글며 7~8월에 검은색으로 익는다. 어린 잎과 줄기를 나물로 먹는다.

처녀치마

〔백합과〕

여러해살이풀. 산지의 습기 많은 곳에서 키 20~50cm 자란다. 잎은 밑동에서 무더기로 나와서 방석같이 퍼지고 피침형이며 윤기가 있다. 꽃은 3~5월에 연보라색 또는 흰색으로 피고 꽃줄기 끝에 모여 달린다. 열매는 삭과이고 8~9월에 익는다.

치마를 닮은 잎

많은 잎이 땅 위에 넓게 퍼진 모양이 일본 전통 옷 중의 여자애들이 입는 주름치마와 비슷하다고 하여 일본에서 '처녀치마'라고 부르는 것을 그대로 번역한 것이다.

풀솜대

〔백합과〕 지장보살

여러해살이풀. 산지의 숲 속 그늘에서 키 20~50cm 자란다. 원줄기가 비스듬히 자라며 위로 올라갈수록 털이 많아진다. 잎은 어긋나고 긴 타원형이며 2줄로 배열된다. 꽃은 5~7월에 흰색으로 피고 원줄기 끝에 잔꽃이 많이 모여 달린다. 열매는 장과이고 둥글며 9월에 붉은색으로 익는다. 어린잎을 나물로 먹는다.

열매

크고 아름다운 꽃과 긴 잎을 가진 식물

붓꽃과 식물의 특징

- 전세계에 1,500여 종이 있으며 우리 나라에는 11종이 있다.
- 여러해살이풀이며 땅속줄기나 알줄기가 있다.
- 잎은 보통 뿌리줄기에서 나오며 폭이 좁고 길다. 종종 납작한 것도 있으며 대개 2줄로 배열되고 잎맥이 세로로 평행한다.
- 꽃받침 3장과 꽃잎 3장은 같은 모양과 빛깔인데 꽃받침이 더 큰 것도 있다.
- 열매는 삭과이고 씨가 많다.

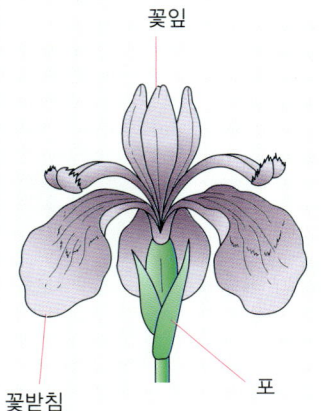

꽃잎

꽃받침   포

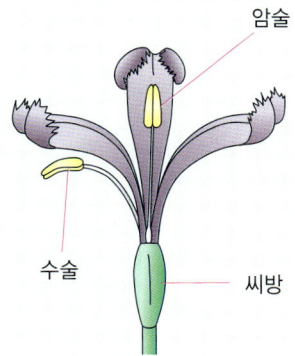

암술

수술   씨방

씨방의 단면

꽃창포

〔붓꽃과〕

여러해살이풀. 산과 들에서 키 60
~120cm 자란다. 잎은 어긋나고 창
모양이며 2줄로 늘어선다. 꽃은 6~7
월에 홍자색으로 피고 줄기나 가지
끝에 달린다. 꽃의 밑부분은 잎집 모
양의 녹색 포 2개가 둘러싼다. 열매는
삭과이고 긴 타원형이며 8~9월에 갈
색으로 익는다.

예쁜 꽃을 가진 창포

잎의 모양이 창포와 비슷하지만
꽃잎이 없어 꽃이 거의 보이지 않
는 창포와 달리 화려한 꽃잎이 있
는 꽃을 가지고 있어 '꽃창포'라고
부른다.

재미있는 꽃 이야기

무지개처럼 찬란한 아이리스

그리스 신화에 나오는 제우스는 하늘을 다
스리는 신들의 왕으로서 엄격하고 능력이 뛰
어났지만 상당한 바람둥이였다.

제우스의 아내 헤라는 결혼을 관장하고 부
인들을 보호하는 신으로 질투가 심했다.

아이리스는 또 다른 신의 딸로서 미인인데
다 몸가짐이 아주 단정하며 총명하였다.

헤라는 아이리스를 한 번 보고는 마음에 들
어 자신의 시녀로 삼았다. 그러자 제우스는
아이리스의 아름다움에 반해 헤라의 눈을 피
해가며 여러 번 유혹하였으나 그녀는 재치 있
게 이를 뿌리쳤다. 아무리 꾀어도 듣지 않자
제우스도 단념할 수밖에 없었다.

"아이리스야, 너는 참 심지가 굳은 여자로
구나."

헤라가 깊은 감동을 받아 그녀에게 선물로 무
지개 목걸이와 향기로운 입김을 뿜어 주었다. 그
입김이 서린 물방울이 몇 개 땅에 떨어졌고
그 곳에 아름다운 꽃이 피어났다.

이 꽃을 사람들은 꽃빛이 무지개처럼 찬란
하다고 하여 '아이리스'라고 불렀다. 아이리
스는 꽃창포의 그리스 이름이다.

범부채

〔붓꽃과〕

여러해살이풀. 산과 들에서 키 50~100cm 자란다. 잎은 어긋나고 칼 모양이며, 납작하고 2줄로 늘어선다. 꽃은 7~8월에 황적색으로 피고 가지 끝에 여러 송이가 달린다. 꽃잎은 6장이며 흑자색 반점이 있다. 열매는 삭과이고 달걀 모양이며 9~10월에 익는다. 씨는 공 모양이고 검은빛이며 윤이 난다. 뿌리줄기는 약재로 쓴다.

부채를 닮은 풀

합죽선처럼 시원하게 펼쳐진 초록색 잎과 주황색 꽃잎에 검붉게 찍힌 점이 표범 가죽처럼 보인다. 그래서 '범부채'라는 이름이 붙은 것 같다.

둑새풀

〔벼과(화본과)〕 뚝새풀

한해살이풀. 논밭 같은 습지에서 무리지어 나며 키 20~40cm 자란다. 잎은 편평하고 긴 칼 모양이며 흰색이 도는 녹색이다. 꽃은 5~6월에 피고 꽃이삭은 원기둥 모양으로 연한 녹색이다. 작은 이삭은 납작하며 털이 있다. 어린 싹은 식용하고 씨를 약재로 쓴다.

강아지풀
[벼과(화본과)]

한해살이풀. 길가나 들에서 키 20~70cm 자란다. 줄기는 모여나고 마디가 다소 길며 작은가지는 가시 같다. 잎은 긴 선형이며 밑부분은 잎집이 된다. 꽃은 연한 녹색 또는 자주색이며, 7~8월에 원기둥 모양의 꽃이삭을 이루고 자주색 털에 싸여 있다. 씨를 식용하고 뿌리를 약재로 쓴다.

강아지 꼬리를 닮은 풀

꽃이삭이 자주색 털에 싸여 있어 강아지 꼬리처럼 보인다고 하여 '강아지풀'이라고 한다. 이삭을 쥐고 가볍게 쥐었다 놓았다 하면 살아 있는 것처럼 손 밖으로 솟아오른다.

재미있는 꽃 이야기

풀이 된 의사

옛날 로마에 유명한 의사가 있었다.

당시의 의사는 병 치료뿐만 아니라 사람들의 머리도 깎아 주었고, 이발 도중에 외과수술까지도 할 정도로 여러 가지 일을 했다. 그 의사는 왕의 친구이기도 했기 때문에 많은 사람들로부터 존경을 받았다.

그러나 왕의 아들인 왕자는 평민의 머리를 깎는 의사가 왕의 머리까지 깎는다는 것을 못마땅하게 생각했다.

어느날 왕자는 황금 가위를 의사에게 주면서 그 가위로 자신의 머리를 깎아달라고 했다. 그러나 황금으로 만든 가위가 잘 들지 않아 이발 중에 자꾸 머리가 가위에 뜯기자, 왕자는 벌컥 화를 내면서 왕자의 머리카락을 뜯

는 불충한 놈이라고 당장 목을 자르겠다고 위협했다. 의사는 목을 거울에 비쳐보면서 남의 손에 목을 잘리기보다 차라리 스스로 죽음을 택하겠다며, 그 황금가위로 자기 목을 찔러 자결을 하였다.

한편 왕자의 무례함을 전해 듣고 왕은 왕자를 불러 크게 꾸짖었다. 뒤늦게 자신의 잘못을 깨달은 왕자가 의사에게 사과를 하기 위해 의사를 찾아갔으나 의사는 이미 죽은 지 오래였다.

얼마 후 의사가 묻힌 무덤가에 작은 풀이 돋아나 바람에 나부끼고 있었다. 그 풀은 긴 목을 빼고 어딘지 애처롭게 몸을 흔드는 것처럼 보였다. 바로 강아지풀이었다.

수크령

[벼과(화본과)]

　여러해살이풀. 들의 양지쪽 길가에서 키 30
~80cm 자란다. 잎은 긴 칼 모양이며 짧은 털
이 약간 있다. 꽃은 8~9월에 검은 자주색으
로 피고, 꽃줄기 끝에 꽃이삭이 원기둥 모양으
로 달린다. 작은이삭은 피침형이고 자주색 털
이 빽빽이 난다. 9~10월에 결실한다.

억새

[벼과(화본과)] 참억새

　여러해살이풀. 산이나 들에
서 키 1~2m 자란다. 잎은 모
여나고 선형이며, 가장자리에
딱딱한 잔톱니가 있어 날카
롭고 밑부분이 원줄기를 완
전히 감싼다. 꽃은 9월에 피
고 꽃이삭은 줄기 끝에서 부
채 모양을 이룬다. 작은이삭
은 각 마디에 1쌍씩 달리고
털이 다발로 나 있다. 뿌리를
약재로 사용한다.

 **억센 새풀**

　줄기와 잎이 가늘고 질기므
로 이엉을 엮어 옛날에는 지
붕을 덮는 데 쓰였다. '억센
새풀'이라는 뜻으로 '억새'
라 부른다.

붓꽃
〔붓꽃과〕

여러해살이풀. 산과 들의 건조한 곳에서 키 60cm 자란다. 잎은 긴 창 모양이며 줄기에 2줄로 붙는다. 꽃은 5~6월에 보라색으로 피고, 잎 사이에서 나온 꽃줄기 끝에 2~3송이씩 달린다. 열매는 삭과이고 세모지며 7~8월에 익는다. 뿌리줄기를 약재로 쓴다.

아하!
먹물을 묻힌 꽃봉오리

꽃이 활짝 피기 전 꽃봉오리의 모양이 막 글씨를 쓰려고 먹물을 묻혀 놓은 붓 끝과 비슷하기 때문에 '붓꽃' 이라는 이름이 붙었다.

등심붓꽃

금붓꽃(노랑붓꽃)

각시붓꽃

재미있는 꽃 이야기

아름다운 미망인

이탈리아의 한 마을에 아이리스라는 아름다운 미망인이 살았다. 아이리스 부인은 너무나 아름다워서 구혼자들이 많았지만, 꿋꿋하게 정절을 지키며 홀로 살아가고 있었다.

그러던 어느 날, 아이리스 부인이 언덕을 산책하고 있는데 한 화가가 그녀를 보고 한눈에 반하고 말았다. 화가의 집요한 청혼이 계속되자 미망인은 마지못해 대답했다.

"당신의 마음을 실제와 똑같이 그릴 수 있다면 그대의 청혼을 받아들이겠어요."

화가는 며칠 밤을 잠을 자지 않고 상상의 꽃을 그려 사랑의 그림을 완성했다.

화가는 처음 만났던 언덕에서 아이리스 부인에게 그림을 펼쳐 보이며 말했다.

"이 그림은 당신에 대한 내 사랑을 표현한 것입니다."

미망인은 내심 훌륭한 그림에 놀랐지만, 억지스런 말을 건넸다.

"그 그림은 실제와 같지 않아요. 꽃이라면 향기가 있어야 하잖아요."

처음부터 청혼을 받아들일 생각이 없었던 것이다. 그런데 바로 그 순간 한 마리의 나비가 날아와 그림에 앉았다. 그것을 보고 화가는 다시 청혼을 하였다.

"제가 내기에 이긴 것 같군요."

아이리스 부인도 승낙을 할 수밖에 없었다.

둘은 행복하게 살았고, 아이리스 부인이 죽은 후에 화가는 그 그림을 함께 묻어 주었다.

얼마 후 그 무덤에서 한 송이 꽃이 피어났는데 바로 화가가 그렸던 상상의 꽃이었다. 사람들은 그 꽃을 '아이리스'라고 불렀다.

아이리스는 '붓꽃'의 영어 이름이다.

커다란 땅속줄기와 육수화서

천남성과 식물의 특징

- 전세계에 2,000여 종이 있으며 우리 나라에는 11종이 있다.
- 여러해살이풀로 크고 살찐 땅속줄기가 있다.
- 잎은 대개 땅속줄기에서 모여나고 때로 줄기에서 어긋난다.
- 잎의 밑부분이 합쳐져 줄기처럼 보이는 거짓줄기가 있는 것도 있다.
- 꽃은 매우 작으며 굵은 화축에 빽빽하게 붙어 육수화서를 이루며 대개 커다란 불염포에 둘러싸인다. 창포는 이 불염포가 잎 모양이다.
- 열매는 장과 모양이며 씨가 적다.

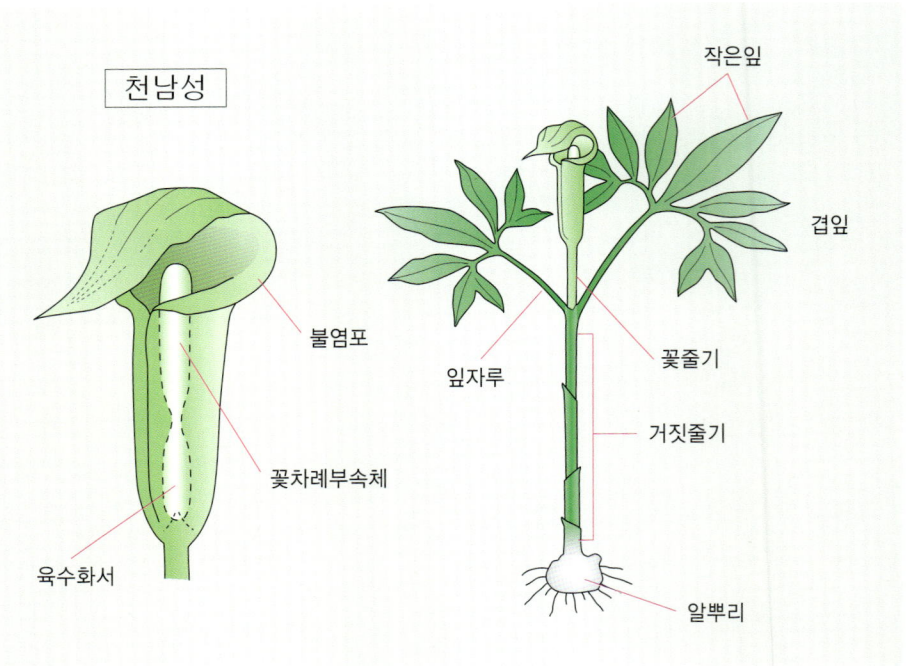

천남성

불염포

꽃차례부속체

육수화서

작은잎

겹잎

꽃줄기

거짓줄기

잎자루

알뿌리

반하

〔천남성과〕 끼무릇

여러해살이풀. 산과 들의 밭에서 키 30cm 자란다. 잎은 1~2장 나고 3장으로 나뉘며 작은 잎은 달걀 모양이고 가장자리에 톱니가 있다. 꽃은 5~7월에 연한 황백색으로 피고 꽃줄기 끝에 달린다. 열매는 장과이고 8~10월에 녹색으로 익는다. 뿌리줄기를 약재로 쓴다.

반하

여름에 잎이 줄어드는 풀

하지(夏至)를 전후하여 여름철에 잎이 반쯤 줄어든다고 하여 '반하 (半夏)'라고 한다.

자주반하

꽃

앉은부채

〔천남성과〕 우엉취

여러해살이풀. 산지의 그늘에서 자라며 줄기는 없다. 잎은 뿌리에서 뭉쳐나고 염통 모양이며, 끝이 뾰족하고 잎자루가 길다. 꽃은 3~5월에 잎이 나기 전에 핀다. 열매는 장과이고 둥글며 모여 달리고 7월에 붉은색으로 익는다. 잎은 나물로 먹고 땅속줄기와 잎을 약재로 쓴다.

부채처럼 넓고 큰 잎

잎이 부채를 펼쳐 놓은 것처럼 넓고, 포기가 사람이 웅크리고 앉은 것만큼이나 크다고 하여 '앉은부채'라고 한다.

천남성
[천남성과]

여러해살이풀. 산지의 그늘진 습지에서 키 15~50cm 자란다. 잎은 1장 달리는데 여러 개로 나뉘며, 작은잎은 양끝이 뾰족한 긴 타원형이다. 꽃은 암수딴그루며 5~7월에 연한 녹색으로 피고 깔대기 모양의 포 속에 들어 있다. 열매는 장과이고 옥수수알처럼 달리며 10월에 붉은색으로 익는다. 알뿌리를 약재로 쓴다.

아하! 뱀머리를 닮은 꽃

납작한 덩어리인 뿌리줄기가 범의 발바닥 같다고 하여 '호장(虎掌)' 이라고 한다. 또, 꽃잎이 없는 꽃 모양이 뱀 머리와 비슷하다고 하여 '사두초(蛇頭草)' 라고도 부른다.

천남성

두루미천남성

넓은잎천남성

둥근잎천남성

나도풍란

감자란

타래난초

복주머니란(개불알꽃)

나도풍란

〔난초과〕

여러해살이풀. 산지의 늘푸른나무 줄기나 바닷가 바위에 붙어서 키 5~15cm 자란다. 잎은 어긋나고 3~5장이 2줄로 달리며, 두껍고 긴 타원형이다. 꽃은 6~8월에 연한 녹백색으로 피고, 뿌리에서 나온 꽃줄기 끝에 4~10송이가 모여 달린다. 열매는 타원형 또는 곤봉 모양이다.

나나벌이난초

무엽란

금새우난초

풍란

재미있는 꽃 이야기

지리산 마야 할미와 반야 신선

옛날 지리산의 성모신 마야 할미는 젊을 적에 마음 속으로 연모하던 반야 신선을 기다리며 옷을 만들었다.

"반야님에게 드릴 생각을 하니 힘든 것도 모르겠구나. 이 옷을 입으면 얼마나 늠름하실까!"

마야 할미는 반야가 돌아올 날을 손꼽아 기다렸다. 완성된 옷을 바라볼 때마다 흐뭇한 미소가 저도 모르게 입가에 피어올랐다.

그러나 지리산에 나타난 반야 신선은 곧장 쇠별꽃밭으로 갔다. 마야 할미를 보고도 그냥 걸어갈 뿐, 발걸음을 멈추지 않았다.

"반야님, 반야님!"

아무리 마야 할미가 애절하게 불러도 반야는 들은 척도 하지 않았다.

"아니, 어쩌면 저럴 수가!"

화가 난 마야 할미는 온갖 정성을 다 들여서 만든 옷을 갈가리 찢어 바람에 날려 버렸다. 그리고 반야 신선을 현혹한 쇠별꽃을 지리산에서 피지 못하게 했다.

이 때 바람에 날린 실오라기들이 난초가 되었고, 이름도 '풍란'이라고 불렀다고 한다. 지금도 지리산에 서식하고 있다. 그러나 지금도 쇠별꽃은 보기 힘들다고 한다.

버 섯

버섯의 특징

- 균류가 형성하는 대형의 자실체를 일컫는다.
- 버섯을 만드는 균류는 자낭균류와 담자균류에 포함되지만, 대부분은 담자균류에 속한다.
- 버섯의 대부분은 삼림의 생물로서, 삼림생태계에서는 주로 낙엽과 목재를 분해한다.
- 우리 나라에는 약 800여 종의 버섯이 알려져 있다.
- 버섯은 자실체와 균사체로 구성되며, 양분은 균사체가 흡수한다.

버섯의 체제

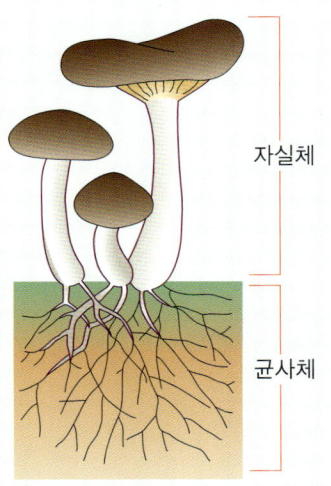

자실체

균사체

자실체의 구조

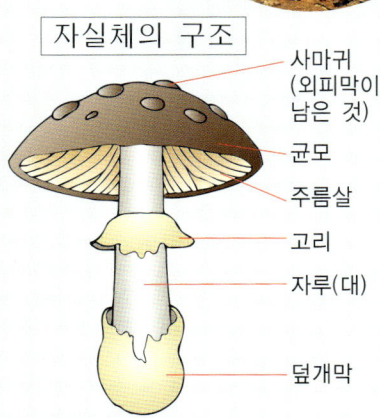

사마귀
(외피막이
남은 것)

균모

주름살

고리

자루(대)

덮개막

대가 붙는 방법

중심생　　　편심생　　　측생　　　우대생

송이
〔송이과〕

식용버섯. 가을에 소나무 밑에서 키 10~25cm 자란다. 균모는
담황갈색이나 밤갈색이고 지름 8~25cm이며, 처음에는 공 모양
이다가 호빵 모양을 거쳐 편평해지고 뒤집혀진다. 자루는 흰색
이고 뿌리 쪽은 갈색 비늘조각으로 덮여 있다.

애기낙엽버섯

팽나무버섯

표고버섯

이끼살이버섯

캡션: 암회색광대버섯아재비

암회색광대버섯아재비

[광대버섯과]

독버섯. 여름에서 가을에 걸쳐 숲 속의 땅에서 키 5~12cm 자란다. 균모는 회갈색이고 지름 3~11cm이며, 처음에는 호빵 모양에서 편평하게 되고 가운데가 약간 오목해진다. 자루는 흰색이고 비늘 조각이 있으며 고리가 있다.

애광대버섯

암회색광대버섯

달걀버섯

흰돌기광대버섯

독우산광대버섯

노란털벚꽃버섯

〔벚꽃버섯과〕

　식용버섯. 늦가을에 낙엽송이 많은 바늘잎나무 숲에서 키 5~6cm 자란다. 균모는 레몬색이고 지름 3~4cm이며, 처음에는 호빵 모양이다가 편평해지고 가운데가 높아진다. 자루는 노란색 또는 흰색이고 끈적끈적한 피막으로 덮인다.

처녀버섯

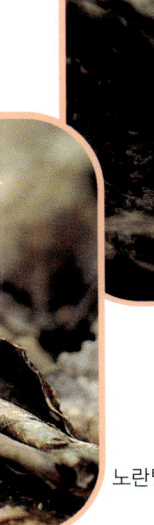

노란털벚꽃버섯

흰주름버섯

〔주름버섯과〕

　식용버섯. 여름에서 가을에 걸쳐 숲 속이나 풀밭과 대나무밭의 땅에서 키 5~20cm 자란다. 균모는 담황갈색이고 지름 8~20cm이며, 처음에는 호빵 모양이다가 편평해진다. 자루는 크림백색이고 아래쪽이 불룩하며 윗부분에 흰색 고리가 있다.

흰주름버섯

가시갓버섯

갓버섯

갓버섯아재비

붉은꼭지버섯

〔외대버섯과〕

식용버섯. 가을에 차나무과의 넓은잎나무 숲 속에서 무리지어 나며 키 10~18cm 자란다. 균모는 갈회색이고 지름 7~12cm이며, 처음에는 원뿔 모양이다가 편평해지고 가운데가 높아진다. 자루는 흰색이고 매끄럽다.

노랑느타리

노랑느타리

〔느타리과〕

식용버섯. 여름에서 가을에 걸쳐 넓은잎나무의 마른 나무나 그루터기에서 키 2~5cm 자란다. 균모는 담황색이고 지름 2~9cm이며 호빵 모양을 거쳐 깔때기 모양이 된다. 자루는 노란색 또는 흰색이고 가지를 친다.

느타리

갈황색미치광이버섯

갈황색미치광이버섯

[끈적버섯과]

독버섯. 여름에서 가을에 걸쳐 넓은잎나무 숲의 나무에서 뭉쳐나며 키 5~15cm 자란다. 균모는 갈황색이고 지름 5~15cm이며 호빵 모양을 거쳐 거의 편평하게 된다. 자루는 담색이고 위쪽에 담황색 고리가 있다.

노랑싸리버섯

조개껍질버섯

간버섯

고깔먹물버섯

〔먹물버섯과〕

　봄에서 가을에 걸쳐 나무의 그루터기에서 무리지어 나며 키 2~3.5cm 자란다. 균모는 백색이고 지름 1~1.5cm의 종 모양이며 겉은 부채살 모양이다. 자루는 가늘고 섬세하며 흰색 털로 덮인다.

기와층버섯

〔소나무비늘버섯고-〕

　숲 속에서 사철 내내 넓은잎나무의 마른 나무나 그루터기에서 넓이 3~10cm 자라며 자루가 없고 무리지어 난다. 균모는 갈황색이고 반원형이며 조개껍질 모양으로 접힌다. 겉은 비로드 같은 솜털로 덮인다.

비늘말불버섯

〔말불버섯과〕

　여름에서 가을에 걸쳐 넓은잎나무의 낙엽 위에서 키 30~50cm 자란다. 자실체는 흰색이다가 황갈색으로 변하고, 혹이 있는 서양배 모양이며 겉에 사마귀 같은 돌기가 생긴다.

좀노란창싸리버섯

〔국수버섯과〕

여름에서 가을에 걸쳐 숲 속의 땅
에서 키 3~7cm 정도 자란다. 자실
체는 등황색이고 끝이 뭉툭한 막대
모양이며 보통 1개씩 나지만 여러
개가 다발로 나기도 한다.

먼지버섯

〔먼지버섯과〕

여름에서 가을에 걸쳐 숲 속 길
가에서 지름 2~3cm 자란다. 처음
에는 공 모양이었다가 두꺼운 가
죽질인 겉껍질은 7~8조각으로 쪼
개져 바깥쪽으로 뒤집히고, 공 모
양인 안쪽 주머니의 꼭대기 구멍
에서 포자를 날려 보낸다.

테두리방귀버섯

〔방귀버섯과〕

가을에 숲 속 낙엽 사이의 땅에
서 자란다. 자실체는 처음에는 흑
갈색 공 모양이다가 겉껍질 윗부
분의 반이 여러 조각으로 갈라지
고, 뒤로 뒤집혀 방석 모양이 된
다. 속껍질은 황적갈색이고 매끄
러우며 가운데가 조금 뾰족해진
다.

망태버섯

[말뚝버섯과]

식용버섯. 여름에서 가을에 걸쳐 주로 대나무밭에서 10~15cm 자란다. 어린 버섯은 공 모양이며 껍질이 갈라지고 흰색 자루 끝에 달린 균모가 나온다. 균모는 종 모양이고 암녹색이며 안에서 흰색 그물이 자루를 감싸고 내려와 넓이 10cm 정도 퍼진다.

분홍망태버섯

세발버섯

긴대안장버섯

[안장버섯과]

여름에서 가을에 걸쳐 숲 속에서 키 4~10cm 자란다. 자실체는 엷은 황백색이고 머리 부분은 말안장 모양이며 자루 끝을 끼고 있다. 자루는 회백색이고 가는 원기둥 모양이다.

노린재동충하초

〔동충하초과〕

여름에서 가을에 걸쳐 숲 속에서 키 4~15cm 자란다. 여러 가지 노린재의 죽은 몸에서 기생한다. 자루는 지름 1mm 정도이고 윗부분은 담황갈색이며, 밑부분은 검은색이고 단단한 철사처럼 생겼으며, 목 부분에서 구부러진다. 머리는 등황색이고 긴 타원형이다.

노린재동충하초

벌동충하초

땅벌동충하초

벌동충하초

〔동충하초과〕

봄에서 가을에 걸쳐 숲 속에서 키 6cm 정도 자란다. 여러 가지 벌의 죽은 몸에서 기생한다. 자루는 가늘고 구부러졌으며 균모는 짧은 곤봉 모양이고 노란색이다.

누에나방(번데기)동충하초

아하! 교과서 식물도감

곡식·채소·
과일

꽃   열매

호두나무
〔가래나무과〕

갈잎큰키나무. 중국 원산이며 높이 20m 정도 자란다. 잎은 어긋나고 깃꼴겹잎이며, 작은잎은 타원형이고 가장자리는 밋밋하다. 꽃은 암수한그루며 4~5월에 핀다. 열매는 핵과이고 둥글며, 9~10월에 익는다. 씨는 달걀 모양이다. 열매를 식용한다.

무화과나무
〔뽕나무과〕

갈잎떨기나무. 주로 관상용으로 재배하며 높이 2~4m 자란다. 잎은 어긋나고 넓은 달걀 모양이며 3~5갈래로 갈라진다. 꽃은 암수한그루며 잎겨드랑이에서 6~7월에 피는데, 꽃턱에 묻혀 꽃이 보이지 않는다. 열매는 꽃턱이 자란 것이며 달걀 모양이고 8~10월에 흑자색 또는 황록색으로 익는다. 열매를 먹고 잎은 약재로 쓴다.

열매 속의 꽃

아하!

꽃이 없는 나무

꽃이 꽃주머니 속에 생겨 겉으로는 보이지 않고 그대로 열매가 되기 때문에, 꽃이 없이 바로 열매가 생기는 나무라고 하여 '무화과(無花果)'라는 이름이 붙여졌다.

| 암꽃 | 수꽃 |

꽃

열매

밤나무

〔참나무과
(너도밤나무과)〕

　갈잎큰키나무. 산기슭이나 밭둑에서 높이 10~15m 자란다.
잎은 어긋나고 곁가지에 2줄로 늘어서며 긴 타원형이다. 꽃은
암수한그루며 6월에 잎겨드랑이에서 흰색으로 피고, 수꽃은
이삭처럼 달리고 암꽃은 그 밑에 2~3송이가 달린다. 열매는
견과이고 9~10월에 익으며, 가시가 많은 밤송이에 1~3개씩
들어 있다. 열매는 먹으며 꽃과 열매를 약재로 쓴다.

메밀
〔마디풀과〕

한해살이풀. 중앙 아시아 원산이며 밭에서 재배하고 키 60~90cm 자란다. 잎은 어긋나고 끝이 뾰족한 염통 모양이며 잎자루가 길다. 꽃은 7~10월에 흰색으로 피고 줄기와 가지 끝에 모여 달린다. 열매는 수과이고 세모진 달걀 모양이며 흑갈색으로 익는다. 씨를 먹는다.

시금치
〔명아주과〕

한해살이 또는 두해살이풀. 아시아 서부 원산이며 채소로 재배하고 키 50cm 정도 자란다. 잎은 어긋나고 긴 달걀 모양이며 밑부분은 날개 모양이다. 꽃은 암수딴그루이며 5월에 연한 노란색으로 피고 줄기 끝이나 잎겨드랑이에 모여 달린다. 열매는 포과이고 작은 포에 싸인 뿔이 2개 있다. 어린 잎을 나물로 먹는다.

키위

〔다래나무과〕 중국다래

갈잎덩굴나무. 중국 원산이며 과수로 재배하고 길이 5~10m 자란다. 잎은 어긋나고 달걀 모양이며 가장자리에 톱니가 있다. 꽃은 암수딴그루이며 6~7월에 흰색으로 피고 잎겨드랑이에 달린다. 열매는 장과이고 달걀 모양이며, 겉에 갈색 털이 빽빽하게 나고 8~10월에 익는다.

갓

〔십자화과(겨자과)〕

두해살이풀. 중국 원산이며 채소로 재배하고 키 1m 정도 자란다. 뿌리에서 난 잎은 넓은 타원형이며 가장자리에 불규칙한 톱니가 있다. 줄기에 난 잎은 검은 자주색이고 긴 타원형이다. 꽃은 봄에서 여름에 걸쳐 노란색으로 피고 줄기 끝에 모여 달린다. 열매는 각과이고 전체를 식용한다.

꽃

무
〔십자화과(겨자과)〕

한해살이풀 또는 두해살이풀. 채소로 재배하며 뿌리는 원기둥 모양으로 크다. 잎은 밑동에서 모여나고 긴 타원형이며 깃 모양으로 갈라진다. 꽃은 4~6월에 엷은 홍자색으로 피고, 줄기 끝에 모여 달린다. 열매는 각과이고 기둥 모양이며 6~7월에 익는다. 전체를 식용한다.

배추

〔십자화과(겨자과)〕

두해살이풀. 중국 원산이며 채소로 재배한다. 뿌리에서 난 잎은 끝이 둥근 타원형이며, 가장자리에 불규칙한 톱니가 있고 양면에 주름이 많다. 줄기에 달린 잎은 줄기를 싼다. 꽃은 4월에 노란색으로 피고 줄기 끝에 모여 달린다. 열매는 각과이고 긴 뿔처럼 생겼으며, 6월에 익으면 껍질이 쪼개져서 씨가 떨어진다. 전체를 먹는다.

양배추

딸기
〔장미과〕

여러해살이풀. 남아메리카 원산이며 밭에서 재배한다. 잎은 3장으로 된 겹잎이며 가장자리에 톱니가 있다. 꽃은 4~5월에 흰색으로 피고 꽃줄기 위에 여러 송이가 모여 달린다. 열매는 꽃턱이 발달한 것으로 달걀 모양이고 6월에 익으며, 겉에 깨알 같은 씨가 붙어 있다. 열매를 식용한다.

모과나무
〔장미과〕

갈잎중키나무. 과수로 재배하며 높이 10m 정도 자라고 나무 껍질이 벗겨져서 흰 얼룩무늬가 된다. 잎은 어긋나고 달걀 모양이며, 가장자리에 뾰족한 잔 톱니가 있다. 꽃은 5월에 연한 홍색으로 피고 가지 끝에 1송이씩 달린다. 열매는 이과이고 타원형이며, 9월에 노란색으로 익으며 목질이 발달해 있다. 열매를 약재로 쓴다.

앵두나무
〔장미과〕

갈잎떨기나무. 과수토 재배하며 높이 3m 정도 자라고 나무 껍질은 흑갈색이다. 잎은 어긋나고 달걀 모양이며 겉에 잔털이 많다. 꽃은 잎이 나기 전인 4월에 연분홍색 또는 흰색으로 피고 잎겨드랑이에 1~2송이씩 달린다. 열매는 핵과이고 둥글며 6월에 붉은빛으로 익는다. 열매를 먹는다.

배나무
〔장미과〕

갈잎중키나무. 과수로 재배하며 높이 5m 정도 자란다. 잎은 어긋나고 긴 타원형이며 가장자리에 톱니가 있다. 꽃은 4월에 흰색으로 피고 꽃잎은 5장이며 여러 송이가 모여 달린다. 열매는 꽃턱이 발달해서 이루어진 이과이고 둥글며, 9~10월에 다갈색으로 익는다. 열매를 먹는다.

복숭아나무

[장미과] 복사나무

갈잎중키나무. 과수로 재배하며 높이 3m 정도 자란다. 잎은 어긋나고 피침형이며 가장자리에 톱니가 있다. 꽃은 잎이 나기 전인 4~5월에 옅은 홍색 또는 흰색으로 피고, 꽃잎은 5장이며 잎겨드랑이에 1~2송이씩 달린다. 열매는 핵과이고 7~8월에 익으며 잔털이 많이 붙는다. 열매를 식용하고 씨는 약재로 사용한다.

재미있는 꽃 이야기

무릉도원 이야기

옛날 중국에 무릉이라는 사람이 있었다.

어느 날 무릉이 고기를 잡으러 계류를 따라 산으로 올라갔다. 계곡으로 한참을 올라가니 갑자기 골짜기가 활짝 트이고 넓은 복숭아밭이 있는 마을이 나타났다. 말로만 듣던 도원경(桃園景)이 펼쳐진 것이다.

별천지인 도원경에는 무릉이 살던 시대와는 풍속이 다른 사람들이 살고 있었는데 무릉이 사연을 물어 보니, 약 500년 전 진나라 때(B.C.246~207) 난리를 피해 이곳에 들어와 살기 시작했다고 하였다. 사람들은 모두 유순하였고 사철 꽃이 피고 양식이 풍성하였다. 도원경 사람들은 고국 사람이 왔다며 무릉을 반가워하고 융숭한 대접을 해주었다. 무릉은 도원경에서 며칠을 보낸 뒤 집으로 돌아왔다. 그리고 나중에 다시 찾아오려고 도원경 입구에 푯말을 세워 두었다.

무릉이 돌아오는 길에 나라의 태자를 만나 도원경 이야기를 하니 태자도 마음이 끌려 무릉이 일러준 푯말을 찾아보았으나 끝내 발견하지 못해 도원경에 갈 수 없었다고 한다.

이로부터 세상과 동떨어져 신선들이 사는 세계를 무릉이 본 도원경이라 하여 '무릉도원(武陵桃園)'이라고 불렀다. 속세를 떠난 꿈과 안락한 꿈을 도원몽(武陵夢)이라 함은 여기에서 유래한 것이라고 한다.

사과나무

[장미과]

　갈잎큰키나무. 과수로 재배하며 높이 10m 정도 자란다. 잎은 어긋나고 타원형이며 가장자리에 톱니가 있다. 꽃은 4~5월에 분홍색 또는 흰색으로 피고 가지 끝의 잎겨드랑이에 여러 송이가 모여 달린다. 열매는 이과이고 둥글며, 8~9월에 익고 양쪽이 오목하게 들어간다. 열매를 식용한다.

살구나무

[장미과]

　갈잎중키나무. 과수로 재배하며 높이 5m 정도 자란다. 잎은 어긋나고 넓은 타원형이며 가장자리에 겹톱니가 있다. 꽃은 잎이 나기 전인 4월에 연한 붉은색으로 피고 묵은 가지에 달린다. 열매는 핵과이고 둥글며 ,7월에 노란색 또는 노란빛을 띤 붉은색으로 익고 털이 많다. 열매를 식용하고 씨는 약재로 쓴다.

자두나무

[장미과] 오얏나무

갈잎큰키나무. 과수로 재배하며 높이 10m 정도 자란다. 잎은 어긋나고 긴 달걀 모양이며 가장자리에 둔한 톱니가 있다. 꽃은 잎이 나기 전인 4월에 흰색으로 피고 보통 3송이씩 달린다. 열매는 핵과이고 달걀 모양이며 7~8월에 노란색이나 적자색으로 익는다. 열매를 먹는다.

재미있는 꽃 이야기

동방삭의 재치

옛날 중국에서, 선도(仙桃)라는 복숭아를 먹고 3천 년을 살았다는 동방삭이가 제자를 데리고 먼 길을 가고 있었다. 오랫동안 걸었기 때문에 그는 목이 말랐다.

"얘야, 목이 마르구나. 저 자두나무 곁에 있는 집에 가서 물을 좀 얻어오도록 해라."

제자는 그 집에 갔다가 집주인의 이름을 몰라서 망설이다가 그냥 돌아왔다.

"선생님, 집주인의 이름을 몰라서 그냥 왔습니다. 이름을 가르쳐 주십시오."

"오냐, 내가 깜빡했구나. 그 집 주인의 이름은 이박이니라."

"네, 알겠습니다."

제자가 다시 가서 주인의 이름을 부르자 주인이 나와 동방삭이의 일행을 반가이 맞아들였다. 그리고 이름을 어떻게 알았느냐고 물었다.

동방삭이는 서슴지 않고 자두나무 아래로 때까치들이 날아와 앉은 것을 보고 알았다고 대답했다. 집 곁에 자두나무가 있으므로 자두나무 이(李) 자를 따고, 때까치의 다른 이름이 박로(博勞)인 것에서 박(博) 자를 따서 이박(李博)이라고 생각했다고 한다.

땅콩
〔콩과〕

한해살이풀. 브라질 원산이며 모래땅에서 키 60cm 정도 자란다. 잎은 어긋나고 깃꼴겹잎이며, 작은잎은 끝이 뾰족한 타원형이다. 꽃은 7~9월에 노란색으로 피고 잎겨드랑이에 1송이씩 달린다. 씨방의 자루가 자라서 땅 속으로 들어가 열매인 땅콩이 된다. 열매는 협과이고 긴 타원형이며 10월에 익는다. 열매를 먹는다.

아하!

땅 속에서 생기는 콩

꽃이 진 후 암술이 자라나 땅 속으로 파고들어 열매가 생기는 것을 '꽃이 떨어져 열매가 된다'는 뜻에서 한자로 '낙화생(落花生)'이라 하고, 땅 속의 열매가 콩처럼 깍지에 싸여 있으므로 '땅콩'이라고 한다.

콩

〔콩과〕 풋베기콩

한해살이풀. 중국 원산이며 농가에서 재배하고 키 60~100cm 자란다. 잎은 어긋나고 3장으로 된 겹잎이며 작은잎은 달걀 모양이다. 꽃은 7~8월에 자줏빛이 도는 붉은색 또는 흰색으로 피고 잎겨드랑이에서 나온 짧은 꽃줄기에 모여 달린다. 열매는 협과이고 편평한 타원형이며 꼬투리에 씨가 1~7개 들어 있다. 씨를 먹는다.

강낭콩

〔콩과〕 덩굴강낭콩

한해살이덩굴풀. 열대 아메리카 원산이며 길이 1.5~2m 자라고 전체에 잔털이 난다. 잎은 어긋나고 깃털 모양이며 작은잎은 넓은 달걀 모양이다. 꽃은 나비 모양이며 7~8월에 연한 붉은색 또는 흰색으로 피고 잎겨드랑이에 모여 달린다. 열매는 협과이고 약간 납작한 원통형 꼬투리이며, 씨는 여러 가지 색이다. 씨를 먹는다.

녹두

완두

동부
[콩과]

한해살이덩굴풀. 중국 원산이며 농가에서 재배한다. 잎은 3장으로 된 겹잎이며 작은잎은 끝이 뾰족한 달걀 모양이다. 꽃은 8월에 연노랑색으로 피고 잎겨드랑이에 모여 달린다. 열매는 협과이고 원기둥 모양이며 꼬투리는 약간 구부러진다. 씨를 먹는다.

팥

〔콩과〕

한해살이풀. 중국 원산이며 농가에서 재배하고 키 50~90cm 자란다. 잎은 어긋나고 3장으로 된 겹잎이며 작은잎은 넓은 달걀 모양이다. 꽃은 나비 모양이며 8월에 노란색으로 피고 2~12송이씩 모여 달린다. 열매는 협과이고 원기둥 모양이며, 꼬투리 하나에 씨가 6~10개 들어 있다. 씨를 먹는다.

포도나무

〔포도과〕 유럽포도

갈잎덩굴나무. 아시아 서부 원산이며 길이 3m 정도 자란다. 잎은 덩굴손과 마주나고 뒷면에 솜털이 나며 가장자리에 톱니가 있다. 꽃은 5~6월에 황록색으로 피고 작은 꽃이 모여 달린다. 열매는 장과이고 둥글며 8~10월에 자흑색으로 익는다. 열매를 먹고 약재로도 쓴다.

금귤

금귤

[운향과] 금감

늘푸른떨기나무. 중국 원산이며 과수로 재배하고 높이 4m 정도 자란다. 잎은 어긋나고 피침형이며 양끝이 좁다. 꽃은 흰색으로 피고 잎겨드랑이에 1~2송이씩 달린다. 열매는 장과이고 달걀 모양이며 오렌지색으로 익는다. 열매를 먹는다.

귤나무

유자나무

[운향과]

늘푸른떨기나무. 중국 원산이며 과수로 재배하고 높이 4m 정도 자란다. 잎은 어긋나고 끝이 뾰족한 긴 타원형이며 가장자리에 잔톱니가 있다. 꽃은 5~6월에 흰색으로 피고 꽃잎은 5장이며 잎겨드랑이에 1송이씩 달린다. 열매는 장과이고 9~10월에 밝은 노란색으로 익으며 겉이 울퉁불퉁하다. 열매를 식용한다.

대추나무
〔갈매나무과〕

갈잎큰키나무. 서남 아시아 원산이며 마을 부근에서 과수로 재배한다. 전체에 가시가 있으며 잎은 어긋나고 긴 달걀 모양이다. 꽃은 6월에 연한 황록색으로 피고 잎겨드랑이에 모여 달린다. 열매는 핵과이고 타원형이며 9월에 적갈색으로 익는다. 열매를 식용하고 약재로도 쓴다.

아욱
〔아욱과〕

한해살이풀. 유럽 북부 원산이며 습기 있는 밭에서 재배하고 키 60~90cm 자란다. 잎은 어긋나고 둥글며 가장자리에 뭉툭한 톱니가 있다. 꽃은 6~7월에 연분홍색으로 피고 꽃잎은 5장이며 잎겨드랑이에 모여 달린다. 열매는 삭과이고 전체를 식용한다.

목화

[아욱과]

한해살이풀. 동아시아 원산이며 키 60cm 정도 자란다. 잎은 어긋나고 손바닥 모양으로 갈라지며 갈래는 끝이 뾰족하다. 꽃은 8~9월에 노란색 또는 흰색으로 피고 잎겨드랑이에 1송이씩 달린다. 열매는 삭과이고 달걀 모양이며 끝이 뾰족하고 씨는 긴 솜털에 싸인다. 씨를 식용한다.

물레를 발명한 문래

문익점의 손자인 문래(文來)는 실 뽑는 기구인 방추차를 만들었는데 이것을 사람들은 문래의 이름을 따 '물레' 라 불렀다.

꽃

재미있는 꽃 이야기

목화를 들여온 문익점

목화가 우리 나라에 들어온 것은 고려 공민왕 12년(1363년)에 문익점에 의해서였다. 그러나 목화로 만든 무명은 그전에 이미 우리 나라에 소개되어 있었다. 고려 충렬왕 22년(1296년)에 원나라 성종으로부터 왕의 노복에게 목면 411필을 하사받았다는 것을 보면, 무명은 귀한 직물로 알려져 있으면서도 원나라의 엄격한 종자 유출 통제로 우리 나라에 수입될 수 없었다.

이 때 문익점은 사신으로 떠나는 이공수를 수행하는 서장관으로 원나라에 갔었는데, 그곳에서 덕흥군 사건의 연루자로 혐의를 받아 중국 운남으로 유배되었다. 문익점은 3년 만의 유배 생활을 마치고 돌아올 때, 운남의 유배지에 있던 목화씨 10개를 따서 붓대롱 속에 숨겼다. 마침내 국경에서의 엄격한 검사를

무사히 통과하여 최초로 우리 나라로 들여오게 되었다.

문익점은 목화씨를 장인인 정천익에게 5개를 나누어 주고 각자의 고향에다 심었다. 그러나 두 사람 모두 목화 재배법을 잘 몰라 거의 죽고 정천익이 겨우 하나만을 살려 그것이 우리 나라에 목화가 정착하게 된 시초가 되었다. 이 목화의 첫 재배지인 경남 산청군 단성면 사월리는 목화 시배지로서 사적 제108호로 지정되어 보호되고 있다.

한편 정천익은 원나라의 중 홍원에게서 베 짜는 기술을 배워 전파시켰다고 한다. 문익점의 손자인 문래는 실을 뽑는 기계를 만들었고, 또 다른 손자 문영은 베 짜는 법을 창시하였다고 하며 그렇게 만든 천을 사람들이 문영의 이름을 따 '무명' 이라고 불렀다는 설도 있다.

박 과

오이 · 멜론 · 수박은 같은 친척

박과 식물의 특징

- 전세계에 860여 종이 있으며 우리 나라에는 6종이 있다.
- 대부분 풀이며 드물게 나무처럼 변한 것도 있다.
- 줄기는 덩굴성이며 덩굴손이 있고 털이 있어 까칠까칠하다.
- 잎은 덩굴손과 마주난다.
- 꽃은 암수딴그루이거나 암수한그루로 암꽃과 수꽃이 따로 있다.
- 열매는 박과이고 대개 다육질이다.

호박

암꽃

수꽃

박

캡션: 박

박

[박과]

한해살이덩굴풀. 열대 아시아
원산이며 농가에서 재배한다.
전체에 짧은 털이 있으며 각 마
디에서 많은 곁가지가 나온다.
잎은 어긋나고 염통 모양이며
얕게 갈라진다. 꽃은 암수한그
루며 7~9월에 흰색으로 피고
잎겨드랑이에 1송이씩 달린다.
열매는 박과이고 둥글며 다 익
으면 껍질이 딱딱해진다.

표주박(조롱박)

멜론

〔박과〕

한해살이덩굴풀. 중앙 아시아 원산이며 농가에서 재배한다. 길이 3~5m 자라고 전체에 거센 털이 있다. 잎은 어긋나고 손바닥 모양으로 갈라지며, 덩굴손이 잎과 마주난다. 꽃은 암수한그루며 노란색으로 핀다. 열매는 박과이고 둥글며 과육은 담록색·황등색·흰색 등이다. 열매를 먹는다.

오이

〔박과 〕 물외

한해살이덩굴풀. 인도 원산이며 농가에서 재배한다. 잎겨드랑이에 덩굴손이 생기고 전체에 굵은 털이 있다. 잎은 어긋나고 손바닥 모양이며 가장자리에 톱니가 있다. 꽃은 5~6월에 노란색으로 피고 꽃자루에 1송이씩 달린다. 열매는 장과이고 원기둥 모양이며, 짙은 황갈색으로 익고 씨는 황백색이다. 열매를 식용한다.

꽃

수박

[박과]

　한해살이덩굴풀. 아프리카 원산이며 전체에 흰 털이 있다. 잎은 어긋나고 긴 타원형이며, 깃 모양으로 깊게 갈라지고 가장자리에 불규칙한 톱니가 있다. 꽃은 암수한그루며 5~6월에 연한 노란색으로 피고 잎겨드랑이에 1송이씩 달린다. 열매는 박과이고 공 모양이며 7~8월에 익는다. 열매를 먹고 약재로도 쓴다.

수분이 많은 열매

　열매 껍질 속의 과육에 수분이 많으므로 물 수(水)자를 붙여 이름지었다. 한자로는 '수과(水瓜)', 일어로는 'すいか', 영어로는 'water melon'이라고 하는데, 모두 물을 뜻하는 글자가 들어 있다.

수꽃

암꽃

호박
〔박과〕

한해살이덩굴풀. 열대 아프리카 원산이며 덩굴손으로 다른 물체를 감으면서 벋는다. 잎은 어긋나고 염통 모양이며 가장자리가 얕게 갈라진다. 꽃은 암수한그루며 6~10월에 노란색으로 피고 잎겨드랑이에 1송이씩 달린다. 열매는 박과이고 크며 씨가 많다. 열매와 어린 잎을 먹는다.

재미있는 꽃이야기

다시 만든 황금 범종

옛날 인도에 황금 범종을 만들다가 완성하기 전에 세상을 떠난 스님이 있었다. 스님은 그것이 몹시 안타까웠다. 기어이 종을 완성하고 싶었다.

스님은 부처님 앞에 나가서 간절히 아뢰었다.

"부처님, 제게 기회를 주십시오. 다시 한 번 인간 세계에 나가 황금 범종을 완성하고 올 수 있게 해 주십시오."

"호, 그래? 네 뜻이 갸륵하구나. 그러면 그렇게 하도록 해라."

부처님은 기특하게 생각하여 허락해 주었다. 그리고 스님이 만들던 범종이 땅에 묻혀 있음을 알려 주었다.

다시 환생한 스님은 전에 살던 절터는 찾았지만 모든 것이 흔적조차 없었다.

"분명히 이쯤이었는데, 도무지 찾을 수가 없구나!"

그러다가 문득 스님의 눈에 종 모양으로 생긴 노란 꽃이 보였다.

"앗! 똑같구나!"

그 꽃은 꽃잎과 꽃술까지 스님이 만들려던 범종과 똑같았다. 스님이 그 꽃의 밑을 파 보니 범종이 묻혀 있었다.

여러 해가 지난 뒤 드디어 스님은 황금 범종을 완성하였다. 그리고 그 황금 범종을 칠 때마다 그 노란 꽃에는 신기하게도 황금 열매가 하나씩 맺히는 것이었다. 이 꽃이 바로 호박꽃이었다.

참외
[박과]

한해살이덩굴풀. 인도 원산이며 농가에서 재배한다. 잎은 어긋나고 손바닥 모양으로 얕게 갈라지며 가장자리에 톱니가 있다. 꽃은 암수한그루며 6~7월에 노란색으로 핀다. 열매는 장과이고 타원형이며 노란색·황록색 등 여러 가지 빛깔로 익는다. 열매를 먹고 약재로도 쓴다.

꽃

석류나무

〔석류나무과〕

갈잎중키나무. 소아시아 원산이며 과수로 식재하고 키 5~7m 자란다. 잎은 마주나고 긴 타원형이다. 꽃은 5~6월에 붉은색으로 피고 꽃잎은 6장이며 가지 끝에 1~5송이씩 달린다. 열매는 둥글고 9~10월에 노란색 또는 황적색으로 익는다. 씨는 먹는다.

재미있는 꽃이야기

마귀 할멈의 참회

옛날 인도에, 마귀할멈이 어린아이들을 자꾸 잡아먹기에 부처님은 이것을 막기 위해 마귀할멈의 딸 한 명을 데려와 감추어 버렸다.

그러자 마귀할멈은 울며불며 야단이었다.

"수많은 너의 아이 중에서 겨우 한 아이가 없어졌다고 그렇게 야단인가?"

부처님이 이렇게 말하자 마귀할멈은 벌컥 화를 냈다.

"부처님은 자비하다고 알고 있는데 이것이 무슨 무자비한 말씀입니까?"

부처님은 마귀할멈의 딸을 내주었다.

"마귀할멈아, 네 아이를 데리고 가거라. 네 새끼는 그리도 아끼면서 남의 소중한 아이들은 마구 잡아먹느냐? 이제부터는 남의 아이를 해치지 말고 이것을 먹도록 하여라."

부처님은 석류 열매 하나를 주었다.

그제야 마귀할멈은 참회의 눈물을 흘리면서 석류를 들고 어디론가 사라졌다고 한다.

인삼
〔두릅나무과〕
산삼

여러해살이풀. 주로 약초로 재배하며 키 60cm 정도 자란다. 잎은 돌려나고 손바닥 모양의 겹잎이며, 작은잎은 달걀 모양이고 가장자리에 톱니가 있다. 꽃은 암수한그루며 4월에 연한 녹색으로 피고, 잎 가운데서 나온 긴 꽃줄기 끝에 작은 꽃이 모여 달린다. 열매는 핵과이고 선홍색으로 익는다. 뿌리를 약재로 쓴다.

사람을 닮은 뿌리

약재로 쓰는 뿌리의 모양이 사람의 모습과 비슷하여 '인삼(人蔘)'이라고 불린다. 깊은 산속에서 자란 것은 '산삼(山蔘)'이라고 하여 귀하게 여긴다.

재배한 인삼

자연산 산삼

재미있는 꽃 이야기

효자와 사슴

옛날 어느 산골에 홀어머니를 모시고 사는 효성이 지극한 청년이 있었다. 가난한 살림이라 병든 어머니에게 약을 쓰지 못하는 것을 항상 죄스럽게 여기고 있었다.

어느 겨울 날, 청년이 뒷산에서 땔감을 모으고 있는데 아기사슴 한 마리가 후닥닥 뛰어나왔다. 다리에 심한 상처를 입고 있었다. 급한 대로 저고리를 찢어 상처를 동여맨 다음, 긁어모은 가랑잎 속에 숨겨 주었다.

얼마 후 한 포수가 헐레벌떡 달려오더니 사슴을 보지 못했느냐고 물었다. 청년은 다른 방향을 가르쳐 준 후, 포수가 사라지자 사슴을 지게에 얹고 집으로 데려와서 정성껏 보살펴 주었다. 사슴은 상처가 나았고 한가족같이 지내게 되었다.

이윽고 겨울이 지나고 봄이 되자 아기사슴은 의젓한 큰 사슴으로 자랐다. 하루는 어머니의 꿈에 한 백발 노인이 나타났다.

"나는 산신령인데, 너희 모자의 정성이 갸륵하여 복을 주려고 한다. 내일 그 사슴을 풀어 주어라. 사슴을 따라 어느 바위 밑에 가면 산삼을 얻을 수 있을 것이다."

다음날 총각은 사슴을 데리고 뒷산으로 올라갔다. 사슴은 청년의 옷깃을 물고 어디론가 끌고 갔다. 사슴은 주둥이로 바위 틈의 마른 풀을 헤치고 쿵쿵거렸다. 거기에는 산삼이 굵직한 뿌리를 반쯤 드러내고 있었다. 청년은 산삼을 곱게 캐내었다.

청년이 달여 준 산삼을 먹고 어머니는 완전히 건강을 되찾게 되었다. 착한 마음씨로 가련한 사슴의 생명을 구해준 청년의 마음씨에 하늘이 복을 내려 준 것이다.

당근

〔산형과(미나리과)〕 홍당무

한해 또는 두해살이풀. 농가에서 재배하며 키 1m 정도 자란다. 뿌리는 굵고 곧으며 등황색이다. 잎은 깃꼴겹잎이며 잎자루가 길다. 꽃은 7~8월에 흰색으로 피고 줄기 끝과 잎겨드랑이에서 나온 꽃줄기 끝에 많이 모여 달린다. 열매는 분과이고 긴 타원형이며, 9월에 익고 가시 같은 털이 있다. 뿌리를 식용한다.

아하! 단맛이 나는 뿌리

뿌리에서 단맛이 나므로 '당근(糖根)'이라 불리며, 꽃과 뿌리가 붉은색이고 무와 비슷하다고 하여 '단맛이 나는 붉은 무'라는 뜻으로 '홍당무'라고도 한다.

당근 뿌리

미나리

미나리 수경 재배

미나리

〔산형과(미나리과)〕

여러해살이풀. 습지에서 키 80cm 정도 자라며, 흔히 논에서 재배한다. 잎은 어긋나고 깃꼴겹잎이며, 작은잎은 달걀 모양이고 가장자리에 톱니가 있다. 꽃은 7~9월에 흰색으로 피고 줄기 끝에 모여 달린다. 열매는 분과이고 타원형이며 가장자리에 모가 나 있다. 전체를 식용한다.

파슬리

〔산형과(미나리과)〕

두해살이풀. 유럽 남동부 원산이며 키 20~50cm 자라고 가지가 많이 갈라진다. 잎은 3장으로 된 깃꼴겹잎이고 작은 잎은 윤이 나며 가장자리가 꼬불꼬불하다. 꽃은 4월에 황록색으로 피고 꽃줄기 끝에 작은 꽃이 많이 모여 달린다. 전체를 식용한다.

참깨

〔참깨과〕

한해살이풀. 인도와 이집트 원산이며 농가에서 재배하고 키 1m 정도 자란다. 줄기는 단면이 네모지고 흰색 털이 빽빽이 난다. 잎은 마주나고 끝이 뾰족한 긴 타원형이다. 꽃은 7~8월에 연분홍색으로 피고, 줄기 윗부분에 있는 잎겨드랑이에 1송이씩 밑을 향해 달린다. 열매는 삭과이고 원기둥 모양이며 씨는 검은색·노란색·흰색이다.

호랑이보다 무서운 곶감

아주 먼 옛날, 호랑이가 저녁이 되자, 먹을 것을 찾아 마을로 내려갔다. 외딴 집을 찾아가 집안을 살펴보니, 아기를 안고 있는 젊은 어머니의 그림자가 문에 어른거렸다. 아기 어머니는 우는 아기를 달래고 있었다.

"젖도 안 먹고…. 왜 그러니? 저것 봐라, 마귀할멈이 나온다!"

아기 어머니가 겁을 주었지만 아기는 막무가내로 울어댔다. 그러자 어머니는 손으로 창문을 두들기며 아기를 안고 흔들어댔다.

"바깥에 어비야 온다. 어비야, 어비야!"

그래도 아기는 더 큰 소리로 울어댔다.

아기 어머니는 다시 문을 두드리며 말했다.

"저기 봐라, 울타리 밑에 호랑이가 우는 아이 잡아가려고 왔다. 어서 뚝 그쳐!"

그래도 아기는 울음을 그치지 않았다. 그러자 아기 어머니는 일어나서 벽장문을 열고 무엇인가를 꺼냈다.

"할 수 없군. 아가, 여기 곶감이 있다. 곶감, 곶감!"

그러자 아기는 울음을 뚝 그쳤다.

'이상하다, 저 아기는 마귀할멈도, 어비야도 무서워하지 않고 심지어는 동물의 왕인 나조차 겁내지 않더니, 곶감 소리에 울음을 뚝 그치는구나! 그 곶감이란 놈이 굉장히 무서운 놈인가보다.'

호랑이는 겁이 덜컥 났다.

'여기서 얼씬대다가는 큰 변을 당하겠구나!'

호랑이는 걸음아 날 살려라, 하고 그대로 도망을 치고 말았다.

꽃

감나무
[감나무과]

갈잎큰키나무. 과수로 재배하며 높이 6~14m 자란다. 나무껍질은 비늘 모양으로 갈라지며 작은가지에 갈색 털이 있다. 잎은 어긋나고 가죽질이며 타원형이다. 꽃은 5~6월에 황백색으로 피고 잎겨드랑이에 1송이씩 달린다. 열매는 장과이고 달걀 모양이며 10월에 주황색으로 익는다. 열매를 먹고 약재로도 쓴다.

고구마

[메꽃과]

여러해살이덩굴풀. 열대 아메리카 원산이며 농가에서 재배한다. 잎은 어긋나고 염통 모양이며 잎자루가 길다. 꽃은 나팔 모양이며 7~8월에 연한 홍색으로 피고, 잎겨드랑이에서 나온 꽃줄기에 5~6송이씩 달린다. 우리 나라에서는 꽃이 잘 피지 않는다. 열매는 삭과이고 공 모양이며 2~4개의 흑갈색 씨가 여문다. 덩이뿌리와 잎자루를 먹는다.

꽃

덩이 뿌리

재미있는 꽃 이야기

효심이 담긴 식물

옛날 중국에 가난한 집에 병든 아버지를 모신 효자가 있었다.

"에이구, 가난한 살림에 내가 이렇게 몸져 누워 있으니! 너한테 짐만 되는구나. 내가 어서 죽어야 네가 좀 편할 텐데…."

아들이 고생하는 것을 보다 못한 아버지는 늘 가슴아파하였다. 그럴 때마다 아들은 빙긋 웃으며 아버지를 위로해 드렸다.

"저는 아버지가 계시니 무슨 일을 해도 힘이 나는걸요. 다만 제가 좀더 편히 모시지 못해서 죄송할 따름이에요. 좋은 약만 쓴다면 훨씬 좋아지실 텐데요. "

그러던 어느 날, 아버지는 나무를 하러 나가는 아들에게 말했다.

"애, 감저(甘藷;고구마)가 먹고 싶구나."

"그러세요? 아버지, 제가 꼭 감저를 구해 오겠어요."

"그럼, 내 기다리마."

그 때만 해도 감저는 많이 재배할 수 없었기 때문에 아주 귀했다. 아버지가 고구마 먹기를 소원하자, 아들은 제철이 아님에도 불구하고 산 속을 헤매며 갖은 고생 끝에 고구마를 구하였다. 그 때부터 아버지의 스원을 풀어드려 효도를 행한 감저라고 하여, 이 감저를 효행저(孝行藷)라고 부르게 되었다.

후에 이 감저가 일본에 전해지자, 효행저의 일본어 발음 그대로 이름(고꼬우이모)이 되었다. 이어 대마도를 통해 우리 나라에 들어온 후, 일본 이름인 고꼬우이모가 변하여 '고구마' 라고 부르게 되었다.

담배
[가지과]

여러해살이풀. 남아메리카 원산이며 밭에서 재배하고 키 1.5~2m 자란다. 잎은 어긋나고 끝이 뾰족한 타원형이다. 꽃은 7~8월에 연분홍색 또는 흰색으로 피고 줄기 끝에 여러 송이가 모여 달린다. 열매는 삭과이고 달걀 모양이며 많은 씨가 들어 있다. 잎을 담배 원료로 쓴다.

아하! 담배를 만드는 풀

잎을 가공하여 담배를 만들어 피우므로 연기를 들이마시는 풀이라 하여 '연초(煙草)' 라고 한다. 또, 정신을 혼미하게 하는 것이 술과 같다고 하여 '연주(煙酒)' 라고도 부른다.

재미있는 꽃 이야기

절세미인 담파고

담배라는 이름은 '담파고' 라는 말에서 유래된 것으로, 지금도 제주도에는 '담바고 타령' 이 전해지고 있다.

제주도와 가까운 일본에 이 담파고에 얽힌 전설이 있다.

옛날 일본의 동쪽에 '아비리가' 라는 나라가 있었는데, 그 나라에 담파고(淡婆姑)라는 절세 미인이 있어 많은 청년들이 그녀를 연모했다. 그러나 그녀는 단명하여 일찍 죽었는데, 죽은 뒤에도 연모하는 사람이 더 많아졌다.

하루는 어느 청년이 죽은 담파고를 잊지 못해 그녀의 무덤에 가서 배회하다가 어느덧 밤이 되었다. 주위가 어둑해져서야 비로소 배고픔을 느낀 청년이, 무슨 열매라도 없을까 하고 무덤 주위를 살펴보니 향기가 많이 나는 풀이 있었다. 청년은 너무 배가 고파 선뜻 그 풀을 한 잎 따서 먹었더니 배고픔이 없어지고, 잎을 몇 개 더 따먹었더니 술을 마신 것처럼 몽롱해지며 몸이 따뜻해졌다고 한다.

그 때부터 사람들은 그 풀을 담파고의 무덤가에서 찾았다고 하여 '담파고' 라고 부르게 되었다. 또, 향기나는 풀이라 하여 '향초(香草)' 라 부르기도 하고, 사랑하는 여인을 그리워하다 만난 풀이라 하여 '상사초(相思草)' 라는 이름을 붙이기도 하였다.

이 담파고의 전설이 담배와 함께 제주도에 전해졌고 오늘날 담배라는 말로 변한 것이라고 한다.

흰색 꽃

자주색 꽃

감자

[가지과]

여러해살이풀. 남아메리카 원산이며 농가에서 작물로 재배하고 키 60~100cm 자란다. 잎은 어긋나고 깃꼴겹잎이며 작은잎은 달걀 모양이다. 꽃은 별 모양이며 5~6월에 엷은 자주색 또는 흰색으로 피고 잎겨드랑이에서 나온 긴 꽃줄기에 모여 달린다. 열매는 장과이고 둥글며 황록색으로 익는다. 덩이줄기를 식용한다.

고추

〔가지과〕

한해살이풀. 남아메리카 원산이
며 밭에서 재배한다. 키 60cm 정
도 자라며 전체에 털이 약간 난다.
잎은 어긋나고 피침형이며 잎자루
가 길다. 꽃은 여름에 흰색으로 피
고 잎겨드랑이에 1송이씩 밑을 향
해 달린다. 열매는 장과이고 8~
10월에 붉게 익는다. 잎과 열매를
식용하고 약재로도 쓴다.

매운 맛이 나는 풀

빨갛게 익은 열매가 후추같이 매운
맛(苦味)이 있는 풀이라 하여 한자로
'고초(苦草)'라고 하며, 이것이 변화
하여 '고추'라는 이름이 되었다.

가지

〔가지과〕

한해살이풀. 인도 원산
이며 농가에서 채소로 재
배한다. 키 60~100cm
자라며 전체에 별 모양의
회색털이 많이 난다. 잎
은 어긋나고 달걀 모양이
며 끝이 뾰족하다. 꽃은
6~9월에 연보라색으로
피고, 줄기와 가지의 마
디 사이에서 나온 꽃줄기
에 여러 송이가 달린다.
열매는 장과이고 흑자색
으로 익는다. 열매를 식
용한다.

토마토

[가지과]

한해살이풀. 남아메리카 원산이며 농가에서 재배한다. 키 1m 정도 자라며 전체에 부드러운 흰 털이 많다. 잎은 어긋나고 깃꼴겹잎이며, 작은잎은 긴 타원형이고 가장자리에 톱니가 있다. 꽃은 5~8월에 노란색으로 피고 마디 사이에서 나온 꽃줄기에 여러 송이가 달린다. 열매는 장과이고 납작한 공 모양이며 붉은색으로 익는다. 열매를 식용한다.

피망

[가지과]

한해살이풀. 남아메리카 원산이며 키 60cm 정도 자란다. 잎은 넓은 타원형이며 끝이 뾰족하다. 꽃은 7~8월에 흰색으로 피며 잎겨드랑이에 1송이씩 달린다. 열매는 짧은 원통 모양이고 울퉁불퉁하며 9~10월에 익는다. 열매를 식용한다.

도라지

〔초롱꽃과(도리지과)〕

여러해살이풀. 산과 들에서 키 40~
100cm 자란다. 잎은 어긋나고 긴 달걀 모
양이며 가장자리에 톱니가 있다. 꽃은 끝
이 벌어진 종 모양이며 7~8월에 하늘색
또는 흰색으로 피고, 줄기와 가지 끝에 1
송이씩 위를 향해 달린다. 열매는 삭과이
고 달걀 모양이며 9~10월에 꽃받침조각이
달린 채로 익는다. 뿌리를 먹고 약재로도
쓴다.

도라지 꽃(흰색)

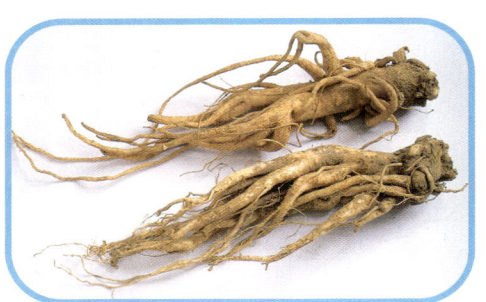

도라지 꽃(자주색)

재미있는 꽃 이야기

오빠를 기다리는 소녀

옛날, 어느 마을에 도라지라는 소녀가 먼
친척 오빠와 함께 살고 있었다. 오빠가 공부
하러 먼저 중국으로 떠나게 되자, 소녀는 잘
아는 절의 스님에게 맡겨졌다. 오빠는 집을
떠날 때 소녀에게 열 손가락을 펴 보이면서
당부했다.

"도라지야, 내가 10년만 공부하고 돌아올
테니, 너도 스님 밑에서 공부하면서 내가 올
때를 기다려라."

그러나 10년이 지나도 돌아온다던 오빠는
돌아오지 않았다. 소녀는 매일 뒷산에 올라가
서 바다 저쪽 먼 중국땅을 바라보았다. 그러나
오빠는 소식조차 없었다. 소문에는 오빠가 풍
랑을 만나 바다에 빠졌다고 했고, 중국에서 결
혼하여 그 곳에 살고 있다고도 했다. 모든 것

을 체념한 채 일생을 혼자 살기로 결심하고 소
녀는 깊은 산 속으로 들어갔다.

세월은 흘러서 어느덧 소녀는 할머니가 되
었다. 어느 날, 머리가 파뿌리처럼 하얗게 센
도라지는 문득 옛날의 바다가 보고 싶어져서
높은 산으로 올라갔다.

"오빠가 지금이라도 돌아온다면….."

소녀가 그리운 정을 어쩌지 못하는데 등 뒤
에서 부르는 소리가 들렸다.

"도라지야."

낯익은 목소리에 깜짝 놀라 돌아보다가 역
시 늙어 할아버지가 된 오빠를 본 그녀는 입
을 크게 벌린 채 그 자리에서 숨이 끊어져 그
대로 한 송이 꽃으로 변했다고 한다.

이 꽃이 바로 도라지이다.

상추

〔국화과〕

한해살이풀. 유럽 원산이며 농가에서 채소로 재배하고 키 90~120cm 자란다. 뿌리에서 나온 잎은 큰 타원형이고 양면에 주름이 많으며 가장자리에 톱니가 있다. 꽃은 6~7월에 노란색으로 피고 가지 끝에 많이 모여 달린다. 열매는 수과이고 끝에 긴 부리가 있으며, 흰색 관모가 낙하산 모양으로 퍼져 있다. 잎을 식용한다.

쑥갓

〔국화과〕

한해살이 또는 두해살이풀. 지중해 연안 원산이며 농가에서 채소로 재배하고 키 30~60cm 자란다. 잎은 어긋나고 깃꼴 겹잎이며 밑이 줄기를 감싼다. 꽃은 6~8월에 노란색 또는 흰색으로 피고 줄기나 가지 끝에 1송이씩 달린다. 열매는 수과이고 삼각기둥이며 짙은 갈색으로 익는다. 전체를 식용한다.

우엉
〔국화과〕

두해살이풀. 유럽 원산이며 밭에서 지배하고 키 1.5~2m 자란다. 잎은 모여 나고 큰 염통 모양이며 가장자리에 톱니가 있다. 꽃은 7월에 짙은 자주색 또는 흰색으로 피고 줄기 끝에 모여 달린다. 열매는 9월에 익는다. 뿌리와 어린 잎을 식용하고 열매는 약재로 쓴다.

우엉 뿌리

치커리
〔국화과〕

여러해살이풀. 북유럽 원산이며 채소로 재배하고 키 50~150cm 자란다. 뿌리에서 나온 잎은 주걱 모양이고, 줄기에 달린 잎은 어긋나고 피침형이며 밑이 원줄기를 감싼다. 꽃은 7~9월에 하늘색으로 피고 잎겨드랑이와 줄기 끝에 달린다. 열매는 수과이고 회백색으로 익는다. 연한 잎을 먹는다.

들깨

〔꿀풀과〕

한해살이풀. 동남 아시아 원산이며 농가에서 재배하고 키 60~90cm 자란다. 잎은 마주나고 넓은 달걀 모양이며 가장자리에 톱니가 있다. 꽃은 8~9월에 흰색으로 피고 줄기 끝에 통꽃이 빽빽하게 달린다. 열매는 소견과이고 공 모양이며 10월에 익는다. 잎과 열매를 식용한다.

토란

〔천남성과〕

여러해살이풀. 열대 아시아 원산이며 약간 습한 곳에서 잘 자란다. 잎은 뿌리에서 나오고 넓은 타원형이다. 드물게 잎자루 사이에서 1~4개의 꽃줄기가 나오는데, 꽃은 8~9월에 노란색으로 피고 막대 모양의 꽃이삭 위쪽에 수꽃, 아래쪽에 암꽃이 달린다. 알줄기를 식용한다.

아하!

땅 속으 알

땅속의 알줄기가 닭의 알처럼 둥글게 생겼으므로 땅속의 알이라고 하여 '토란(土卵)' 이라고 이튼붙인 것 같다.

마늘
〔백합과〕

여러해살이풀. 유럽 원산이며 농가에서 재배하고 키 60cm 정도 자란다. 잎은 어긋나고 긴 피침형이며 밑부분이 잎집으로 되어 있어 서로 감싼다. 꽃은 7월에 연한 자주색이나 담홍자색으로 피고 잎겨드랑이에서 나온 꽃줄기 끝에 잔꽃이 많이 모여 달린다. 열매는 삭과이고 비늘줄기를 먹고 약재로도 쓴다.

재미있는 꽃이야기

단군 신화와 마늘

마늘은 우리 나라 역사의 시작과 함께한 식물로서 삼국유사에서 전하는 단군 신화에 등장한다.

곰과 호랑이가 한 동굴 속에 살고 있었는데, 둘 다 너무나 사람이 되고 싶었다. 그래서 어느 날 환웅을 찾아가서 애원하였다.

"어찌하면 사람이 될 수 있을까요?"

"단 하루를 살더라도 사람이 되고 싶어요."

환웅은 고개를 저으며 말했다.

"그건 몹시 어려운 일이니라."

"아닙니다, 그 어떤 어려움이라도 다 이겨 낼 수 있습니다."

"환웅님, 제발 그 방법만 알려 주십시오."

곰과 호랑이가 극구 간청하자 환웅은 신령스런 풀인 마늘 20통과 쑥 한 자루를 주면서 말했다.

"이것을 먹고 100일 동안 햇빛을 보지 않으면 사람이 될 것이다."

"네, 감사합니다!"

그러나 환웅의 말처럼 그 일은 쉽지 않았다. 결국 인내심이 없는 호랑이는 이를 지키지 못했으나 곰은 그대로 지켜서 최초의 사람인 웅녀가 되었다고 한다.

그런데 환웅이 태백산에 신시를 건설하고 인간의 여러 일을 다스리던 제3조목에는 마늘과 쑥으로 병을 다스린다고 했다. 이렇게 볼 때, 마늘과 쑥은 식품이면서 약초의 역할을 겸했음을 엿볼 수 있다.

부추

[백합과]

여러해살이풀. 농가에서 재배하며 키 30~40cm 자란다. 잎은 밑동에서 나오고 긴 선형이며 육질이다. 꽃은 7~8월에 흰색으로 피고 꽃줄기 끝에 많이 모여 달린다. 열매는 삭과이고 염통 모양이며 10월에 익는다. 비늘줄기를 약재로 사용하고 전체를 식용한다.

양파

[백합과]

두해살이풀. 페르시아 원산이며 농가에서 재배하고 키 50~100cm 자란다. 땅 속의 비늘줄기는 납작한 공 모양이며 매운 맛이 난다. 잎은 원기둥 모양이며 꽃이 필 때 마르고 밑 부분이 두꺼운 비늘 조각으로 되어 있다. 꽃은 9월에 흰색으로 피고 잎 사이에서 나온 꽃줄기 끝에 잔꽃이 많이 모여 공 모양이 된다. 전체를 식용하고 뿌리줄기는 약재로도 쓴다.

파

[백합과]

여러해살이풀. 시베리아 원산이며 농가에서 재배하고 키 70cm 정도 자란다. 잎은 끝이 뾰족한 통 모양이고 밑동이 잎집이 되며 2줄로 자란다. 꽃은 원기둥 모양이며 6~7월에 흰색으로 피고 꽃줄기 끝에 많이 모여 달린다. 열매는 삭과이고 9월에 익는다. 잎을 식용하고 뿌리와 비늘줄기를 약재로 쓴다.

꽃

파인애플

[파인애플과]

여러해살이풀. 열대 아메리카 원산이며 온실에서 재배하고 키 50~120cm 자란다. 잎은 짧은 줄기 위에 뭉쳐나고 좁고 길다. 꽃은 엷은 자줏빛을 띤 남색이고 꽃이삭은 공 모양이며 잎 사이에서 나온 줄기 끝에 달린다. 열매는 집합과고 달걀 모양이며, 주황색에서 노란색으로 변하며 익는다. 열매를 식용한다.

바나나
[파초과]

여러해살이풀. 인도 원산이며 우리 나라에서는 주로 온실에서 재배하고 키 6m 정도 자란다. 잎은 긴 타원형이고 가운데에 굵은 맥이 있다. 꽃은 7~8월에 노란색을 띤 흰색으로 피고 각 포 겨드랑이에 2단으로 늘어서며 포가 꽃 전체를 감싼다. 열매는 장과이고 긴 타원형이며 노란색으로 익는다. 열매를 식용한다.

생강
[생강과]

여러해살이풀. 열대 아시아 원산이며 농가에서 재배하고 키 30~50cm 자란다. 뿌리줄기는 노란색 덩어리 모양이고 매운 맛과 향긋한 냄새가 있다. 잎은 어긋나고 긴 피침형이며, 양끝이 좁고 밑 부분이 잎집이 된다. 꽃은 8~9월에 담황색으로 핀다. 뿌리줄기를 식용하고 약재로도 쓴다.

벼과(화본과)

가늘고 길게 모여난 잎과 잘 보이지 않는 꽃

벼과 식물의 특징

- 전세계에 10,000여 종이 있으며 우리 나라에는 180종이 있다.
- 대부분 풀이며 드물게 나무도 있다.
- 줄기는 둥글고 속이 비어 있다.
- 잎은 어긋나고 대개 2줄로 배열되며, 잎몸·엽초·엽설로 이루어진다.
- 꽃은 대개 줄기 끝에서 이삭을 이룬다. 작은이삭이 모여 큰이삭을 만들며 작은이삭에는 작은 꽃이 여러 송이 있다.
- 꽃잎과 꽃받침은 퇴화하고 수술과 암술만 있다.
- 열매는 포에 둘러싸인 곡립이고 씨가 1개씩 들어 있다.

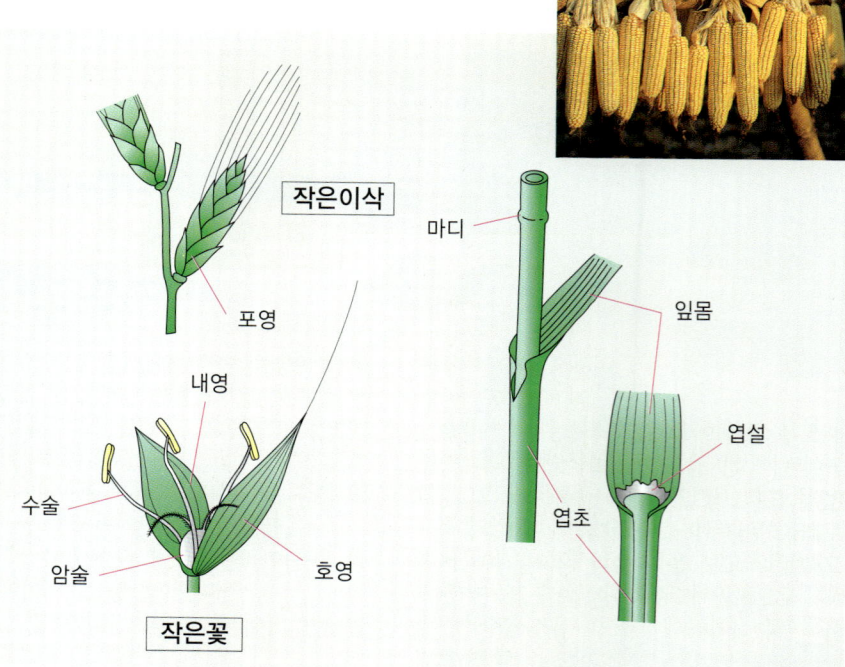

작은이삭

포영

내영

수술

암술

호영

작은꽃

마디

잎몸

엽설

엽초

보리

[벼과(화본과)]

두해살이풀. 농가에서 밭에서 재배하며 키 1m 정도 자란다. 잎은 어긋나고 넓은 피침형이며 밑동이 잎집으로 되어 원줄기를 완전히 감싼다. 꽃은 4~5월에 피고 이삭은 3줄로 늘어서며 긴 까락이 달려 있다. 열매를 식용하고 싹이 튼 맥아는 약재로 쓴다.

꽃

벼

〔벼과(화본과)〕

한해살이풀. 인도와 말레이시아 원산이며 농가에서 재배하고 키 1m 정도 자란다. 잎은 긴 칼 모양이고 가장자리가 까칠까칠하다. 꽃은 흰색으로 피고 줄기 끝에 낱꽃이 빽빽하게 붙는다. 이삭은 꽃이 필 때는 곧게 서지만 열매가 익을 때는 밑으로 처진다. 열매를 식용한다.

신라 때의 녹봉

신라 때 관리들에게 급료인 녹봉(祿俸)을 벼로 주었다. 이에 사람들이 벼를 '신라(新羅)의 봉록(俸祿)'이라 하여 '나록(羅祿)이라 부르던 것이 변해 벼의 겉곡식을 '나락'이라고 한다.

싹

못자리

모내기

추수

씨(쌀)

밀

〔벼과(화본과)〕 소맥

한해살이풀. 농가의 밭에서 재배하며 키 60~120cm 자란다. 잎은 넓고 긴 피침형이고 끝이 점점 좁아지고 뒤로 처진다. 잎집은 위쪽 가장자리에 흰색 부속물이 있어 줄기를 감싼다. 꽃은 5월에 아침부터 피기 시작하지만 오후에 가장 많이 핀다. 열매는 영과이고 넓은 타원형이며 갈색이다. 씨는 타원형이고 깊은 골이 있다.

조

〔벼과(화본과)〕

한해살이풀. 농가의 밭에서 재배하며 키 1~1.5m 자란다. 잎은 피침형이고 가장자리에 잔톱니가 있으며 밑부분이 잎집으로 된다. 꽃은 7~8월에 피고 이삭은 원기둥 모양이며 한쪽으로 구부러진다. 열매는 영과고 둥글며 9~10월에 노란색으로 익는다. 열매를 식용한다.

옥수수 밭

열매

암꽃

옥수수
[벼과(화본과)]

　한해살이풀. 열대 아메리카 원산이며 농가에서 재배하고 키 1.5~2.5m 자란다. 잎은 어긋나고 끝이 뾰족한 긴 타원형이며 밑은 줄기를 감싼다. 꽃은 7~8월에 피고 수꽃이삭은 줄기 끝에 달리고 암꽃이삭은 줄기의 잎겨드랑이에 달린다. 열매는 둥글고 많으며 노란색으로 익는다. 열매를 식용하고 마른 암술대는 약재로 쓴다.

수수

〔벼과(화본과)〕

한해살이풀. 흔히 밭에서
재배하며 키 1.5~3m 자란
다. 잎은 어긋나고 긴 타원
형이며 끝이 뾰족하다. 처음
에는 잎과 줄기가 녹색이나
차츰 붉은 갈색으로 변한다.
원줄기 끝에 많은 꽃이 빽빽
하게 모인 이삭이 달린다.
열매를 식용한다.

아하! 교과서 식물도감

물가의 식물

연꽃
[수련과]

여러해살이물풀. 연못에 자란다. 잎은 뿌리줄기에서 나와 물 위에 높이 솟고 둥글며 백록색이다. 꽃은 7~8월에 분홍색이나 흰색으로 피고 꽃자루 끝에 1송이씩 달린다. 열매는 견과이고 타원형이며 9월에 검은색으로 익는다. 잎과 땅속줄기와 열매는 식용하고 약재로도 사용한다.

백련

열매

가시연꽃

왜개연꽃

개연꽃

아하! 잠을 자는 연꽃

꽃이 연꽃을 닮았으며 밤에는 꽃이 오므라들고 낮에는 활짝 피기를 3일 동안 반복하므로, '밤에 잠을 자는 연꽃'이라 하여 '수련(睡蓮)'이라고 부른다.

수련(흰 꽃)

수련(적색 꽃)

재미있는 꽃 이야기

연인의 화원

옛날 어느 나라에 큰 강이 흐르고 있었다. 그리고 그 강의 언덕에는 '연인의 화원'이라는 넓은 화원이 있었다. 이 화원의 한구석에는 모든 사람들이 부러워하는 아름다운 꽃들이 만발해 있었지만 그 곳은 높고 험한 바위 절벽이고, 그 절벽 밑에는 바다같이 넓고 깊은 큰 강물이어서 사람들은 다만 멀리서 바라보기만 할 뿐 누구도 그 꽃들을 꺾지 못하였다.

어느 날, 연인 한 쌍이 이 화원에 놀러 왔다가 여자가 남자에게 장난삼아 말했다.

"정말 아름답군요. 저 꽃 하나만 꺾어주지 않겠어요?"

"저 곳은 새나 갈까 사람은 가지 못하오."

"당신은 참 용기가 없군요."

빈정거리는 여자의 말에 남자는 오기가 생겨 큰소리치며 말했다.

"용기가 없다고? 그렇다면 내가 가서 꺾어 오리다."

남자는 절벽 위로 올라가기 시작했다.

그러자 여자는 그런 말을 한 것을 후회하면서 만류했다.

"나는 꽃도 필요 없어요. 농담으로 한 말이니 제발 그냥 돌아오세요."

그러나 남자는 아랑곳없이 위험을 무릅쓰고 계속해서 절벽을 기어올라갔다. 이윽고 남자가 막 꽃을 꺾으려 손을 뻗는 순간, 남자는 그만 미끄러져 낭떠러지 밑으로 아름다운 꽃들과 함께 떨어져 죽고 말았다. 여자는 울부짖으며 슬퍼하였으나 아무 소용이 없었다.

강물에 떨어진 아름다운 꽃들은 남자가 죽은 곳에서 맴돌다가 그 중 하나가 하얀 수련으로 변했다고 한다.

붕어마름

〔붕어마름과〕 솔잎말

여러해살이물풀. 연못 등
물 속에서 길이 20~40cm
자란다. 뿌리가 없고 가지
가 변한 헛뿌리가 있다. 잎
은 돌려나고 바늘 모양이며
깃털처럼 가늘게 갈라진다.
꽃은 암수한그루며 8~9월
에 피고 꽃잎이 없이 잎겨
드랑이에 1송이씩 달린다.
열매는 수과이고 긴 달걀
모양이며 밑에 긴 가시가 2
개 있다.

마름

〔마름과〕

한해살이물풀. 연못에서 뿌리는 진흙 속에 박고 줄기가 물 위로
길게 자란다. 잎은 뭉쳐나고 삼각형이며 가장자리에 톱니가 있다.
잎자루에 있는 굵은 공기 주머니로 물 위에 뜬다. 꽃은 7~8월에
흰색으로 피고 잎겨드랑이에 달린다. 열매는 딱딱한 골질이고 역
삼각형이며 양끝에 가시가 있다. 씨를 식용한다.

어리연꽃

어리연꽃

〔조름나물과〕

    여러해살이물풀. 못이나 호수
에서 길이 1m 이상 자란다. 줄기
는 물 속에서 비스듬히 자라고 가
늘며 끝 부분에 잎이 드문드문 달
린다. 잎은 둥근 염통 모양이며
표면에 광택이 있다. 꽃은 7~8
월에 흰색으로 피고 잎자루의 밑
부분에 싸여 달린다. 열매는 삭과
고 긴 타원형이다.

노랑어리연꽃

가래
〔가래과〕

여러해살이풀. 연못 또는 논에서 키 50cm 정도 자라고 땅속줄기를 물 속의 땅에 뻗으며 큰 군락을 만든다. 잎은 물 속에 잠겨서 얇고 좁다랗게 생긴 것과 물 위에 뜬 타원형인 것이 있다. 꽃은 7~8월에 황록색으로 피고 꽃줄기 끝에 많이 모여 달린다. 열매는 핵과이고 끝부분에 암술대가 달린다. 전체를 약재로 쓴다.

말즘
〔가래과〕

여러해살이물풀. 연못이나 흐르는 물 속에서 무리지어 나며 길이 70cm 정도 자란다. 잎은 어긋나고 넓은 선형이며, 가장자리에 주름이 있고 대부분 물에 잠긴다. 꽃은 5~10월에 엷은 노란색으로 피고 꽃줄기에 이삭처럼 달린다. 열매는 삭과이고 타원형이며 10월에 익는다.

검정말
〔자라풀과〕

　여러해살이물풀. 연못이나 흐르는 개울물 속에서 모여 자란다. 줄기는 원기둥 모양이며 긴 털이 빽빽하고 높이 30~60cm로 많은 마디가 있다. 잎은 돌려나고 선형이며 끝이 가시처럼 뾰족하다. 꽃은 암수딴그루이며 9월에 연한 자주색으로 피고 잎겨드랑이에 1송이씩 달린다. 열매는 선형이고 원기둥 모양의 씨가 1~3개씩 들어 있다.

나사말
〔자라풀과〕

　여러해살이물풀. 연못이나 흐름이 느린 강가의 물 속에서 길이 70cm 정도 자란다. 뿌리줄기는 흰색이고 마디에서 수염뿌리가 나온다. 잎은 뿌리줄기에서 모여나고 끝이 둔한 선형이며 반투명하다. 꽃은 암수딴그루이고 8~9월에 핀다. 열매는 선형이고 겉이 밋밋하다. 씨는 양끝이 뾰족한 원기둥 모양이다.

자라풀

〔자라풀과〕

여러해살이물풀. 연못에서 키 1m 정도 자라며 마디에서 뿌리가 내리고 턱잎이 자란다. 잎은 황록색이고 말굽 모양이며 뒷면에 기포가 있어 물 위에 뜬다. 꽃은 암수한그루이며 8~10월에 흰색으로 피고 물 위로 나온 꽃줄기에 달린다. 열매는 달걀 모양이며 육질이고 10월에 연한 녹색으로 익는다.

벗풀

〔택사과〕 보풀

여러해살이풀. 습지나 얕은 물에서 자란다. 잎은 밑에서 서로 감싸면서 모여나고 화살촉 모양으로 갈라지며 끝이 뾰족하다. 꽃은 암수한그루이며 8~10월에 흰색으로 피고 긴 꽃줄기에 층층이 돌려 달린다. 열매는 수과이고 납작한 달걀 모양이며 10월에 익는다.

부레옥잠

(물옥잠과)

여러해살이풀. 열대 아메리카 원산이고 연못에서 떠다니며 자란다. 밑에 수염뿌리처럼 생긴 잔뿌리들은 수분과 양분을 빨아들이고 몸을 지탱하는 구실을 한다. 잎은 많이 나고 달걀 모양이며, 윤기가 있고 잎자루 가운데가 부풀어 물에 뜬다. 꽃은 8~9월에 연한 보라색으로 피고 줄기 끝에 달린다.

아하! 부레를 가진 식물

꽃이 옥잠화와 비슷하고 잎자루 중앙부가 부풀어 마치 물고기의 부레처럼 되며 이것을 이용하여 수면으로 뜨기 때문에 '부레옥잠'이라고 한다.

부레처럼 부푼 부레옥잠 잎자루

물달개비

〔물옥잠과〕

한해살이풀. 논이나 못의 물가에서 키 20cm 정도 자란다. 잎은 줄기에 1장씩 달리고 세모진 달걀 모양이며 잎자루가 길다. 꽃은 9월에 푸른 자주색으로 피고 줄기 끝에 달린다. 열매는 삭과이고 끝이 날카로운 타원형이며, 9월에 익고 씨가 많이 들어 있다.

물에서 자라는 달개비

꽃과 잎의 모양이 달개비(닭의장풀)와 비슷하고 물가에서 자라기 때문에 '물달개비' 라고 부른다.

물옥잠

〔물옥잠과〕

한해살이풀. 논과 늪의 물 속에서 키 20~40cm 자란다. 잎은 염통 모양이고 두꺼우며, 윤이 나고 잎자루 밑 부분이 넓어져서 줄기를 감싼다. 꽃은 7~9월에 청색을 띤 자주색으로 피고 줄기 끝에 여러 송이가 모여 달린다. 열매는 삭과이고 긴 타원형이며 9월에 익는다.

노랑꽃창포

〔붓꽃과〕

여러해살이풀. 유럽 원산이며 연못가에 많이 심고 키 60~100cm 자란다. 잎은 긴 창 모양이고 2줄로 늘어선다. 꽃은 5~6월에 노란색으로 피고, 가지가 약간 갈라지는 꽃줄기 끝에 1송이씩 달린다. 열매는 삭과이고 세모진 타원형이며, 끝이 뾰족하고 익으면 3개로 갈라진다.

창포
〔천남성과〕

여러해살이풀. 호수나 연못가의 습지에서 키 60~90cm 자란다. 잎은 뿌리에서 뭉쳐나고 긴 선형이며 밑부분이 서로 싸여서 잎집처럼 된다. 꽃은 6~7월에 노란색으로 피고 꽃잎이 없으며, 잎처럼 생긴 꽃줄기 중앙에 원기둥 모양으로 모여 달린다. 열매는 장과이고 긴타원형이며 7~8월에 적색으로 익는다. 땅속줄기를 약재로 쓴다.

피
〔벼과(화본과)〕

한해살이풀. 산과 들에서 키 1~2m 자란다. 잎은 긴 칼 모양이며 잎집이 길고 가장자리에 잔톱니가 있다. 꽃은 8~9월에 피고 가지에 이삭처럼 달린다. 씨는 노란색 또는 어두운 갈색으로 익는다. 열매를 식용한다.

갈대
[벼과(화본과)]

여러해살이풀. 습지나 강가의 모래땅에 군락을 이루고 키 3m 정도 자란다. 잎은 가늘고 길며 끝이 뾰족하다. 잎집은 줄기를 둘러싸고 털이 있다. 꽃은 8~9월에 피고 처음에는 자주색이었다가 옅은노란색으로 변한다. 열매는 영과로서 10월에 익으며 씨에 갓털이 있어 바람에 쉽게 날려 멀리 퍼진다. 어린순은 식용하고 뿌리줄기는 약재로 쓴다.

재미있는 꽃 이야기

효자의 옷

옛날 중국에 민자건이라는 사람이 있었다.
어릴 때, 어머니를 여의고 의붓어머니 밑에서 자라고 있었다. 의붓어머니는 아이 둘을 낳았는데, 자기가 낳은 아이만 귀여워하고 민자건은 몹시 구박하였다.

살을 에는 찬바람이 불어닥치는 겨울에도 자기가 낳은 아이에게는 따뜻한 솜옷을 입히면서 민자건의 옷에는 갈대 이삭을 넣은 옷을 입혔다. 갈대 이삭을 넣은 민자건의 옷은 겉으로 보기에 두툼하여 솜옷같이 보였다. 그래서 아버지는 의붓어머니가 민자건을 구박하는 것을 눈치 못 챘다. 마음씨 착한 민자건은 아무런 불평 없이 참고 견디었다.

그러던 어느 날, 마차를 몰고 가던 민자건이 너무 벌벌 떠는 것을 이상하게 여긴 아버지가 민자건의 옷을 만져 보았다.

"아니, 이건 바람이 솔솔 새는 갈대가 아니오! 이럴 수가!"

모든 사실을 안 아버지는 너무 화가 나서 당장 아내를 내쫓으려고 했다. 여느 아이 같으면 박수를 치며 좋아했을 텐데, 민자건은 오히려 아버지에게 눈물로 애원을 하였다. 어머니는 결코 나쁜 사람이 아니라고 말렸다. 이 때 의붓어머니는 크게 감동하여 그 후부터는 자기 소생과 다름없이 민자건을 사랑하였다고 한다.

민자건은 24효의 한 사람에 꼽히는 사람이 되었다. 24효라 함은 원나라 사람 곽거업이 선정한 중국 고금의 효성이 뛰어난 스물네 사람을 가리킨다.

개구리밥

〔개구리밥과〕 부평초

여러해살이풀. 논이나 연못의 물 위에 떠서 자란다. 가을에 작은 겨울눈이 물 속에 가라앉아서 겨울을 나고 이듬해 봄에 물 위로 나와 번식한다. 엽상체는 달걀 모양이며 앞면은 녹색이고 뒷면은 자주색이다. 꽃은 7~8월에 흰색으로 간혹 피는 것이 있으나 매우 작아서 찾아보기 어렵다. 열매는 포과로서 10월에 익는다.

아하! 물에 떠다니는 풀

논이나 늪에서 뿌리는 물 속의 흙에 내리지만 잎과 줄기가 물 위에 떠 다니므로 '부평초(浮萍草)'라고도 부른다.

좀개구리밥

개구리밥

물양귀비

〔물양귀비과〕

여러해살이물풀. 중앙 아메리카 원산이며 물 속의 흙에 뿌리를 내리고 잎이 물 위에 떠서 자란다. 잎은 염통 모양이며 두껍고 윤이 난다. 꽃은 7~10월에 노란색으로 피고 꽃잎은 3장이며 꽃줄기 끝에 1송이씩 달린다.

리 꽃 달

부들

(부들과)

여러해살이풀. 연못 가장자리와 습지에서 키 1~1.5m 자란다. 잎은 분백색이고 선형이며 줄기의 밑부분을 완전히 감싼다. 꽃은 6~7월에 노란색으로 피고 꽃잎이 없으며 꽃줄기 끝에 원기둥 모양으로 달린다. 열매는 긴 타원형이며 적갈색으로 익는다.

아하!
부들부들 떨리는 풀

꽃가루받이가 일어날 때 잎이 부들부들 떨리기 때문에 '부들'이라는 이름이 붙었다고 한다. 부들은 바람을 이용하여 꽃가루받이를 하는 식물이다.

재미있는 꽃이야기

상처를 치료하는 꽃가루

옛날 어느 외딴 섬에 살던 토끼가 육지에 가고 싶어 꾀를 내어 악어를 불렀다.

"내가 너의 악어 무리가 얼마나 되는지 세어 볼 터이니 이 섬에서 저 육지까지 한 줄로 네 동료들을 늘어서게 해 보아라. 다음에 우리 토끼들이 모일 때는 네가 세어라."

이렇게 해서 토끼는 세는 시늉을 하면서 악어 등을 깡총깡총 뛰어 자기가 가고 싶어하던 육지로 건너가고 말았다.

뒤늦게 속은 것을 안 악어는 화가 나서 토끼의 털을 모두 물어뜯어 빨간 알몸을 만들어 버렸다. 토끼는 겁도 나고 너무 아파서 오들오들 떨고 있었다. 마침 그 곳을 지나가던 산신에게 토끼는 전후 사정을 말하고 구원을 청하였다. 산신은 토끼의 모습이 너무 가련하여 비법을 일러 주었다.

"이 산 너머에서 나는 긴 풀을 깔고 누워 있으면 몸의 상처가 없어질 것이다."

토끼는 산신의 말대로 그 곳을 찾아가 긴 풀을 모으고 그 속에서 누워 며칠을 지내니 상처도 아물고 몸의 털도 다시 나게 되었다. 이 때 토끼가 깔고 누워 있던 풀이 바로 부들이었다고 한다. 예로부터 부들의 수꽃 꽃가루는 악성 종기 등의 치료에 쓰였다.

우산이끼
[우산이끼무리]

마을 부근의 습한 곳에서 흔히 자란다. 잎 같은 줄기는 두 갈래로 갈라지고 겉면에 기공이 뚜렷하다. 암수의 포기가 다르며 암그릇은 10개로 갈라지고, 숫그릇은 8개로 갈라진다.

펼친 우산처럼 생긴 이끼

꽃이 필 때 우산을 펼친 모양의 암그릇(자기탁;雌器托)과 숫그릇(웅기탁;雄器托)이 나오는데 이것을 보고 '우산이끼'라는 이름이 붙었다.

우산이끼

애기솔이끼

탑꼴이끼
[지의무리]

산과 들의 평지에서 키 1cm 정도 자란다. 줄기는 비늘조각 모양이며 회록색이고, 암그릇대는 겹겹이 탑처럼 달린다. 암그릇은 갈색이고 비늘이 있어 거칠게 보인다.

탑꼴이끼

바늘솔이끼

꽃잎이끼

꽃잎이끼
〔지의무리〕

산과 들의 바위나 죽은 나무 등에 붙어 너비 20cm 정도 자란다. 줄기는 둥글고 회백색이며 오글오글한 꽃잎 모양이 된다.

꽃잎이끼

가지꽃지의

가늘고 길게 모여난 잎과 잘 보이지 않는 꽃

사초과 식물의 특징

- 전세계에 3,500여 종이 있으며 우리 나라에는 172종이 있다.
- 줄기의 단면은 삼각형이다.
- 잎은 어긋나고 대개 3줄로 배열되며 밑부분은 엽초로 되어 있다.
- 꽃은 대개 줄기 끝에서 이삭을 이룬다. 작은이삭이 모여 큰이삭을 만들며, 작은이삭에는 작은꽃이 여러 송이 있다.
- 꽃잎과 꽃받침은 퇴화하고 수술과 암술만 있다.
- 열매는 수과이고 작으며, 편평하거나 삼각형이다.

방동사니속

암술머리 / 과포 / 씨방 / 영 — 암꽃
수술 / 영 — 수꽃

방동사니
〔사초과(방동사니과)〕

한해살이풀. 들이나 밭에서 키 20~60cm 자란다. 잎은 뿌리에서 나오고 꽃줄기에서는 어긋나며 선형이다. 꽃은 8~10월에 피고 잎 사이에서 나온 꽃줄기 끝에 잔꽃이 많이 모여 이삭 모양으로 달린다. 열매는 수과이고 달걀 모양이며 10~11월에 익는다. 줄기와 잎을 약재로 쓴다.

괭이사초
[사초과]

여러해살이풀. 밭이나 들의 습지에서 키 30~70cm 자라며 줄기 단면은 삼각형이다. 잎은 납작하고 연하다. 작은이삭이 빽빽하게 모여 5~7월에 꽃이 피는데, 암꽃은 아래쪽에, 짧은 까락이 있는 수꽃은 위쪽에 달린다. 과낭에는 날개와 부리가 있다.

애괭이사초
[사초과]

여러해살이풀. 산록이나 밭과 들의 습지에서 키 15~40cm 자라며, 줄기 단면은 날카로운 삼각형이다. 잎은 납작하고 검은 반점이 있다. 작은이삭이 빽빽하게 모여 원기둥 모양을 이루고 5~6월에 꽃이 피는데, 수꽃은 위쪽에, 암꽃은 아래쪽에 달린다. 과낭은 좁은 난형이고 긴 부리가 있다.

올방개

〔사초과〕

여러해살이풀. 연못에서 무리지어 키 40~90cm 자라며, 줄기 속은 비어 있고 땅 속에 덩이줄기가 있다. 꽃은 7~10월에 황록색 또는 볏짚색으로 피고 꽃잎은 바늘 모양이며 원기둥 모양의 꽃차례를 만든다. 열매는 수과이고 달걀 모양이며 황갈색이다. 덩이줄기를 식용하고 약재로도 쓴다.

도루박이

〔사초과〕

여러해살이풀. 경기도 이북의 습지에서 키 1~1.5m 자란다. 잎은 길이 20~35cm·폭 7~10mm이다. 짧은 꽃자루에 1개씩 달린 작은 이삭이 꽃줄기 끝에 많이 모여 큰 꽃차례를 만든다. 열매는 수과이고 끝이 뾰족한 달걀 모양이다.

도깨비사초
〔사초과〕

　여러해살이풀. 전국의 밭과 들의 습지에서 키 20~4Cm 자란다. 근경은 옆으로 길게 뻗고 세모지고 꽃줄기는 단단하다. 잎은 납작하고 단단하며, 줄기 밑의 엽초는 잎몸이 짧고 황갈색이다. 꽃은 5~7월에 이삭화서로 달리며, 수꽃이삭은 줄기 끝에 붙고 자루가 길며, 선형이고 황갈색이다. 암꽃이삭은 줄기 옆에 붙고 원형이며 녹색이다. 과낭은 비늘조각보다 길며 긴 부리가 있다. 열매는 수과이고 엉성하게 들어 있다.

이삭사초
〔사초과〕

　여러해살이풀. 습지에서 키 50~80cm 자란다. 줄기는 모여나고 삼각형이다. 꽃은 5~6월에 이삭화서로 달리며, 원통형이고 밑으로 처진다. 줄기 끝의 이삭 윗부분이 암꽃이고 밑부분이 수꽃이며, 다른 이삭은 모두 암꽃이다. 열매는 수과이고 헐겁게 들어 있으며 8~9월에 익는다.

미역
〔갈조류〕

바다의 바위에 붙어 길이 1~2m 자라는 바다말. 흑갈색이나 황갈색을 띠며, 잎은 넓고 편평하다. 대개 가을에서 겨울 동안 자라고, 늦봄이나 첫여름에 번식한다. 칼슘과 요오드를 많이 함유하고 있어 산후조리용으로 많이 먹는다.

김
〔홍조류〕

바다의 암초에 붙어 길이 14~25cm 자라는 바닷말. 몸은 긴 타원형 또는 줄 같은 달걀 모양이며 가장자리에 주름이 있다. 몸 윗부분은 붉은 갈색이고 아랫부분은 파란빛을 띤 녹색이다. 10월 무렵에 나타나기 시작하여 겨울에서 봄에 걸쳐 번식하고 여름에는 보이지 않는다.

다시마
〔갈조류〕

바닷속의 바위에 붙어 길이 1.5~3.5m 자라는 큰 바닷말. 2~4년생인 엽체는 줄기·잎·뿌리의 구분이 뚜렷하다. 잎은 띠 모양으로 길다. 어릴 때에는 세로로 용무늬가 생기지만 자라면서 없어진다. 줄기는 짧은 원기둥 모양이고 곧게 서며, 뿌리는 여러 갈래로 얽힌 가지를 내고 잘 발달해 있어 바위에 붙는다.

아하! 교과서 식물도감

벌레잡이 식물

● 자료 제공 ●
그 린 샤 크
http//greenshark.co.kr

● 촬영 장소 ●
한국벌레잡이 식물원
원장 이 화 진
http//kcps.net
tel. 02)477-8246

긴잎끈끈이주걱
(끈끈이주걱과)

여러해살이풀. 북부 지방의 습지 초원에서 자생하며 키 10~30cm 자란다. 줄기는 짧은 편이고 잎은 중심에서 모여나고 길이 1.5~4cm 의 긴 타원형이며 잎자루가 길다. 꽃은 흰색과 분홍색이고 꽃잎은 수저형이며 꽃줄기에 1~2송이씩 달린다.

긴잎끈근이주걱

끈근이주걱

끈끈이주걱
(끈끈이주걱과)

여러해살이 풀. 산지의 물가나 습한 곳에서 자란다. 잎 표면에 붉은색의 긴 털이 붙어 있다. 여기에 작은 벌레가 붙으면 끈적끈적한 액체 때문에 움직이지 못하고 소화액이 흘러나와 녹는다. 꽃은 흰색과 연분홍색이며 꽃잎은 5장이다. 7월에 꽃이 피고 9월에 열매를 맺는다.

드로세라 헤밀토니

끈끈이주걱의 덫에 잡힌 모기

벌레를 잡고 오므라진 끈끈이주걱의 촉수

드로세라 아델라의꽃

드로세라 아델라

끈끈이주걱의 덫에 잡힌 벌레들

끈끈이를 가진 식물

속명 드로세라(Drosera)는 이슬(dew)을 의미하는 그리스어의 drosos에서 유래하였으며, 일반명인 Sundow는 비가 안 와도 이슬이 맺히는 식물을 의미한다. 이런 식물에 맺히는 이슬은 포충용 끈끈이 액이다.

피그미 끈끈이주걱

〔끈끈이주걱과〕

사막 지대에서 자생하며 직경 10~20mm의 작은 방사형이다. 습기가 많은 우기에 자라 꽃이 피고 건기에는 뿌리만 살아남아 휴면에 들어간다. 잎은 원형이고 가운데가 움푹 들어간다. 꽃은 흰색, 분홍색, 적색, 노랑색 등 다양하며 실 모양이고 키 2cm 정도의 꽃대에 1송이만 달린다.

꽃

끈끈이귀개

〔끈끈이주걱과〕

여러해살이풀. 괴경 끈끈이주걱의 일종이며 완도, 보길도 등에서 자생한다. 땅 속의 구근에서 자란 줄기는 키 10~30cm 자란다. 잎은 어긋나고 초승달처럼 위로 굽으며 표면에 긴 선모가 있다. 꽃은 흰색이고 6월에 꽃줄기 끝부분에서 5~10송이 달린다. 자생지는 환경부 보호지(식-75호)로 지정되어 보호되고 있다.

꽃

끈끈이귀개의
덫에 잡힌 벌레

끈끈이귀개의 덫

끈끈이귀개의 덫에서
흡수되기 시작하는 벌레들

2개로 갈라진 드로세라 비나타-T형

드로세라 비나타의 꽃

드로세라 비나타

(끈끈이주걱과)

　여러해살이풀. 오스트레일리아 원산. 줄기가 짧고 기부에 털이 많다. 잎은 녹색이고 붉은색 촉수로 덮여 있고 잎자루가 줄기처럼 길게 뻗는다. 꽃은 흰색이고 꽃잎은 타원형이며 1m까지 자라는 꽃줄기에 수십 송이가 달린다.

　잎이 2개로 나누어지는 형을 비나타-T형이라 하고, 잎이 4개로 나누어지는 형을 비나타 디코토마라고 하며, 잎이 8개 이상으로 나누어지는 형을 비나타 무르티피다라고 한다.

두 개로 갈라지기
시작하는 드로세라
비나타의 어린 덫

드로세라 비나타의
덫에 잡힌 벌레

4개로 갈라진 드로세라 비나타 디코토마

비나타 무르티피다의 꽃

8개로 갈라진
비나타 무르티
피다의 덫

카펜시스의 꽃

드로세라 카펜시스 〔끈끈이주걱과〕

여러해살이풀. 남아메리카 원산. 줄기가 짧고 잎은 밀생한다. 잎은 길이 3.5~6cm 의 가는 수저형이고 잎자루는 길이 10cm 정도 되는 것도 있다. 꽃은 보라색이고 꽃 잎은 타원형이며 길이 20~30cm의 꽃줄기에 30송이 정도까지 달린다.

카펜시스 티피칼(Drosera capencis 'Typical'), 카펜시스 나로우(Drosera capencis 'Narrow'), 백색 카펜시스(Drosera capencis 'Alba'), 카펜시스 레드(Drosera capencis 'Red'), 카펜시스 자이안트(Drosera capencis 'Giant') 등의 품종이 있다.

카펜시스 레드

카펜시스 레드의
덫에 잡힌 파리

카펜시스 티피칼의 덫

둥글게 말려 자라는
카펜시스 알바의 덫

파리지옥풀의 덫에 잡힌 파리

파리지옥풀의 꽃

파리지옥풀
(끈끈이주걱과)

여러해살이풀. 아메리카 원산. 줄기는 짧고 옆으로 뻗는다. 잎은 직경 20cm 정도의 방사형으로 배열되고 잎자루는 심장형이다. 잎이 성숙하면 길이 2.5~5cm의 덫을 만든다. 덫은 조개껍질처럼 2개로 나뉘며 가장자리에 가시가 창살처럼 나란히 나 있다. 꽃은 흰색이고 4~6월에 길이 25~30cm의 꽃줄기 끝에 여러 송이가 달린다.

비브리스 리니프로라
(비브리스과)

여러해살이풀. 오스트레일리아 원산. 모래땅에서 땅 위를 기거나 다른 식물에 기대어 90cm 정도 자란다. 잎은 선형이고 길이 10~15cm이며 어린 잎은 소용돌이치는 상태로 감고 있다. 꽃은 적자색이고 우기에 줄기에서 나온 꽃줄기에 달린다. 끝 부분이 우산 모양인 선모의 점액이 반짝이는 것으로 벌레를 유인한다.

네펜데스 벤트리코사

네펜데스 〔네펜데스과〕

네펜데스의 포충낭에 고인 소화액

　　주로 동남아시아의 열대 지역에서 자라는 덩굴성 여러해살이풀. 잎 끝에 덩굴이 생겨 주변의 물체를 감아 몸체를 지탱하며, 덩굴손의 끝은 포충낭이다. 포충낭의 크기와 모양은 여러 가지가 있고, 대개 뿌리 쪽의 것은 원통형이며 줄기 끝쪽의 것은 깔대기 모양이다. 꽃은 암수딴그루이고 덮은 식충식물 중 가장 크다. 식물체 전체에 꿀샘이 있어 그 향과 색깔로 벌레를 모은다. 흔히 벌레잡이 통풀이라고 부른다.

네펜데스 벤틀라타의 암꽃

네펜데스의 포충낭에 빠진 벌레들

네펜데스의 여러 가지 포충낭

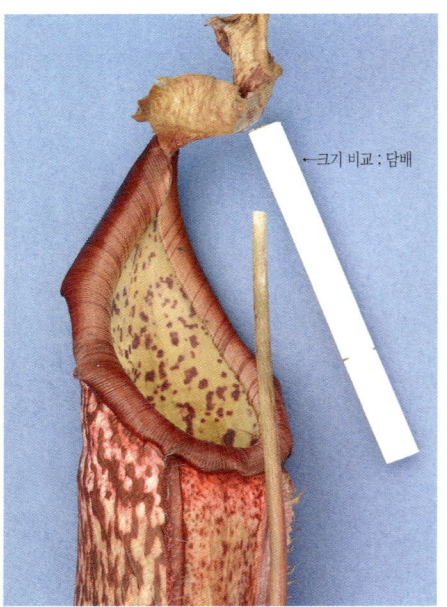

←크기 비교 : 담배

네펜데스 막시마
(포충낭의 길이 약 30cm)

네펜데스 라플레시아

네펜데스 알라타 하이랜드

네펜데스
암플라리아 스팟

재미있는 꽃이야기

네펜데스의 포충낭(덫)

네펜데스는 벌레 잡이 식물 중에서 가장 덫이 크다. 필리핀 원산인 네펜데스 메릴리아나의 포충낭은 길이 50cm · 직경 25cm가 넘어 작은 새 · 개구리 · 들쥐 등이 빠져 죽기도 한다.

식물 전체에 꿀샘이 있어 여기에서 분비되는 꿀과 색깔로 벌레를 유인한다. 특히 포충낭의 입구와 뚜껑 안쪽에 꿀샘이 많이 있으며, 여러 가지 벌레 중에서 개미가 가장 많이 모여든다.

꿀샘에서 분비되는 꿀은 포충낭에 빠진 벌레들을 마취시키는 효과가 있다. 포충낭에 날아든 벌레는 잠시 꿀을 먹은 후 마비된 듯 비틀비틀하다가 결국 중심을 잃고 포충낭 속 깊숙한 곳으로 떨어지게 된다. 포충낭 내벽은 왁스 같은 물질로 덮여 있기 때문에 아래로 굴러떨어진 벌레는 아무리 애를 써도 미끄러워 밖으로 나올 수 없게 된다. 포충낭 바닥에는 소화액이 고여

있어 여기에 빠진 곤충은 익사한 후 분해되고 영양분은 포충낭의 벽을 통해 흡수된다.

포충낭 뚜껑은 빗물이 포충낭 안으로 들어가 내용물을 희석시키는 것을 막아준다.

포충낭에 고여 있는 물은 포충낭 바닥의 수많은 선세포로부터 분비되며, 진하고 끈적끈적하여 벌레를 흠뻑 젖게 하고 벌레의 몸에 빨리 흡수된다. 파리 한 마리가 소화액에 빠지면 이틀 정도면 완전히 소화된다고 한다.

포충낭에는 식물과 공생하는 세균이 있어 벌레를 분해하고 흡수하는 촉매로 활동한다. 포충낭의 물이 오래되면 표면에 흰색 고체덩어리가 생기는데 개미가 이것을 좋아하여 가장 많이 모여든다고 한다.

자생지에서는 커다란 포충낭 속에 쌀을 넣고 밥을 지어 별식으로 먹는다고 한다.

네펜데스 텐타쿨라타

네펜데스 트런카타

네펜데스 암플라리아

네펜데스 후커리아나

네펜데스 벤틀라타

잎의 모양이 독특한 네펜데스 트런카타

네펜데스 벤틀라타

네펜데스 후커리아나

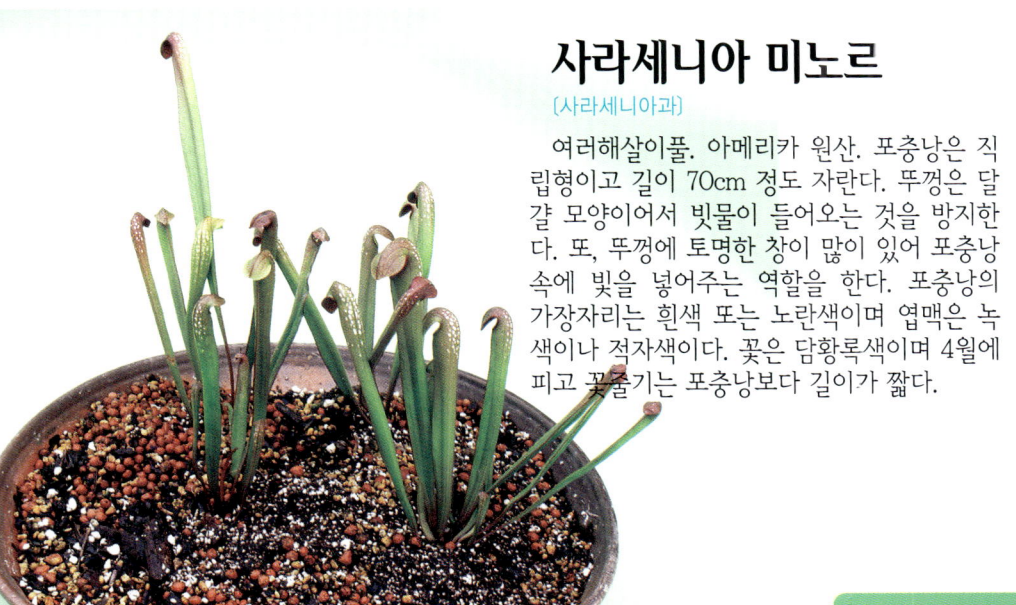

달링토니아 〔사라세니아과〕

　여러해살이풀. 아메리카 원산. 산악지대의 경사진 습지에서 큰 군락을
이룬다. 잎은 곧게 자라며 길이 90cm 정도의 속이 빈 포충낭을 만든다.
포충낭 윗부분은 앞으로 굽어져 있고 위쪽 덮개는 넓게 퍼진다. 이 포충
낭의 모양이 코브라의 뱀과 닮았다고 하여 코브라플랜트라고도 불린다.
꽃은 황록색이고 꽃줄기 끝에 달린다. 꽃잎은 5개고 꽃잎 안쪽은 보라색
이다. 코브라릴리라고도 한다.

사라세니아 미노르
〔사라세니아과〕

　여러해살이풀. 아메리카 원산. 포충낭은 직
립형이고 길이 70cm 정도 자란다. 뚜껑은 달
걀 모양이어서 빗물이 들어오는 것을 방지한
다. 또, 뚜껑에 토명한 창이 많이 있어 포충낭
속에 빛을 넣어주는 역할을 한다. 포충낭의
가장자리는 흰색 또는 노란색이며 엽맥은 녹
색이나 적자색이다. 꽃은 담황록색이며 4월에
피고 꽃줄기는 포충낭보다 길이가 짧다.

포충낭 뚜껑의 털 : 미끄럽고 딱딱한 털이 바닥을 향해 나 있어 벌레가 바깥으로 기어나오지 못하게 한다.

사라세니아 루브라 〔사라세니아과〕

여러해살이풀. 아메리카 원산. 포충낭은 녹색이고 포충낭과 뚜껑의 엽맥은 보라색이다. 포충낭은 직립형이고 길이 50cm 정도의 소형이며 가늘다. 꽃은 적갈색이나 황록색이며 4~6월에 피고 달콤한 향이 난다.

사라세니아 프라바
〔사라세니아과〕

여러해살이풀. 아메리카 원산. 포충낭은 직립형이고 길이 70cm 정도 자란다. 뚜껑은 달걀 모양이어서 빗물이 들어오는 것을 방지한다. 또, 뚜껑에 투명한 창이 많이 있어 포충낭 속에 빛을 넣어주는 역할을 한다. 포충낭의 가장자리는 흰색 또는 노란색이며 엽맥은 녹색이나 적자색이다. 꽃은 담황록색이며 4월에 피고 꽃줄기는 포충낭보다 길이가 짧다.

사라세니아
오레오필라
〔사라세니아과〕

여러해살이풀 아메리카 원산. 포충낭은 여름에는 길이 70cm 정도까지 자라고 겨울에는 길이 20cm 정도의 칼 모양이 된다. 꽃은 황록색이고 4~6월에 핀다.

사라세니아 퍼프레아

사라세니아의 여러 가지 포충낭

사라세니아 베노사

사라세니아
알라타

사라세니아 루브라

재미있는 꽃이야기

사라세니아의 포충낭(덫)

사라세니아의 포충낭은 뿌리에서 바로 나와 대부분 기둥처럼 직립하는 모양이다. 이 포충낭은 줄기처럼 보이지만 실제로는 잎이 변형된 것이며 포충낭 아랫부분은 잎자루에 해당한다.

사라세니아의 포충낭은 내부 표면의 기능과 구조를 근거로 4부분으로 나눌 수 있다.

처음 부분은 뚜껑의 안쪽을 말하는데 벌레를 안쪽으로 유인하는 역할을 담당한다. 날아든 벌레를 포충낭 아랫부분으로 이동하게 하는 딱딱하고 뾰족한 털이 있다.

두번째는 포충낭 입구 부분으로 꿀을 분비하는 꿀샘이 많이 모여 있어 벌레를 유인하는 직접적인 역할을 한다. 입구 둘레가 안으로 말려 있는 등 벌레가 포충낭 안쪽으로 미끌어져 떨어

지기 쉽도록 위태로운 발판을 제공한다.

셋째 부분은 포충낭 내벽을 말하며, 미끄럽고 딱딱한 털이 바닥을 향해 나 있어 포충낭에 빠진 벌레가 다시 기어나오지 못하도록 한다.

넷째 부분은 소화액이 고여 있는 부분이며, 바닥을 향한 긴털이 있으며 잡힌 벌레를 녹여 소화하는 역할을 한다.

결국 꿀의 달콤함에 끌려 사라세니아에 날아든 벌레는 안바닥을 향한 내벽의 털에 의해 속으로 미끄러져 소화액에 빠지게 되는 것이다.

포충낭 가장 안쪽 벽에 있는 얇은 선세포는 소화액을 분비하여 벌레를 녹이는 역할을 담당한다. 실제로는 포충낭 안에서 공생하는 세균의 작용으로 소화가 진행된다.

달링토니아

사라세니아 프라바

사라세니아 퍼프레아

사라세니아 이븐다인

사라세니아 미노르

사라세니아 오레오필라

사라세니아의 포충낭
통 속에 빠진 쇠파리

사라세니아의
포충낭에 잡힌 벌레들

사라세니아 이븐다인의 꽃

사라세니아 이븐다인의 동면 상태

사라세니아 이븐다인

세팔로투스

〔세팔로투스과〕

상록성 여러해살이풀. 오스트레일리아 원산. 잎은 기부에서 나오고 피침형이나 원형이며, 길고 부드러운 털이 있고 잎의 색깔은 계절에 따라 변한다. 꽃은 흰색이고 꽃잎은 없으며, 길이 60cm 정도의 꽃줄기 끝에 작은 꽃들이 원추화서로 달린다. 포충낭은 뿌리 중심부에서 방사형으로 형성되며 길이 8cm 정도다. 포충낭 가장자리는 관 모양이고 녹색이나 보라색을 띤다. 뚜껑은 원형이고 거친 털이 표면에 많다.

세팔로투스의 포충낭

땅귀개의 꽃

땅귀개의 꽃(노랑)

땅귀개

〔통발과〕

여러해살이풀. 광주 어등산·화순·대암산 용늪 등 늪 주변이나 습지에서 자란다. 잎은 땅속줄기에서 군데군데 땅 위로 모여난다. 포충낭은 흰색 실같이 가는 땅속줄기가 땅 속으로 뻗으면서 군데 군데 달린다. 꽃은 노란색 또는 흰색이고 6~8월에 15cm 정도 자라는 꽃줄기에 1송이씩 달린다. 씨는 작고 둥글며 노란색이다. 씨 모양이 귀개를 닮았다고 하여 귀개라고 부른다. 환경부 지정 자생식물 137번으로 지정되어 보호되고 있다.

이삭귀개

〔통발과〕

여러해살이풀. 늪 주변이나 습지에서 자란다. 잎은 땅속줄기에서 군데군데 땅 위로 모여나고 주걱 모양이다. 포충낭은 흰색 실같이 가는 땅속줄기가 땅 속으로 뻗으면서 군데군데 달린다. 꽃은 흰색 또는 노란색이고 15cm 정도 자라는 꽃줄기에 1송이씩 달린다. 씨는 작고 둥글며 검정색이다. 씨 모양이 귀개를 닮았다고 하여 귀개라고 부른다. 환경부 지정 자생식물 139번으로 지정되어 보호되고 있다.

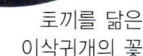

토끼를 닮은
이삭귀개의 꽃

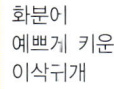

화분이
예쁘게 키운
이삭귀개

벌레잡이제비꽃의
덫에 잡힌 모기

벌레잡이제비꽃

〔통발과〕

여러해살이풀. 남아메리카 원산. 축축한 환경에서 자란다. 잎은 뿌리에서 모여나고 타원형이며 가장자리가 안쪽으로 약간 말려 있다. 꽃은 자주색, 보라색, 파랑색, 노란색 등이며, 6~8월에 15cm 정도 자라는 꽃줄기에 1송이씩 달린다. 곰팡이 냄새로 벌레를 유인하며 점액으로 덮인 잎의 표면이 덫이 된다.

토종 벌레잡이제비꽃 불가리스

거가 제비꽃처럼 생긴 벌레잡이제비꽃의 꽃

벌레잡이제비꽃의 일종인 모라넨시스

벌러 잡이제비꽃의
일종인 에세리아나

포충낭

통발
〔통발과〕

여러해살이풀. 제주도·중부 이남의 연못이나 논과 도랑의 물에서 길이 1m 정도 자란다. 잎은 어긋나고 깃털 모양으로 실같이 갈라지며, 군데군데 투명하게 보이는 렌즈 모양인 포충낭이 달려 있다. 포충낭은 물 속의 잎이 변형된 기포주머니이다.

꽃은 노란색이고 7~9월에 길이 30cm 정도인 꽃줄기에 여러 송이가 달린다. 꽃잎은 입술 모양이고 뒤쪽에 며느리발톱이라는 짧은 꼬리가 있다. 열매는 구형이고 잘 결실하지 않는다. 환경부 지정 자생식물 138번으로 지정되어 보호되고 있다.

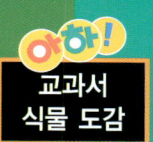

아하!
교과서
식물 도감

부 록

● 해설
● 꽃과 잎
● 식물용어사전
● 찾아보기

해 설

가는잎구절초 [국화과] 산구절초

여러해살이풀. 산 중턱에서 키 10~60cm 자란다. 잎은 어긋나고 깃 모양으로 갈라지며 갈래는 피침형이다. 꽃은 7~10월에 연분홍색·흰색으로 피고 가지 끝에 1송이씩 달린다. 열매는 수과이고 타원형이며 10~11월에 익는다. 잎을 약재로 쓴다.

가는장구채 [석죽과]

한해살이풀. 산지에서 키 50cm 정도 자라며 전체에 잔털이 있다. 잎은 마주나고 달걀 모양이다. 꽃은 7~8월에 황백색·흰색으로 피고 줄기 끝에 모여 달린다. 꽃잎은 5장이고 끝이 갈라진다. 열매는 삭과이고 달걀 모양이며 9~10월에 익는다.

가는층층잔대 [초롱꽃과(도라지과)]

여러해살이풀. 산에서 키 80cm 정도 자란다. 잎은 돌려나고 피침형이며 양끝이 날카롭다. 꽃은 종 모양이고 8~9월에 보라색으로 피며, 줄기에 여러 층으로 모여 달린다. 열매는 삭과이고 10월에 익는다. 뿌리를 식용하고 약재로도 쓴다.

가시갓버섯 [주름버섯과]

독버섯. 여름에서 가을에 걸쳐 숲 속이나 길가에서 키 8~10cm 자란다. 균모는 적갈색 또는 황갈색이고 지름 7~10cm이며, 처음에는 호빵 모양이다가 편평해지고 암갈색 돌기로 덮인다. 자루는 흰색이고 아래쪽은 담갈색이며 갈색 고리가 있다.

가시여뀌 [마디풀과(여뀌과)]

여러해살이풀. 산기슭에서 키 1.5m 정도 자라며 줄기에 붉은 털이 빽빽하게 난다. 잎은 어긋나고 염통 모양이며 겉에 짧은 가시털이 있다. 꽃은 7~8월에 연분홍색으로 피고 드문드문 이삭 모양으로 달린다. 열매는 수과이고 둥글며, 9~10월에 흰색으로 익는다.

가시연꽃 [수련과] 방석연꽃

한해살이물풀. 연못이나 늪에서 자라고 전체에 가시가 퍼져 난다. 잎은 뿌리에서 나오고 큰 방패 모양이며, 겉면이 주름지고 윤기가 나며 양면 맥 위에 가시가 있다. 꽃은 7~8월에 자색으로 피고, 긴 꽃자루 끝에 1송이씩 달린다. 열매는 액과이고 둥글며, 열매껍질이 단단하고 흑색으로 익는다. 씨를 약재로 쓴다.

가시오갈피 [두릅나무과]

갈잎떨기나무. 깊은 산 골짜기에서 높이 2~3m 자라며 전체에 가시가 많다. 잎은 어긋나고 손바닥 모양의 겹잎이며, 작은잎은 긴 타원형이고 가장자리에 겹톱니가 있다. 꽃은 7월에 자황색으로 피고 가지 끝에 모여 달린다. 열매는 핵과이고 둥글며 9월에 검은색으로 익는다. 나무껍질을 약재로 쓴다.

가지괭이눈 [범의귀과]

여러해살이풀. 산지에서 키 20cm 정도 자라며 긴 털이 드문드문 나고 밑동에서 가지를 친다. 잎은 마주나고 달걀 모양이며 가장자리에 둥근 톱니가 있다. 꽃은 5~7월에 녹색 또는 녹색 바탕에 자줏빛으로 피고 줄기와 가지 끝에 1~3송이씩 달린다. 열매는 삭과이고 9월에 익으면 2개로 갈라진다. 어린 잎을 먹는다.

각시둥굴레 [백합과] 둥굴레아재비

여러해살이풀. 깊은 산의 숲 가에서 키 15~30cm 자란다. 잎은 어긋나고 긴 타원형이며 가장자리에 돌기같은 털이 있다. 꽃은 대롱 모양이며 5~6월에 녹색이 도는 흰색으로 피고 잎겨드랑이에 1~2송이씩 달린다. 열매는 장과이고 8~9월에 짙은 하늘색으로 익는다. 어린 줄기와 잎을 식용한다.

각시붓꽃 [붓꽃과]

여러해살이풀. 산지의 풀밭에서 키 10~30cm 자란다. 잎은 길이 30cm 정도의 길다란 칼 모양이고 가장자리 윗부분에 잔돌기가 있으며, 뒤로 약간 휘어지며 뒷면은 분백색이다. 꽃은 4~5월에 자주색으로 피고, 포엽 위로 솟은 꽃줄기 끝에 1송이씩 달린다. 열매는 삭과이고 긴 달걀 모양이며 6~7월에 익는다.

각시취 [국화과]

두해살이풀. 산지 풀밭의 양지에서 키 30~150cm 자라며 전체에 잔털이 있다. 잎은 긴 타원형이고 깃 모양이며 갈래는 피침형이다. 꽃은 8~10월에 자주색으로 피고 줄기와 가지 끝에 여러 송이가 모여 달린다. 열매는 수과이고 10월에 자주색으로 익는다. 어린 순을 나물로 먹고 전체를 약재로 쓴다.

간버섯 [구멍장이버섯과]

사철 내내 숲 속의 마른 줄기나 가지에서 넓이 3~10cm 자란다. 자실체는 자루가 없고 질긴 가죽질이다. 균모는 붉은색 부채 모양이고 편평하며, 겉이 매끄고 융털이 있으며, 진하고 연한 색의 고리무늬가 생긴다. 퇴색하여 회백색이 되기도 한다. 살은 인주색이다.

갈참나무 [참나무과(너도밤나무과)]

갈잎큰키나무. 산기슭에서 높이 25m 정도 자란다. 잎은 타원형이고 가장자리는 물결 모양이다. 꽃은 암수한그루로 5월에 피고 잎겨드랑이에 달리는데, 수꽃이삭은 축 처지고 암꽃은 삼각형의 작은 돌기로 덮인다. 열매는 견과이고 타원형이며 10월에 익는다. 열매를 식용하고 약재로도 쓴다.

감자란 [난초과]

여러해살이풀. 깊은 산 숲 그늘에서 키 30~40cm 자란다. 잎은 밑동에서 보통 1~2장 나오며 긴 피침형이다. 꽃은 5~6월에 황갈색으로 피고 꽃줄기에 많이 모여 총상화서로 달린다. 잎술꽃잎은 흰색이고 반점이 있다. 열매는 삭과이고 긴 타원형이며 7~8월에 익는다.

갓버섯 [주름버섯과]

식용버섯. 여름에서 가을에 걸쳐 숲 속과 풀밭이나 대나무밭에서 키 15~30cm 자란다. 균모는 갈색이고 지름 8~20cm이며, 처음에는 달걀 모양이다가 편평해지며 겉껍질이 갈라진다. 자루는 회갈색 비늘조각으로 얼룩진다. 고리는 두껍고 흰색이며 움직일 수 있다.

갓버섯아재비 [주름버섯과]

식용버섯. 여름과 가을에 침엽수 숲과 대나무밭에서 무리지어 나며 키 5~25cm 자란다. 균모는 회갈색이고 처음에는 호빵 모양이다가 편평해지며 겉껍질이 갈라져 조각이 된다. 살은 흰색이고 상처가 나면 붉어진다. 자루는 흰색 또는 회갈색이고 윗쪽에 움직이는 회갈색 고리가 있다.

개미취 [국화과] 자원

여러해살이풀. 산과 들에서 키 1.5m~2m 자란다. 줄기에 짧은 강모가 드물게 난다. 잎은 타원형이며 가장자리에 톱니가 있고 잎자루에 날개가 있다. 꽃은 7~10월에 연한 자주색 또는 하늘색으로 피고, 줄기와 가지 끝에 모여 달린다. 열매는 수과이고 10~11월에 익는다. 어린 순을 먹고 전체를 약재로 쓴다.

개별꽃 [석죽과] 들별꽃

여러해살이풀. 산지 숲 속에서 키 10~15cm 자란다. 줄기는 1~2개씩 나오고 흰 털이 있다. 잎은 마주나고 피침형이며, 아래쪽은 좁아져서 잎자루처럼 된다. 꽃은 5월에 흰색으로 피고 잎겨드랑이에서 꽃줄기가 나와 1송이씩 달린다. 꽃잎은 5장이고 수술은 10개다. 열매는 삭과이고 달걀 모양이며, 6~7월에 익고 3갈래로 갈라진다. 어린 순을 식용하고 전초를 약재로 쓴다.

개비름 [비름과]

한해살이풀. 길가나 밭에서 키 30~80cm 자라며 줄기가 연하다. 잎은 어긋나고 네모난 달걀 모양이고 끝이 오목하게 들어간다. 꽃은 6~7월에 피고 줄기 끝과 잎겨드랑이에 모여 이삭처럼 달린다. 열매는 포과이고 둥글다. 어린 잎은 나물을 만들어 먹는다.

개양귀비 [양귀비과]

두해살이풀. 유럽 원산이며 키 50~80cm 자라고 전체에 털이 난다. 잎은 어긋나고 깃꼴로 갈라지며, 갈래조각은 피침형이고 가장자리에 톱니가 있다. 꽃은 5~6월에 보통 붉은색으로 피고 가지 끝에 1송이씩 위를 향해 달린다. 열매는 삭과이고 넓은 달걀 모양이다.

개여뀌 [마디풀과(여뀌과)]

한해살이풀. 들에서 키 60cm 정도 자라며 줄기는 적자색이다. 잎은 어긋나고 넓은 피침형이며, 가장자리에 수염털이 있고 옆초 모양의 턱잎은 통 모양이다. 꽃은 6~9월에 홍자색 또는 흰색으로 피고 줄기와 가지 끝에 이삭 모양으로 달린다. 열매는 수과이고 세모지며, 윤기가 나고 10~11월에 암갈색으로 익는다.

개연꽃 〔수련과〕

여러해살이물풀. 개천, 못, 늪 등의 물 속에서 자란다. 잎은 뿌리줄기에서 나오고 긴 잎자루가 있는데, 물 속의 잎은 좁고 길며, 물 위의 잎은 긴 타원형이고 겉은 윤이 난다. 꽃은 8~9월에 노랑색으로 피고 물 위로 나온 긴 꽃줄기 끝에 1송이씩 달린다. 열매는 장과이고 물 속에서 초록색으로 익는다. 어린 잎은 식용한다.

갯까치수영 〔앵초과〕

두해살이풀. 울릉도와 남부 지방의 바닷가에서 키 10~40cm 자란다. 밑에서 가지가 갈라지고 전체에 붉은빛이 돈다. 잎은 어긋나고 주걱 모양 피침형이며 가죽질이다. 꽃은 5~7월에 흰색으로 피고 가지 끝에 많이 모여 총상화서로 달린다. 열매는 삭과이고 둥글며, 단단하고 7~8월에 익는다. 열매 끝에서 작은 구멍이 뚫려 씨가 나온다.

갯장구채 〔석죽과〕

두해살이풀. 해변에서 키 50cm 정도 자라며 전체에 잔털이 퍼져 난다. 잎은 마주나고 피침형이며 가장자리는 밋밋하다. 꽃은 5~6월에 분홍색으로 피고 줄기 끝에 모여 달린다. 꽃잎은 5장이고 끝이 갈라진다. 열매는 삭과이고 달걀 모양이며 익으면 6개로 갈라지며, 씨는 갈색으로 잔 돌기가 있다.

계월향 〔아욱과〕

무궁화–자단심계. 전국 각지에서 자라는 재래종 중에서 선발하여 1983년 서울대학교 농과대학에서 이름지었다. 꽃이 아름답고 야무지다고 하여 임진왜란 때의 왜장과 함께 순사한 애국 기생 '계월향'의 이름을 딴 것이다. 꽃은 종 모양이고 보라빛을 띤 연분홍색 홑꽃이며 단심이 작다. 꽃이 작고 활짝 피지 않는다.

고깔제비꽃 〔제비꽃과〕

여러해살이풀. 산에서 키 15cm 정도 자란다. 잎은 뿌리에서 모여나고 염통 모양이며 가장자리에 톱니가 있다. 꽃은 4~5월에 붉은 자주색으로 피고 잎 사이에서 나온 가는 꽃줄기 끝에 1송이씩 달린다. 열매는 삭과이고 타원형이며, 7월에 익고 희미한 반점이 있다. 어린 잎은 나물로 먹고 전체를 약재로 쓴다.

고려엉겅퀴 〔국화과〕

여러해살이풀. 산과 들에서 키 1m 정도 자라며 줄기에 가지가 많다. 잎은 어긋나고 피침형이며 끝이

뾰족하다. 꽃은 7~10월에 홍자색으로 피고 가지와 줄기 끝에 1송이씩 달린다. 열매는 수과이고 긴 타원형이며 갈색 관모가 있다. 어린 잎을 식용한다.

고주몽 〔아욱과〕

무궁화–자단심계. 자연교잡 육성묘목 중에서 선발되어 1970년 한국무궁화연구회에서 이름지었다. 고구려 시조인 '주몽'의 이름을 딴 것이다. 꽃은 연자주빛이 감도는 진분홍색 홑꽃이고 꽃의 지름 9.7cm 정도이며, 단심이 작고 단심선은 미약하다.

공조팝나무 〔장미과〕

갈잎떨기나무. 중국 원산이며 높이 1~2m 정도 자란다. 잎은 어긋나고 피침형이며 가장자리 윗부분에 톱니가 있다. 꽃은 4~5월에 흰색으로 피고 가지 끝에 많이 모여 산형화서로 달린다. 열매는 골돌과이고 5개씩이며 7~9월에 익는다. 작은 꽃이 모여 달린 것이 공처럼 보인다고 하여 공조팝나무라고 부른다.

공작선인장 〔선인장과〕

남아메리카 원산. 줄기는 납작하고 편평하며, 선녹색이고 아래를 향해 늘어지며 길이 1m 정도 자란다. 잎가장자리에 톱니가 있고 회백색 털가시가 나 있다. 꽃은 선홍색, 흰색, 황색 등 다양하다. 품종에는 자화공작과 백화공작이 있다.

광릉골무꽃 〔꿀풀과〕

여러해살이풀. 산지 숲 속이나 나무 그늘에서 키 40~70cm 자란다. 잎은 마주나고 타원형이며 가장자리에 거친 톱니가 있다. 꽃은 긴 통 모양이며 5~6월에 연한 하늘색으로 피고 줄기 끝에 이삭처럼 모여 달린다. 열매는 9월에 익는다. 어린 잎을 먹는다.

광릉제비꽃 〔제비꽃과〕

여러해살이풀. 산에서 자라며 원줄기가 없다. 잎은 뿌리에서 모여나고 끝이 뾰족한 염통 모양이며, 잎

자루가 길고 가장자리에 잔톱니가 드문드문 있다. 꽃은 5~6월에 보라색 또는 연보라색으로 피고 잎 사이에서 나온 꽃줄기 끝에 1송이씩 달린다. 열매는 삭과이고 세모진 타원형이며 익으면 3갈래로 나뉜다.

귤나무 [운향과]

늘푸른중키나무. 일본 원산. 과수로 재배하고 높이 3~5m 자란다. 잎은 어긋나고 타원형이며 가장자리에 톱니가 있다. 꽃은 6월에 흰색으로 피고 잎겨드랑이에 1송이씩 달린다. 열매는 장과이고 작은 공 모양이며 10~11월에 황적색으로 익는다. 열매를 먹고 열매껍질을 약재로 쓴다.

그늘돌쩌귀 [미나리아재비과]

여러해살이풀. 산에서 키 1m 정도 자라며 줄기는 비스듬이 눕는다. 잎은 어긋나고 손바닥 모양으로 갈라지며 긴 잎자루가 있다. 꽃은 투구 모양이며 7~9월에 남보라색 또는 하늘색으로 피고 줄기 끝에 모여 총상화서로 달린다. 열매는 골돌과이고 5개이며, 9~10월에 익고 독성이 강하다. 뿌리를 약재로 쓴다.

금강애기나리 [백합과] 진부애기나리

여러해살이풀. 깊은 산 숲 속 그늘에서 키 10~30cm 자란다. 잎은 어긋나고 긴 달걀 모양이며 밑이 줄기를 감싼다. 꽃은 4~6월에 연한 황백색으로 피고 줄기 끝에 1~2송이가 달린다. 꽃잎은 6장이며 자주색 반점이 있다. 열매는 장과이고 둥글며 7~8월에 붉게 익는다.

금강초롱 [초롱꽃과(도라지과)]

여러해살이풀. 한국 특산종. 높은 산지에서 키 30~90cm 자란다. 잎은 어긋나고 긴 달걀 모양이며, 윤기가 나고 가장자리에 날카로운 톱니가 있다. 꽃은 종 모양이며 8~9월에 보라색·분홍색·자색 등으로 피고 줄기와 짧은 가지 끝에 1~2송이씩 달린다. 열매는 삭과이고 9~10월에 익는다.

금구슬 [국화과]

여러해살이풀. 중국과 일본 원산이며 국화 개량 품종이다. 꽃은 노랑색이고 크며 11월 중순에 핀다.

금꿩의다리 [미나리아재비과]

여러해살이풀. 산지 물가에서 키 1~2.5m 자라며 줄기는 자줏빛이다. 잎은 어긋나고 깃꼴겹잎이

며 가장자리에 톱니가 있다. 꽃은 7~8월에 홍자색으로 피고 줄기 끝과 잎겨드랑이에 모여 달린다. 꽃잎은 없고 꽃밥이 노랑색이다. 열매는 수과이고 긴 타원형이며 9~10월에 익는다.

금병산 [국화과]

여러해살이풀. 중국·일본 원산이며 국화 개량종이다. 꽃은 황색 겹꽃이고 가운데에 황심이 있으며 10월 중하순에 핀다.

금붓꽃 [붓꽃과] 노랑붓꽃

여러해살이풀. 한국특산종이며 산기슭 양지에서 키 20cm 정도 자라며 밑동이 묵은 잎으로 둘러싸인다. 잎은 뿌리에서 3~4장 나오고 긴 창 모양이며 밑이 줄기를 감싼다. 꽃은 4~5월에 노란색으로 피고 꽃줄기 끝에 1송이가 달린다. 열매는 삭과이고 둥글며 6~7월에 익는다.

금새우난초 [난초과]

여러해살이풀. 섬 지방 숲 속에서 키 40cm 정도 자란다. 잎은 밑동에서 2~3장 나오고 타원형이며 잎자루가 길다. 꽃은 4~5월에 노란색으로 피고 잎 사이에서 나온 꽃줄기 끝에 총상화서로 달린다. 잎 술꽃잎이 깊게 3갈래로 갈라지고 거는 작다. 열매는 삭과이고 타원형이며 5~6월에 익는다.

긴산꼬리풀 [현삼과]

여러해살이풀. 산에서 키 1m 정도 자란다. 잎은 마주나거나 3~4개씩 돌려나고 긴 타원형이며, 가장자리에 톱니가 있고 잎자루가 짧다. 꽃은 7~8월에 벽자색으로 피고 원줄기 끝에 잔꽃이 촘촘하게 모여 총상화서를 이룬다. 열매는 납작한 삭과이고 9월에 익는다. 전초를 약재로 쓴다.

꼬리조팝나무 [장미과]

갈잎떨기나무. 산골짜기 습지에서 높이 1~1.5m 자란다. 잎은 어긋나고 양끝이 뾰족한 피침형이며 가장자리에 날카로운 톱니가 있다. 꽃은 6~8월에 연홍색으로 피고 줄기 끝에 많이 모여 원뿔을 이룬다. 열매는 골돌이고 9월에 익으며 털이 난다. 어린 잎을 먹고 뿌리를 약재로 쓴다.

꽃싸리 [콩과]

갈잎떨기나무. 산지에서 높이 1m 정도 자란다. 잎은 어긋나고 3장으로 된 겹잎이며, 작은 잎은 타원형이고 끝이 오목하게 들어간다. 꽃은 7~9월에 진한 자주색으로 피고, 잎겨드

랑에 모여 짧은 총상화서를 이룬다. 열매는 협과이고 타원형이며 10월에 익는다.

꽃쥐손이 〔쥐손이풀과〕

여러해살이풀. 높은 산에서 키 30~80cm 자라며 전체에 털이 많이 난다. 잎은 손바닥처럼 갈라지고 잎자루가 길며, 작은잎은 달걀 모양이고 가장자리에 톱니가 있다. 꽃은 7~8월에 홍자색으로 피고 원줄기 끝에 모여 달린다. 열매는 삭과이다. 전초를 약용한다.

꽃치자 〔꼭두서니과〕

늘푸른떨기나무. 중국 원산. 남부 지방에서 관상용으로 심으며 높이 60cm 정도 자란다. 잎은 마주나고 피침형이며, 두껍고 광택이 난다. 꽃은 7~8월에 흰색으로 피고 작으며, 가지 끝에 1~2송이씩 달린다. 열매는 꽃받침통에 싸인다. 치자나무와 비슷하지만, 잎과 꽃이 작다.

꽃향유 〔꿀풀과〕

한해살이풀. 중부 이남 지방의 산과 들에서 키 50cm 정도 자란다. 줄기는 네모지고 가지가 많다. 잎은 마주나고 달걀 모양이며 가장자리에 톱니가 있다. 꽃은 입술 모양이고 자주색이며, 9~10월에 줄기 끝에 모여 이삭 모양으로 달린다. 열매는 소견과이고 10월에 익는다. 전체를 약용한다.

나나벌이난초 〔난초과〕

여러해살이풀. 산의 숲 속에서 키 20cm 정도 자란다. 잎은 밑동에서 2장이 마주나고 넓은 타원형이다. 꽃은 6~7월에 연녹색으로 피고 꽃줄기 끝에 모여 달린다. 열매는 삭과.

나도냉이 〔십자화과〕

여러해살이풀. 냇가나 들의 습기가 많은 곳에서 키 70cm 정도 자란다. 잎은 마주나고 깃 모양으로 굵

게 갈라지며 잎자루가 길다. 꽃은 5~6월에 노랑색으로 피고 잔꽃이 많이 모여 달린다. 열매는 각과이고 8~9월에 여문다.

나도바람꽃 〔미나리아재비과〕

여러해살이풀. 산지 그늘에서 키 20~30cm 자란다. 줄기 중앙 윗부분에 잎이 달린다. 꽃은 5~6월에 흰색으로 피고 줄기 끝에 1송이씩 달린다. 열매는 골돌이고 끝이 뾰족한 타원형이다.

나도송이풀 〔현삼과〕

한해살이풀. 산과 들에서 키 30~60cm 자라는 반기생 식물이다. 잎은 마주나고 깃꼴이며 갈래조각은 가장자리에 톱니가 있다. 꽃은 8~9월에 분홍색으로 피고 잎겨드랑이에 1송이씩 달린다. 열매는 삭과이고 달걀 모양이며 10월에 익는다.

나도양지꽃 〔장미과〕 금강금매화

여러해살이풀. 깊은 산에서 키 10~20cm 자라며

털이 많다. 잎은 뿌리에 모여난 3출겹잎이며, 작은잎은 달걀 모양이고 가장자리에 톱니가 있다. 꽃은 황색이고 7~8월에 꽃줄기 끝에 달린다. 열매는 수과이고 타원형이며 10월에 여문다.

낙동구절초 〔국화과〕

여러해살이풀. 산과 들에서 자라며 잎은 재배하는 국화를 닮았고 가지가 많이 갈라지지 않는다. 꽃은 9~10월에 분홍색 또는 흰색으로 피고 줄기와 가지 끝에 1송이씩 달린다. 열매는 10~11월에 익는다. 전체를 약재로 쓴다.

낚시제비꽃 〔제비꽃과〕

여러해살이풀. 들이나 길가에서 키 20cm 정도 자라며 원줄기는 여러 개가 비스듬히 선다. 잎은 끝이 뾰족한 염통 모양이며 잎자루가 길고 가장자리에 얕은 톱니가 있다. 꽃은 4~5월에 연보라색이나 연자주색으로 피고 잎겨드랑이에 1송이씩 달린다.

날개하늘나리 [백합과]

여러해살이풀. 산지에서 키 20~90cm 자란다. 잎이 어긋나고 피침형이며 잎겨드랑이에 잔 돌기가 있다. 꽃은 7~8월에 황적색으로 피고 자주색 반점이 있으며 원줄기 끝에 1~5송이씩 달린다. 열매는 삭과이고 좁은 달걀 모양이며 10월에 익는다. 땅속의 비늘줄기를 먹는다.

남산제비꽃 [제비꽃과]

여러해살이풀. 주로 산지에서 자란다. 잎은 밑동에서 뭉쳐나고 3개로 갈라지며 각 조각은 다시 깃 모양으로 갈라진다. 꽃은 4~6월에 흰색으로 피고 잎 사이에서 나온 꽃줄기에 1송이씩 달린다. 열매는 삭과이고 타원형이며 7~8월에 익는다.

내사랑 [아욱과]

무궁화─자단심계. 재래종과 도입종의 혼식포장에서 씨를 채취하여 선발하였으며 1983년 서울대학교 농과대학에서 이름지었다. 꽃은 보라빛을 띤 붉은색 겹꽃이며 단심은 잘 보이지 않으나 꽃 전체가 하나의 붉은 덩어리를 이룬다.

내장금란초 [꿀풀과]

여러해살이풀. 산과 들의 길가에서 자란다. 줄기는 눕고 전체에 털이 있다. 뿌리에서 뭉쳐난 잎은 넓은 피침형이며 가장자리에 톱니가 있다. 꽃은 3~6월에 분홍색으로 피고 잎겨드랑이에 여러 송이가 돌려 달린다. 열매는 소견과이고 둥글며, 그물 무늬가 있고 8~10월에 익는다.

너도바람꽃 [미나리아재비과]

여러해살이풀. 산지에서 키 15cm 정도 자란다. 잎은 뿌리에서 나며 3개로 갈라진다. 줄기에 잎같은 포엽이 돌려난다. 꽃은 4월에 흰색으로 피고 포엽에서 나온 꽃줄기 끝에 1송이씩 달린다. 열매는 골돌과이고 반달 모양이며 6월에 익는다.

넓은잎천남성 [천남성과]

여러해살이풀. 산의 그늘진 습지에서 키 20cm 정도 자란다. 잎은 1장이고 여러 갈래로 갈라지며 작은잎은 양끝이 뾰족한 타원형이다. 꽃은 암수딴그루고 5~6월에 연녹색으로 피며, 깔대기 모양의 프속에 들어있다. 열매는 장과이고 9~10월에 붉은색으로 익는다. 알뿌리를 약재로 쓴다.

네펜데스 라플레시아 [네펜데스과]

여러해살이풀. 인도네시아·보르네오 원산. 산지 낮은 곳에서 길이 4~15m 정도 자란다. 잎은 긴 타원형이고 잎자루가 뚜렷하다. 포충낭은 소형이고

윗부분이 깔대기 모양으로 날개가 2개 있으며, 아랫부분은 병 모양이다. 포충낭의 색깔은 여러 가지다.

네펜데스 막시마 [네펜데스과]

여러해살이풀. 인도네시아·뉴기니아 원산. 산지 높은 곳의 습지에서 길이 3m 정도 자라며 줄기는 다른 나무를 감고 올라간다. 잎은 타원형이고 잎자루가 뚜렷하다. 포충낭은 가운데가 부푼 관 고양이고 가는 날개가 2개 있으며 표면에 적갈색 반점이 있다.

네펜데스 암플라리아 [네펜데스과]

여러해살이풀. 인도네시아·보르네오 원산. 산지 높은 곳에서 길이 6m 정도 자라며, 줄기는 지면을 기지만 다른 나무를 감고 올라가는 것도 있다. 잎은 긴 숟가락 모양이고 잎자루가 없으며 줄기를 감싼다. 포충낭은 밀생하고 색깔은 여러 가지다. 아래쪽 포충낭은 짧은 병 모양이고 위쪽 포충낭은 깔대기 모양이다.

노랑물봉선 [봉선화과]

한해살이풀. 산기슭의 습한 곳에서 키 60cm 정도 자란다. 전체적으로 부드럽고 연하다. 잎은 어긋나고 타원형이며 가장자리에 톱니가 있다. 꽃은 8~9월에 연노랑색으로 피고 가지 끝에 2~4송이씩 모여 달린다. 열매는 삭과이고 길쭉하며, 10월에 익으면 벌어져 씨가 튀어나온다.

노랑싸리버섯 [싸리버섯과]

독버섯. 가을에 숲 속의 흙에서 키 15cm, 폭 15cm 정도 자란다. 전체가 유황색이고 마찰하면 암적색으로 변하는 특성이 있다. 밑부분은 나무 토막같은 자루로 되어 있고 윗부분에서 가지가 많이 갈라진다. 먹으면 심한 설사를 한다.

노랑어리연꽃 [조름나물과]

여러해살이물풀. 늪이나 연못 등에서 자라며, 뿌리

줄기는 물 속의 진흙 속에서 가로 뻗는다. 잎은 마
주나고 둥글며, 가장자리에 물결 모양의 톱니가 있
고 끈처럼 긴 잎자루가 있어 물 위에 뜬다. 꽃은 7
~8월에 밝은 노란색으로 피고 잎겨드랑이에서 물
위로 나온 꽃줄기에 2~3송이씩 달린다. 열매는 삭
과이고 타원형이며 9~10월에 익는다. 씨는 달걀
모양이고 납작하며 날개가 있다.

노랑제비꽃 [제비꽃과]

여러해살이풀. 산지의 풀밭에서 모여나고 키 10~
20cm 자란다. 잎은 뿌리에서 2~3장 나고 달걀 모
양이며, 줄기에 난 잎은 염통 모양이고 가장자리에
톱니가 있으며, 표면에 윤기가 있고 잎자루가 짧
다. 꽃은 4~6월에 노란색으로 피고 줄기 끝에
2~3송이씩 달린다. 열매는 삭과이고 타원형이며 8
~9월에 익는다. 어린 잎은 식용한다.

녹두 [콩과]

한해살이풀. 인도 원산이며 농가에서 재배하고 키
30~80cm 자란다. 잎은 어긋나고 3출겹잎이며 작
은잎은 넓은 피침형이다. 꽃은 8월에 노랑색으로
피고 잎겨드랑이에 여러 송이가 모여 달린다. 열매
는 협과이고 억센 털이 있으며 검은색으로 익는다.
씨를 먹고 약재로도 쓴다.

누른종덩굴 [미나리아재비과]

갈잎덩굴나무. 산의 숲 가장자리에서 자란다. 잎은
마주나고 깃꼴겹잎이며, 작은잎은 달걀 모양이고 가
장자리에 드문 톱니가 있다. 꽃은 7~8월에 황록색
으로 피고, 가지 끝과 잎겨드랑이에 1~2송이씩 달
린다. 열매는 수과이고 9~10월에 익으며 흰색 긴
암술대가 끝에 붙는다. 어린 잎은 식용한다.

누운주름잎 [현삼과]

여러해살이풀. 습기가 약간 있는 밭둑에서 키 5~
10cm 자란다. 밑에서 기는 가지가 사방으로 벋어
번식한다. 잎은 밑에서 모여나고 달걀 모양이며,
가장자리에 물결 모양의 톱니가 있다. 꽃은 5~8월
에 자줏빛으로 피고 줄기 끝에 여러 송이가 모여
총상화서로 달린다. 열매는 삭과이고 약간 둥근 모
양이다.

눈괴불주머니 [양귀비과]

두해살이풀. 숲가장자리의 습한 곳에서 키 60cm
정도 자란다. 가지가 많이 갈라져 엉키고 전체에
분백색이 돈다. 잎은 어긋나고 2~3회 갈라지는 깃
꼴겹잎이며, 작은잎은 3갈래로 갈라지고 갈래는
긴 타원형이다. 꽃은 7~9월에 노랑색으로 피고 원
줄기와 가지 끝에 여러 송이가 모여 달린다. 열매

는 삭과이고 긴 달걀 모양이다.

눈뫼 [아욱과]

무궁화-배달계. 재래종과 도입종의 혼식포장에서
씨를 받아 선발하여 1983년 서울대학교 농과대학
에서 이름지었다. 꽃빛깔과 모양이 흰눈이 덮인 산
을 연상하게 하여 '눈뫼'라고 하였다. 꽃은 순백색
반겹꽃이다. 꽃잎의 폭은 넓은 편이나 좁게 오므라
들면서 별 모양을 하고 있다.

눈보라 [아욱과]

무궁화-배달계. 전국에 분포하는 재래종에서 선발
하여 1979년 서울대학교 농과대학에서 이름지었
다. 꽃은 우유빛이 감도는 흰색 겹꽃이며, 기본꽃
잎이 갈라져 작으며 속꽃잎이 함께 산만하게 뒤틀
린다. 꽃망울일 때는 꽃잎이 노란색을 띠는 특징이
있다.

느타리 [느타리과]

식용버섯. 늦가을에서 봄에 걸쳐 숲 속의 죽은 나
무나 그루터기에 여러 개가 겹쳐나며 키 1~3cm 자
란다. 균모는 회갈색 또는 담황색이고 지름
5~15cm이며, 호빵 모양을 거쳐 조개껍질이나 깔
때기 모양이 된다. 살은 두껍고 탄력이 있으며 흰
색이다. 자루는 흰색이고 밑부분에 흰 털이 빽빽하
게 난다.

달걀버섯 [광대버섯과]

식용버섯. 여름에서 가을에 걸쳐 숲 속의 땅에서
키 10~17cm 자란다. 균모는 등적색이고 지름
5~18cm이며, 처음에는 호빵 모양에서 편평하게
되고 가운데가 약간 볼록해진다. 살은 담황색이며
주름살은 노란색이다. 자루는 갈황색이고 얼룩무
늬가 있으며 윗부분에 막질의 고리가 있다. 덮개막
은 흰색 주머니 모양이다.

당잔대 [초롱꽃과(도라지과)]

여러해살이풀. 산에서 키 1m 정도 자란다. 잎은 어
긋나고 달걀 모양이며 가장자리에 거친 톱니가 있
다. 꽃은 7~8월에 보라색 종 모양으로 피고 줄기

끝에 여러 송이가 달린다. 열매
는 삭과이고 9~10월에 익는다.
어린 잎과 뿌리를 먹는다.

댓잎현호색 〔양귀비과〕

여러해살이풀. 산과 들의 습지
에서 키 20cm 정도 자란다. 잎
은 어긋나고 깃 모양으로 갈라
지며 갈래조각은 끝이 뾰족한
타원형이다. 꽃은 4~5월에 연
자주색으로 피고 줄기 끝에 5
~10송이가 모여 달린다. 열매는 삭과이고 7~8월
에 익는다. 씨는 둥글고 검은색이다. 덩이줄기를
약재로 쓴다.

덤불조팝나무 〔장미과〕

갈잎떨기나무. 깊은 산골짜기의 숲 가장자리 습지
에서 높이 1~1.5m 자란다. 어린 가지는 노란색이
고 묵은 가지는 회백색이다. 잎은 어긋나고 끝이
뾰족한 넓은 피침형이며 가장자리에 톱니가 있다.
꽃은 4월에 흰색으로 피고 줄기 끝에 많이 모여 달
린다. 열매는 골돌과이고 9월에 익으며 잔털이 난
다. 밀원 식물 · 방향성 식물이다.

덩굴딸기 〔장미과〕 줄딸기

갈잎떨기나무. 산과 들에서 자라며 갈고리같은 가
시가 많다. 잎은 깃꼴겹잎이고 작은잎은 피침형이
며 가장자리에 톱니가 있다. 꽃은 5월에 연분홍색
으로 피고 가지 끝에 1송이씩 달린다. 열매는 복과
로서 둥글고 6~8월에 적색으로 익는다. 열매를 먹
는다.

덩굴장미 〔장미과〕

갈잎덩굴나무. 집에서 흔히 울타리에 심으며 길이
5m 정도 자라고 전체에 밑을 향한 가시가 드문드
문 있다. 잎은 어긋나고 깃털 모양이며 작은잎은
달걀 모양이며 가장자리에 톱니가 있다. 꽃은 5~6
월에 흔히 붉은색으로 핀다. 열매는 9월에 익으며
약재로 쓴다.

도깨비엉겅퀴 〔국화과〕

여러해살이풀. 깊은 산에서 키
50~150cm 자란다. 잎은 어긋
나고 타원형이며 깃 모양으로
갈라지고 가장자리에 톱니가
있다. 꽃은 7~9월에 붉은 자주
색으로 피고 가지와 줄기 끝에
서 1송이씩 밑으로 처져 달린
다. 열매는 수과이고 긴 타원형
이며 갈색으로 익는다. 어린 잎
은 식용한다.

도월 〔국화과〕

여러해살이풀. 꽃은 연분홍색이고 꽃잎 안쪽은 진
한 자줏빛이며 11월 초순에 핀다.

독우산광대버섯 〔광대버섯과〕

맹독버섯. 여름에서 가을에 걸쳐 산지 숲 속의
땅에서 키 14~24cm 자란다. 균모는 흰색이고
지름 6~15cm이며, 처음에는 원뿔 모양이다가
편평해지고 가운데가 볼록하다. 자루는 흰색이
고 아래쪽이 불룩하며 윗부분에 고리가 있다.

돌담고사리 〔꼬리고사리과〕

늘푸른여러해살이풀. 돌담이나 바위 틈에서 자란
다. 잎은 뿌리에서 여러 개가 모여나며 잎몸은 깃
털모양으로 긴 타원형이고, 작은잎조각은 가장자
리에 뾰족한 톱니가 있다. 잎조각에 긴 타원 모양
의 포자낭무리가 1~3개씩 달리며, 포자가 익으면
터져서 잎조각 전체를 덮는다.

돌양지꽃 〔장미과〕

여러해살이풀. 산지의 바위 틈에서 키 20cm 정도 자
란다. 전체에 누운 털이 빽빽하게 난다. 잎은 뿌리에
서 모여나고 깃꼴겹잎이며, 작은잎은 달걀 모양이고
가장자리에 톱니가 있다. 꽃은 6~7월에 노랑색으로
피고 줄기 끝이나 잎겨드랑이에 여러 송이가 성기게
모여 달린다. 열매는 수과이고 9월에 익는다.

두루미천남성 〔천남성과〕

여러해살이풀. 산에서 키 50cm 정도 자란다. 잎은
새발처럼 갈라지며 갈래는 타원형이다. 꽃은 암수
딴그루고 5~6월에 피며 끝이 길게 자라 포 밖으로
나온다. 열매는 장과이고 긴 타원형이며 8~9월에
빨갛게 익는다. 알줄기를 약재로 쓴다.

두메양귀비 〔양귀비과〕

두해살이풀. 높은 산에서 키 5~10cm 자란다. 잎
은 타원형이고 깃 모양으로 갈라지며 잎자루가 길

다. 꽃은 7~8월에 노란빛을 띤 녹색으로 피고 꽃줄기 끝에 1송이씩 달린다. 열매는 삭과이고 달걀 모양이며 퍼진 털이 있다.

둥근잎천남성 [천남성과]

여러해살이풀. 산의 그늘진 습지에서 키 50cm 정도 자란다. 잎은 1장 달리고 여러 갈래로 갈라지며, 작은잎은 긴 타원형이다. 꽃은 암수딴그루고 깔대기 모양의 녹색 포 속에 들어 있으며 5~7월에 자줏빛을 띤 보라색으로 핀다. 열매는 장과이고 10월에 적색으로 익는다. 알뿌리를 약재로 쓴다.

둥근털제비꽃 [제비꽃과]

여러해살이풀. 산에서 자라며 전체에 털이 **빽빽**하게 난다. 잎은 염통 모양이고 가장자리에 얕고 둔한 톱니가 있다. 꽃은 4~5월에 연한 자주색으로 피고 꽃줄기에 1송이씩 달린다. 열매는 삭과이고 둥글며 짧은 털이 **빽빽**하다.

드로세라 카펜시스 레드 [끈끈이주걱과]

여러해살이풀. 남아메리카 원산. 전체가 붉은 색을 띠고 있으며 줄기가 짧고 잎은 밀생한다. 잎은 길이 3.5~6cm의 가는 수저형이고 잎자루는 길이 10cm 정도 되는 것도 있다. 꽃은 보라색이고 꽃잎은 타원형이며 길이 20~30cm의 꽃줄기에 30송이 정도까지 달린다.

드로세라 카펜시스 티피칼 [끈끈이주걱과]

여러해살이풀. 남아메리카 원산. 줄기가 짧고 잎은 밀생한다. 잎은 길이 3.5~6cm의 가는 수저형이고 잎자루는 길이 10cm 정도 되는 것도 있다. 꽃은 보라색이고 꽃잎은 타원형이며 길이 20~30cm의 꽃줄기에 30송이 정도까지 달린다. 선모가 붉은 색이다.

들엉겅퀴 [국화과]

여러해살이풀. 들이나 밭에서 키 1m 정도 자란다. 꽃은 7~10월에 홍자색으로 피고 가지와 줄기 끝

에서 1송이씩 달린다. 열매는 수과이고 11월에 익는다. 전체를 약재로 쓴다.

등심붓꽃 [붓꽃과]

여러해살이풀. 북아메리카 원산. 제주도에서 키 10~20cm 자란다. 줄기에 날개가 있다. 잎은 선형이고 가장자리에 잔 톱니가 있다. 꽃은 5~6월에 청자색으로 피고 꽃줄기 끝에 달린다. 열매는 삭과이고 둥글며 6~7월에 자갈색으로 익는다.

땅나리 [백합과]

여러해살이풀. 산과 들에서 키 60cm 정도 자란다. 잎이 어긋나고 선형이며 다닥다닥 붙는다. 꽃은 7월에 황적색으로 피고 가지와 원줄기 끝에 1~8송이가 밑을 향해 달린다. 꽃잎은 6개고 뒤로 완전히 말린다. 열매는 삭과이고 긴 타원형이며 9월에 익으면 3개로 갈라진다. 비늘줄기를 먹는다.

땅비싸리 [콩과] 논싸리

갈잎떨기나무. 산 중턱과 산기슭 양지에서 높이 1m 정도 자란다. 잎은 깃꼴겹잎이고 작은잎은 끝이 뭉툭한 타원형이다. 꽃은 5~6월에 엷은 홍색으로 피고 잎겨드랑에 모여 달린다. 열매는 협과이고 선형이며 10월에 익는다.

떡잎골무꽃 [꿀풀과]

여러해살이풀. 산과 들에서 키 10~30cm 자란다. 잎은 마주나고 넓은 달걀 모양이며, 두껍고 가장자리에 톱니가 있다. 꽃은 6월에 자주색으로 피고 줄기 끝에 이삭처럼 모여 달린다. 열매는 소견과이고 7~8월에 익는다. 어린 잎을 먹는다.

루시 [아욱과]

무궁화—적단심계. 미국 도입종으로 꽃은 진홍색 겹꽃이며 꽃지름 9~10cm이고 단심과 단심선은 암적색이다. 수술은 물론 암술도 변하여 기본꽃잎이 뚜렷하지 않을 정도로 속꽃잎이 발달한다. 잎은 작은 편이고 가장자리에 톱니가 있다.

매화노루발 〔노루발과〕

늘푸른여러해살이풀. 깊은 산 그늘에서 키 5~10cm 자란다. 잎은 어긋나고 넓은 피침형이며 가장자리에 날카로운 톱니가 있다. 꽃은 5~6월에 흰색으로 피고 긴 꽃줄기 끝에 1~2송이씩 밑을 향해 달린다. 열매는 삭과이고 납작한 공 모양이며 암술머리가 붙어 있다. 전체를 약재로 쓴다.

맥카나스자이안트 〔미나리아재비과〕

여러해살이풀. 매발톱꽃의 원예종으로 키 90cm 정도 자란다. 꽃은 4~5월에 노랑색·적색·흰색 등 으로 피고 각 꽃잎의 꽃뿔은 직선이며 끝으로 갈수록 가늘어진다. 꽃은 흰색이 지름10cm 정도로 가장 크고 꽃빛깔이 진할수록 조금씩 작아진다.

맹종죽 〔벼과(화본과)〕 죽순대

늘푸른큰키나무. 중국 원산으로 인가 부근에서 재배하며 높이 10~20m 자란다. 가지는 2~3개씩 나오며 죽순은 5월에 나온다. 잎은 피침형으로 작은 가지 끝에 5~6개씩 달린다. 잎조각 속에 꽃이삭이 들어 있다. 꽃은 드물게 7~10월에 피며 열매는 11월에 익는다.

멍석딸기 〔장미과〕

갈잎떨기나무. 산기슭이나 논밭 둑에서 흔히 자란다. 잎은 깃꼴겹잎이며 작은잎은 달걀 모양이고 가장자리에 톱니가 있다. 꽃은 5월에 적색으로 피고 가지 끝에 모여 달린다. 열매는 복과로서 둥글고 7~8월에 적색으로 익는다. 열매를 먹는다.

메꽃 〔메꽃과〕

여러해살이덩굴풀. 산과 들의 풀밭이나 습지에서 길이 2m 정도 자란다. 잎은 어긋나고 긴 피침형이다. 꽃은 나팔 모양이며 6~8월에 연분홍색으로 피고 잎겨드랑이에 1송이씩 달린다. 열매는 삭과이고 10월에 익는다. 꽃과 뿌리를 약재로 쓴다.

멧용담 〔용담과〕

여러해살이풀. 한라산에서 키 10~15cm 자란다. 잎은 마주나고 넓은 피침형이며 밑은 줄기를 감싼다. 꽃은 종 모양이며 9월에 보라색으로 피고 줄기 끝에 달린다. 열매는 삭과이고 길쭉하며 좁다. 뿌리를 약재로 쓴다.

뫼제비꽃 〔제비꽃과〕

여러해살이풀. 산의 풀밭에서 키 6cm 정도 자라며 땅속줄기가 옆으로 뻗는다. 잎은 밑동에서 모여나고 염통 모양이며 잎자루가 길다. 꽃은 4~6월에 보라색으로 피고 잎 사이에서 나온 꽃줄기에 1송이씩 달린다. 입술꽃잎에 자색 줄이 있다. 열매는 삭과이고 달걀 모양이며 6~7월에 익는다.

무궁화종덩굴 〔미나리아재비과〕 검종덩굴

갈잎덩굴나무. 산에서 자란다. 잎은 마주나고 깃꼴겹잎이며 작은잎은 달걀 모양이고 가장자리는 밋밋하다. 꽃은 종 모양이며 6~8월에 암자색으로 피고 잎겨드랑이에 1송이씩 달린다. 열매는 수과이고 타원형이며 9~10월에 익으며 깃털같은 긴 암술대가 끝에 붙는다.

무엽란 〔난초과〕

여러해살이풀. 산과 들의 따뜻한 곳에서 키 20~40cm 자라며 잎이 없다. 꽃은 6~7월에 연한 갈색 또는 흰색으로 피고 줄기 끝에 여러 송이가 모여 달린다. 열매는 긴 타원형으로 검은색으로 익는다.

물솜방망이 〔국화과〕

여러해살이풀. 높은 산 습지 근처에서 키 6cm 정도 자란다. 잎은 어긋나고 긴 피침형이며 거기줄같은 털이 있다. 꽃은 5~6월에 노랑색으로 피고 줄기 끝에 여러 송이가 달린다. 열매는 수과이고 원뿔형이다.

물양지꽃 〔장미과〕

여러해살이풀. 깊은 산기슭의 냇가에서 키 50~100cm 자라며 전체에 거친 털이 있다. 잎은 3장으로 된 겹잎이며 작은잎은 달걀 모양이고 가장자리에 겹톱니가 있다. 꽃은 7~8월에 노랑색으로 피고 줄기 끝에 모여 달린다. 열매는 수과이고 8~9월에 익는다. 어린 잎과 줄기를 먹는다.

미역취 〔국화과〕 돼지나물

여러해살이풀. 산과 들에서 흔하게 나며 키 30~80cm 자란다. 줄기 윗부분에서 가지가 갈라지고 잔털이 있다. 잎은 달걀 모양이고 가장자리에 톱니가 있으며 잎자루에 날개가 있다. 꽃은 7~10월에

노랑색으로 피고 줄기 끝에 두상화 여러 송이가 모여 달린다. 열매는 수과이고 원통형이며 10~11월에 익는다. 어린 순을 먹는다.

바늘솔이끼 [솔이끼무리]

산지 숲 속 그늘에서 자란다. 땅 위의 물이 질편한 곳에서 녹색 실 모양의 몸이 서로 엉킨다. 줄기는 짧으며 잎은 긴 피침형이고 줄기 밑동에 밀착한다. 홀씨주머니는 3cm 정도이고 끝에 둥근 홀씨주머니가 1개씩 달린다.

바위돌꽃 [돌나물과] 돌꽃

여러해살이풀. 중부 이북 지방의 높은 산 바위에서 키 7~30cm 자라며 전체에 흰색이 돈다. 잎은 어긋나고 타원형이며, 다육질이고 윗가장자리에 둔한 톱니가 있다. 꽃은 암수딴그루이며 7~8월에 연한 노란색으로 피고, 원줄기 끝에 빽빽하게 모여 취산화서로 달린다. 열매는 골돌과이고 4~5개이며 9월에 익는다.

바위미나리아재비 [미나리아재비과]

여러해살이풀. 한라산 높은 곳의 풀밭에서 키 10cm 정도 자라며 전체에 갈색 털이 퍼져 난다. 잎은 선형이고 3개로 갈라지며 가장자리에 거친 톱니가 있다. 뿌리에서 난 잎은 잎자루가 길다. 꽃은 5~7월에 노란색으로 피고 꽃잎과 꽃받침은 5장이며, 줄기 끝에 1송이씩 달린다. 열매는 수과이고 별사탕 같은 열매 덩이가 된다.

반디지치 [지치과]

여러해살이풀. 남부 지방 산과 들의 양지쪽 건조한 곳에서 키 15~25cm 자란다. 줄기는 옆으로 뻗으며 전체에 억센 털이 있다. 잎은 어긋나고 끝이 뾰족한 타원형이다. 꽃은 4~6월에 벽자색으로 피고 줄기 위쪽 잎겨드랑이에 여러 송이가 달린다. 화관은 종 모양이고 꽃잎갈래는 타원형이다. 열매는 소견과이고 둥글며 흰색으로 익는다.

백등나무 [콩과]

갈잎덩굴나무. 잎은 어긋나고 깃꼴겹잎이며, 작은 잎은 타원형으로 끝이 뾰족하고 가장자리가 밋밋하다. 꽃은 5~6월에 흰색으로 피고 잎겨드랑이에 많이 모여 밑으로 처진다. 열매는 협과이고 원기둥 모양이며 9월에 익는다.

백란 [아욱과] 시로미다레

무궁화-배달계. 일본 도입종으로 일본 도쿄에서 자라는 것 중에서 선발되었다. 꽃은 우유빛을 띤 흰색 겹꽃이며 꽃의 지름은 8.6cm 정도이다. 암술 윗부분이 겹꽃잎으로 변해 어지럽게 비틀린다. 잎의 크기는 작은 편이고 개화기가 다소 늦은 편이다.

백서향 [팥꽃나무과]

늘푸른떨기나무. 남부 지방 바닷가의 산기슭에서 높이 1m 정도 자라며 꽃차례에만 털이 난다. 잎은 어긋나고 끝이 둔한 피침형이며 잎자루가 짧다. 꽃은 암수딴그루이며 2~4월에 흰색으로 피고 묵은 가지 끝에 빽빽하게 모여 달린다. 열매는 장과이고 공 모양이며 5~6월에 주홍색으로 익는다. 꽃의 향기가 강하고 열매에 독성이 있다.

백작약 [미나리아재비과]

여러해살이풀. 깊은 산에서 키 40~50cm 자란다. 뿌리는 굵고 육질이며 밑부분이 비늘 같은 잎으로 싸여 있다. 잎은 어긋나고 깃털 모양이며 작은잎은 긴 타원형이다. 꽃은 6월에 흰색으로 피고 원줄기 끝에서 1송이씩 달린다. 열매는 골돌과이고 다 익어 벌어지면 검은 씨가 나타난다. 뿌리를 약재로 쓴다.

백조 [아욱과]

무궁화-배달계. 외국 도입종이며 꽃의 지름 11cm 이상으로 크다. 꽃은 순백색 홑꽃이다. 꽃잎 끝은 굴곡이 있고 간혹 겹꽃잎이 나올 때도 있다. 꽃이 활짝 피지만 쉽게 이그러진다. 나무는 곧게 자라지만 작은 편이며, 잎은 윤기가 나고 두꺼우며 가장자리의 결각이 심하다.

벌씀바귀 [국화과]

두해살이풀. 산과 들에서 키 15~50cm 자란다. 뿌리에서 난 잎은 피침형이고 줄기에 난 잎은 밑부분이 원줄기를 감싼다. 꽃은 5~7월에 노랑색으로 피고 줄기 끝에 여러 송이가 달린다. 열매는 수과이고 관모가 있다. 어린 잎과 줄기를 식용한다.

복주머니란 [난초과] 개불알꽃

여러해살이풀. 산지에서 키 30~50cm 자란다. 잎은 어긋나고 넓은 달걀 모양이며 거친 털이 난다. 꽃은 5~6월에 연분홍색 또는 홍자색으로 피고 입술꽃잎은 주머니 모양이며 줄기 끝에 1송이가 달린다. 열매는 삭과이고 7~8월에 익는다.

봄구슬붕이 [용담과]

두해살이풀. 양지바른 습지에서 키 5~15cm 자라며 줄기 밑동에서 갈라져 뭉쳐난다. 줄기에 난 잎은 피침형이고 밑부분이 잎집이 되어 줄기를 감싼다. 꽃은 4~5월에 연한 자주색으로 피고 가지 끝에 1송이씩 달린다. 열매는 삭과이고 7월에 익으면 2개로 갈라진다. 뿌리를 약재로 쓴다.

분홍망태버섯 [말뚝버섯과]

여름에서 가을에 걸쳐 잡목 숲과 풀밭에서 10~15cm 자란다. 어린 버섯은 공 모양이며 껍질이 갈라져 흰색 자루 끝에 달린 균모가 나온다. 균모는 종 모양이고 암녹색이며 안에서 담홍색 그물이 자루를 감싸고 내려와 넓이 10cm 정도 퍼진다.

분홍장구채 [석죽과]

여러해살이풀. 산에서 키 30cm 정도 자라며 전체에 잔털이 퍼져 있다. 잎은 마주나고 긴 피침형이며 밑부분은 엽초 모양이다. 꽃은 8~11월에 분홍색으로 피고 가지 끝에 빽빽하게 달린다. 꽃잎은 5장이고 깊게 갈라진다. 열매는 삭과이고 꽃받침에 싸이며, 씨는 검은색이고 잔돌기가 있다.

분홍할미꽃 [미나리아재비과]

여러해살이풀. 산과 들의 양지에서 키 20cm 정도 자란다. 잎은 뿌리에서 나고 깃꼴겹잎이며 작은잎은 깊게 갈라진다. 꽃은 종 모양이며 5월에 분홍색으로 피고 꽃줄기 끝에서 1송이씩 밑을 향해 달린

다. 열매는 수과이고 달걀 모양이다.

붉은가시딸기 [장미과] 곰딸기

갈잎떨기나무. 그늘진 습지에서 높이 2~3m 자라며 전체에 붉은 털이 빽빽하게 난다. 잎은 어긋나고 깃꼴겹잎이며 작은잎은 둥글고 가장자리에 톱니가 있다. 꽃은 6~7월에 연분홍색으로 피고 가지 끝에 모여 달린다. 열매는 핵과이고 둥글며 7월에 붉게 익는다. 열매를 먹거나 약재로 쓴다.

붉은병꽃나무 [인동과]

갈잎떨기나무. 산기슭 양지쪽에서 높이 2~3m 자란다. 잎은 마주나며 달걀 모양이며 가장자리에 잔톱니가 있다. 꽃은 5~6월에 붉은색으로 피고 잎겨드랑이에 달린다. 열매는 삭과이고 단단하며, 잔털이 있고 9월에 익는다.

붉은털여뀌 [마디풀과(여뀌과)] 노인장대

한해살이풀. 마을 부근에서 키 2m 정도 자라며 전체에 거친 털이 있다. 잎은 어긋나고 끝이 뾰족한 달걀 모양이며 잎자루가 길다. 꽃은 7~8월에 피고 줄기와 가지 끝에 이삭처럼 달린다. 열매는 수과이고 납작한 원형이며 검은색으로 익는다.

붉은토끼풀 [콩과] 레드클로버

여러해살이풀. 유럽 원산이며 풀밭에서 키 30~60cm 자란다. 잎은 어긋나고 3장으로 된 겹잎이며, 작은잎은 긴 타원형이고 표면 중앙에 흰 무늬가 있다. 꽃은 6~7월에 붉은색으로 피고 잎겨드랑이에 둥글게 모여 달린다. 열매는 협과이다.

비로용담 [용담과]

여러해살이풀. 높은 산의 중턱에서 키 5~12cm 자란다. 잎은 마주나고 긴 타원형이며 잎자루가 없다. 꽃은 7~9월에 짙은 벽자색으로 피고 가지 끝에 1송이씩 달린다. 열매는 삭과이고 양 끝이 뾰족한 원기둥 모양이며 11월경에 익는다. 어린 잎을 먹고 뿌리를 약재로 쓴다.

비모란 [선인장과]

선인장. 파라과이 원산. 지름 5cm 정도의 납작한 구형이다. 육질은 홍적색이고 능선은 8~12개이며 능선 위에 가시가 난다. 스스로 광합성을 하지 못해 녹색 선인장 대목에 접붙여서 재배한다.

뻐꾹나리 [백합과]

여러해살이풀. 중부 이남 지방의 숲 그늘에서 키

50cm 정도 자란다. 잎은 어긋나고 긴 타원형이며, 끝이 뾰족하고 밑부분이 줄기를 감싼다. 꽃은 7~8월에 자주색 반점이 있는 흰색으로 피고 줄기와 잎겨드랑이에 여러 송이가 산방화서로 달린다. 열매는 삭과이고 피침형이며 9월에 익는다. 씨는 납작한 타원형이다. 전초를 식용한다.

사라세니아 알라타 [사라세니아과]

여러해살이풀. 아메리카 원산. 포충낭은 크고 직립형이며 길이 90cm 정도 자란다. 포충낭 입구가 나팔꽃처럼 벌어지고 뚜껑은 끝이 뾰족하며 짧은 돌기가 있다. 가장자리는 평평하며 약간 밖으로 감고 있다. 포충낭은 대개 밝은 녹색이고 엽맥은 붉은색이다. 꽃은 진노란색이고 3월에 핀다.

사임당 [아욱과]

무궁화–배달계. 남해안 지역에서 자라는 것 중에서 선발하고, 1972년 서울대학교 농과대학에서 이름지었다. 흰색 꽃이 '신사임당'을 연상케 한다고 하여 이름을 땄다. 꽃은 순백색 반겹꽃 또는 홑꽃이고 꽃의 지름은 11.5cm 정도이다.

산괭이눈 [범의귀과]

여러해살이풀. 산지 그늘에서 키 15cm 정도 자란다. 뿌리에서 난 잎은 둥글고 달걀 모양이며 가장자리에 둔한 톱니가 있다. 꽃은 4~5월에 연한 녹색으로 피고 꽃줄기 끝에 여러 송이가 달린다. 열매는 삭과이고 처음에는 2갈래였다가 4개로 갈라진다.

씨는 넓은 달걀 모양이고 갈색이며 잔 돌기가 있다.

산괴불주머니 [양귀비과]

두해살이풀. 산지 습한 곳에서 키 40cm 정도 자라며 전체가 흰빛을 띤다. 잎은 어긋나고 깃꼴겹잎이며 작은잎은 끝이 뾰족한 긴 타원형이다. 꽃은 4~6월에 노랑색으로 피며 원줄기와 가지 끝에 여러 송이가 모여 달린다. 열매는 삭과이고 선형이며 염

주처럼 잘록잘록하다.

산국 [국화과] 개국화

여러해살이풀. 산지에서 키 1m 정도 자란다. 잎은 어긋나고 깃꼴로 갈라지며 가장자리에 날카로운 톱니가 있다. 꽃은 9~10월에 노랑색으로 피고 가지 끝에 여러 송이가 모여 달린다. 열매는 수과이고 10~11월에 익는다. 어린 순은 나물로 먹고 꽃을 약재로 쓴다.

산딸기나무 [장미과]

갈잎떨기나무. 산과 들에서 높이 2m 정도 자라고 전체에 가시가 나며 줄기는 여러 대가 모여 나온다. 잎은 어긋나고 넓은 달걀 모양이며 가장자리에 톱니가 있다. 꽃은 6월에 흰색으로 피고 가지 끝에 모여 달린다. 열매는 복과이고 둥글며 7~8월에 붉은색으로 익는다. 열매를 먹고 약재로도 쓴다.

산매발톱 [미나리아재비과] 하늘매발톱

여러해살이풀. 높은 산 암석지에서 키 30m 정도 자란다. 잎은 마주나고 깃꼴겹잎이며, 작은잎은 삼각형이고 다시 얕게 갈라지며 잎줄기가 길다. 꽃은 7~8월에 보라색이나 짙은 하늘색으로 피고 원줄기 끝에 1~3송이씩 밑을 향해 달린다. 열매는 골돌과이고 꼬투리가 5개씩이다.

산민들레 [국화과]

여러해살이풀. 산의 습지에서 자란다. 잎은 뿌리에

서 나고 피침형이며 가장자리는 깊게 갈라진다. 꽃은 5~6월에 노랑색으로 피고 꽃줄기 끝에 1송이씩 달린다. 열매는 수과이고 긴 타원형이며 갈색으로 익는다. 잎을 먹고 뿌리는 약재로 쓴다.

산부추 [백합과]

여러해살이풀. 산지나 들에서 키 30~60cm 자란다. 잎은 뿌리에서 모여나고 길쭉하며 단면은 둔한

삼각형이다. 꽃은 8~11월에 홍자색으로 피고 꽃줄기 끝에 많이 모여 달린다. 열매는 삭과이다. 비늘줄기와 어린 순을 식용한다.

산솜다리 [국화과]

여러해살이풀. 높은 산 바위 틈에서 키 10~25cm 자라며 전체가 흰 솜털로 덮여 있다. 잎은 넓은 선형이며 회백색이다. 꽃은 8월에 연한 노랑색으로 피고 줄기 끝에 6~9송이가 모여 달린다. 열매는 수과이고 긴 타원형이며 관모는 흰색이다.

산솜방망이 [국화과]

여러해살이풀. 높은 산에서 키 10~40cm 자라고 줄기에 거미줄 같은 털이 있다. 잎은 타원형이고 밑부분이 줄기를 감싸고 있으며 잎자루에 날개가 있다. 꽃은 8월에 적황색으로 피고 줄기 끝에 2~7송이가 달린다. 열매는 수과이고 긴 타원형이며 10월에 익는다.

산씀바귀 [국화과]

한(두)해살이풀. 산과 들에서 키 65~150cm 자란다. 잎은 어긋나고 달걀 모양이며 끝이 깃처럼 갈라진다. 꽃은 6~10월에 노랑색으로 피고 줄기 끝에 여러 송이가 달린다. 열매는 수과이고 검은색으로 익는다. 뿌리와 어린 잎을 식용한다.

산오이풀 [장미과]

여러해살이풀. 높은 산의 습기가 많은 곳에서 키 40~80cm 자란다. 잎은 어긋나고 깃꼴겹잎이며

작은잎은 타원형이고 가장자리에 톱니가 있다. 꽃은 8~9월에 붉은 자줏빛으로 피고 가지 끝에 다닥다닥 모여 달린다. 열매는 수과이고 10월에 익는다. 어린 잎을 식용하고 뿌리는 약재로 쓴다.

산용담 [용담과]

여러해살이풀. 높은 산에서 키 10~25cm 자란다. 잎은 피침형이고 밑부분이 엽초가 된다. 꽃은 긴

종 모양이며 8~9월에 연한 황백색으로 피고 줄기 끝에 2~3송이씩 모여 달린다. 열매는 삭과이고 길쭉하며, 10월에 익는다. 뿌리를 약재로 쓴다. 북한에서는 천연기념물로 지정하고 있다.

산조팝나무 [장미과]

갈잎떨기나무. 깊은 산 바위 틈에서 높이 1m 정도 자란다. 잎은 어긋나고 달걀 모양이며 가장자리 윗쪽에 둔한 톱니가 있다. 꽃은 5월에 흰색으로 피고 가지 끝에 빽빽하게 모여 우산 모양을 만든다. 열매는 골돌과이고 10월에 익는다.

산처녀 [아욱과]

무궁화-자단심계. 일본도입종인 '광화림'을 1990년 한국무궁화연구회에서 국내육성종인 '산처녀'와 동일 품종으로 확인하고 이름지었다. 꽃은 진한 적색을 띤 반겹꽃이며 단심은 암적색이다. 기본꽃잎이 크고 뚜렷하며 수술이 전부 변하여 속꽃잎이 잘 발달되고 암술은 온전하다.

산철쭉 [진달래과]

갈잎떨기나무. 산지에서 키 1~2m 자란다. 잎은 어긋나고 달걀 모양이며 갈색 거센 털이있다. 꽃은 5월에 연홍색으로 피고 가지 끝에 2~5송이씩 달린다. 꽃잎 안쪽에 짙은 자주색 반점이 있다. 열매는 삭과이고 계란 모양이며 10월에 익는다.

삼색병꽃나무 [인동과]

갈잎떨기나무. 산기슭 양지쪽에서 높이 2~3m 자

란다. 잎은 마주나며 달걀 모양이며 가장자리에 잔톱니가 있다. 꽃은 5~6월에 백록색·붉은색·노랑색이 섞여 피고 잎겨드랑이에 달린다. 열매는 삭과이고 단단하며, 잔털이 있고 9월에 익는다.

새며느리밥풀 [현삼과]

한해살이풀. 산의 양지에서 키 50cm 정도 자란다. 가지가 많이 갈라지고 꼬불꼬불한 짧은 털이 있다. 잎은 마주나고 넓은 피침형이며 끝이 길게 뾰족하다. 꽃은 입술 모양이며 8~9월에 붉은빛이 도는 자주색으로 피고 줄기나 가지 끝에 모여 달린다. 열매는 삭과이고 납작한 달걀 모양이다.

새아침 [아욱과]

무궁화-자단심계. 재래종 중에서 선발하여 1972년 서울대학교 농과대학에서 이름지었다. 아침을 상징할 만큼 청신하다는 뜻이다. 꽃은 분홍색 홑꽃이며 꽃지름 8.5cm 정도이고 단심과 단심선은 보통이다. 꽃잎은 둥글고 오므라든다.

서덜취 [국화과]

여러해살이풀. 깊은 산에서 키 30~50cm 자란다. 잎은 어긋나고 달걀 모양이며 가장자리에 날카로운 톱니가 있다. 꽃은 7~10월에 연분홍색으로 피고 줄기 끝에 여러 송이가 달린다. 열매는 수과이고 갈색으로 익는다. 어린 잎을 먹는다.

서울제비꽃 [제비꽃과]

여러해살이풀. 볕이 잘 드는 들판에서 자란다. 잎은 뿌리에서 모여나고 긴 타원형이며 가장자리에 톱니가 있다. 꽃은 4~5월에 보라색으로 피고 잎 사이에서 나온 꽃줄기 끝에 1송이씩 달린다. 열매는 삭과이고 타원형이며 6~7월에 익는다.

석무 [선인장과]

선인장. 멕시코 원산이며 육질은 원통형이고 키 15cm 정도 자란다. 꼭대기 부분에도 가시가 있다. 바깥쪽 가시는 바늘 모양이며 굵고 흰빛을 띤 황록색이다. 가운데 가시는 흑갈색이다. 꽃은 연한 분홍색이며 봄에 핀다.

선덕 [아욱과]

무궁화-백단심계. 경기도 지역에서 선발한 육성종으로 1990년 한국무궁화연구회에서 이름지었다. 신라 '선덕여왕'의 이름에서 따온 것이다. 꽃은 흰색 홑꽃으로 꽃지름 10.7cm 정도이며 붉은 단심과 단심선이 작다. 꽃잎 끝이 뒤쪽으로 조금

오므라져 있다.

설앵초 [앵초과]

여러해살이풀. 높은 산 바위 틈에서 키 15cm 정도 자란다. 잎은 뿌리에서 돋아 비스듬히 퍼지고 넓은 달걀 모양이며 가장자리에 둔한 톱니가 있다. 꽃은 5~6월에 연자주색으로 피고 뿌리에서 자란 긴 꽃줄기 끝에 모여 우산 모양으로 달린다. 열매는 삭과이고 원기둥 모양이며 8월에 익는다.

섬제비꽃 [제비꽃과]

여러해살이풀. 울릉도 산에서 키 15cm 정도 자란다. 잎은 어긋나고 콩팥 모양이며, 표면에 털이 약간 나고 가장자리에 둔한 톱니가 있다. 꽃은 5월에 연보라색으로 피고 줄기 끝이나 잎겨드랑이에서 나온 긴 꽃줄기 끝에 1송이씩 달린다. 열매는 삭과이고 타원형이다.

세발버섯 [바구니버섯과]

여름에서 가을에 걸쳐 숲 속에서 키 4.5~8cm 자란다. 어린 버섯은 달걀 모양이지만 붉은색 기둥 모양으로 자라다가 윗부분이 3갈래로 갈라지고 끝이 다시 한데 결합한다. 갈래 안쪽에 고약한 냄새를 내는 흑갈색 반점이 있다.

세잎양지꽃 [장미과]

여러해살이풀. 산과 들에서 자란다. 잎은 3장으로 된 겹잎이며 작은잎은 긴 타원형이다. 뿌리에서 난 잎은 잎자루가 길다. 꽃은 3~4월에 노랑색으로 피고 꽃줄기 끝에 모여 달린다. 열매는 수과이고 주름살이 있다. 어린 잎을 나물로 먹는다.

세잎종덩굴 [미나리아재비과]

갈잎덩굴나무. 높은 산에서 길이 1 m 정도 자란다. 잎은 마주나고 깃꼴겹잎이며 작은잎은 달걀 모양이다. 꽃은 8월에 노랑색이나 흑자색 종 모양으로 피고 잎겨드랑이와 줄기에 1송이씩 달린다. 열매는 수과이고 달걀 모양이며 9월에 익는다.

세잎쥐손이 [쥐손이풀과]

여러해살이풀. 산에서 키 50~100cm 자란다. 잎은 마주나고 3장으로 갈라진다. 꽃은 8~9월에 연한 분홍색 또는 흰색으로 피고 잎겨드랑이에서 나온 꽃줄기 끝에 2송이씩 달린다. 꽃잎에 검붉은 맥이 있다. 열매는 삭과이다. 전초를 약재로 쓴다.

소코베니에 [아욱과]

무궁화-백단심계. 원예품종. 수세가 강하고 다화성으로 반겹꽃이다. 흰색 또는 분홍색이 부분적으로 세로로 꽃잎 한쪽 가에 나타나며 꽃잎 기부에서 적색의 방사선 빗살무늬가 꽃잎 끝까지 펴져 있다. 꽃의 직경은 9.4cm 정도로 크고 풍만하다. 7월부터 10월에 걸쳐 개화한다. 내한성이 약한 편이다.

솜양지꽃 [장미과]

여러해살이풀. 산과 들의 양지에서 자라며 전체에 솜털이 빽빽하게 난다. 잎은 뿌리에서 모여나고 깃꼴겹잎이며, 작은잎은 타원형이고 가장자리에 톱니가 있다. 꽃은 4~8월에 노랑색으로 피고 줄기 끝에 여러 송이가 모여 달린다. 열매는 수과이고 8~9월에 갈색으로 익는다. 뿌리를 먹는다.

쇠별꽃 [석죽과]

두(여러)해살이풀. 다소 습기가 있는 곳에서 키 20~50cm 자라며 줄기 윗부분에 털이 약간 있다. 잎은 마주나고 달걀 모양이다. 꽃은 5~6월에 흰색으로 피고 잎겨드랑이에 1송이씩 달린다. 열매는 삭과이고 달걀 모양이며 6~7월에 익는다. 어린 순을 나물로 먹고 전초를 약재로 쓴다.

수련 [수련과]

여러해살이물풀. 굵고 짧은 땅속줄기에서 많은 잎자루가 자라서 물 위에서 잎을 편다. 잎은 두꺼운 말발굽 모양이고 윤기가 있으며 질이 두껍다. 꽃은 5~9월에 홍색이나 흰색으로 피고 긴 꽃줄기 끝에 1송이씩 달린다. 열매는 삭과이고 달걀 모양이며 9~10월에 익는다.

수리취 [국화과] 개취

여러해살이풀. 산과 들의 양지에서 키 40~100cm 자라며 줄기에 흰 털이 빽빽이 난다. 잎은 어긋나고 달걀 모양이며 가장자리에 톱니가 있다. 꽃은 9~10월에 자주색과 흰색으로 피고 원줄기 끝이나

가지 끝에서 옆을 향해 달린다. 열매는 수과이고 11월에 익는다. 어린 잎을 식용한다.

숙은노루오줌 [범의귀과]

여러해살이풀. 산에서 키 60cm 정도 자라며 줄기에 긴 갈색 털이 난다. 잎은 어긋나고 깃꼴겹잎이며 잎자루가 길다. 작은잎은 넓은 타원형이고 가장자리에 톱니가 있다. 꽃은 6~7월에 연한 붉은색으로 피고 줄기 끝에 많이 모여 원추형으로 달리는데 약간 옆으로 기운다. 열매는 삭과이고 2개로 갈라진다.

순지화립 [아욱과] 수치하나가사

무궁화-자단심계. 일본 도입종으로 꽃은 연분홍색 반겹꽃이다. 기본꽃잎은 크고 둥글 편이며 활짝 핀다. 수술이 모두 변하여 작은 속꽃잎 잘 발달한다. 잎은 중간 크기이고 가장자리의 톱니는 약하다.

슈퍼스타 [장미과]

갈잎떨기나무. 장미의 일종. 북반구의 은대와 아한대 원산종 장미의 교잡종이다. 꽃지름이 12cm 정도이며 꽃잎 수는 35장이다. 줄기는 크고 잘 자라며 분지성이 좋다.

스노우드리프트 [아욱과]

무궁화-배달계. 미국 도입종으로 꽃은 순백색 홑꽃이며 꽃지름 12cm 정도이다. 꽃잎은 긴 타원형이고 사이가 넓게 벌어진다. 가지의 생장은 보통이고 잎은 가장자리에 톱니가 있으며 길쭉한 편이다.

실새삼 [메꽃과]

한해살이덩굴풀. 들의 밭둑과 콩밭에서 기생하며 길이 50cm 정도 자란다. 잎은 어긋나고 비늘 모양이며 노랑색이다. 꽃은 짧은 종 모양이며 7~8월에 흰색으로 피고 가지 위에 잔꽃이 조밀하게 모여 달린다. 열매는 삭과이고 납작한 원형이다. 씨를 약재로 쓴다.

싱글레드 〔아욱과〕

무궁화-적단심계. 미국 도입종으로 분홍색 홑꽃이다. 단심은 암적색으로 크며 단심선은 길고 강하다. 꽃이 활짝 피며 꽃잎이 젖혀지기도 한다. 잎은 작은 편이고 가장자리가 물결 모양이다.

싸리나무 〔콩과〕

갈잎떨기나무. 산과 들에서 높이 2~3m 자란다. 잎은 어긋나고 3장으로 된 겹잎이며, 작은잎은 넓은 타원형이고 뒷면에 누운 털이 있다. 꽃은 7~8월에 붉은 자주색으로 피고 잎겨드랑이에 모여 달린다. 열매는 협과이고 10월에 익는다. 꼬투리는 넓은 타원형이고 끝이 부리처럼 길다.

쌍동바람꽃 〔미나리아재비과〕

여러해살이풀. 깊은 산에서 키 25cm 정도 자란다. 뿌리에서 난 잎은 3개로 깊게 갈라지며 가장자리에 톱니가 있다. 꽃은 5~6월에 흰색으로 피고 잎 가운데에서 나온 2개의 꽃줄기 끝에 1송이씩 달린다. 꽃잎은 없고 꽃받침 5장이 꽃처럼 보인다. 열매는 수과이고 8월에 익는다.

아사달 〔아욱과〕

무궁화-아사달계. 경남 지방에서 선발하여 1972년 서울대학교 농과대학에서 이름지었다. 꽃은 홑꽃으로 연분홍빛이 감도는 흰색 바탕에 분홍색 아사달무늬가 뚜렷하며 강한 단심과 단심선이 있다. 속꽃잎이 약간 발달한다.

알록제비꽃 〔제비꽃과〕

여러해살이풀. 산지의 양지쪽에서 자란다. 잎은 뿌리에서 뭉쳐나고 넓은 타원형이며 겉에 흰색 얼룩반점이 있다. 꽃은 5~6월에 자주색으로 피고 잎 사이에서 나온 꽃줄기 끝에 1송이씩 달린다. 열매는 삭과이고 타원형이며 8~9월에 익는다.

암회색광대버섯 〔광대버섯과〕

여름에서 가을에 걸쳐 바늘잎나무 숲 속의 땅에서

키 7~9cm 자란다. 균모는 회갈색이고 지름 3~16cm이며, 처음에는 종 모양이다가 호빵 모양이 된다. 자루는 흰색이고 담회색 얼룩무늬가 있으며 윗부분에 고리가 있다. 독성이 있다.

애광대버섯 〔광대버섯과〕

독버섯. 여름에서 가을에 걸쳐 숲 속의 땅에서 키 5~12cm 자란다. 균모는 지름 3~8cm이고 처음에는 반구형에서 호빵 모양을 거쳐 편평하게 되며 황갈색 조각이 붙는다. 자루는 노랑색이고 윗부분에 고리가 있다.

애기괭이눈 〔범의귀과〕

여러해살이풀. 산골짜기 습한 바위 위에서 키 15cm 정도 자란다. 줄기는 모여나고 긴 털이 약간 있다. 잎은 어긋나고 둥근 염통 모양이며 가장자리에 둔한 톱니가 있다. 꽃은 4~5월에 연한 황록색으로 피고 줄기 끝에 여러 송이가 모여 달린다. 열매는 삭과이고 7월에 익는다. 어린 잎을 먹는다.

애기낙엽버섯 〔송이과〕

독버섯. 여름에서 가을에 걸쳐 넓은잎나무의 낙엽 위에서 키 4~7cm 자란다. 균모는 황토색이나 자홍색이고 지름 1~2cm이며 종 모양이나 호빵 모양이다. 자루는 철사 모양이며 윗쪽이 흰색이고 나머지는 흑갈색이다.

애기달맞이꽃 〔바늘꽃과〕

두해살이풀. 제주도 바닷가에서 키 20~50cm 자란다. 줄기는 땅을 기고 전체에 털이 난다. 잎은 끝이 긴 타원형이며 약간 깃 모양으로 갈라진다. 꽃은 5~6월에 노랑색으로 피고 포엽겨드랑이에 1송이씩 달린다. 열매는 삭과이고 긴 타원형이며, 9월에 익으면 4개로 갈라져 씨가 나온다.

애기며느리밥풀 〔현삼과〕

한해살이풀. 산지의 건조한 곳에서 키 30~60cm 자라는 반기생 식물이다. 잎은 마주나고 넓은 선형

이다. 꽃은 입술 모양이며 8~9월에 짙은 붉은색으로 피고 줄기나 가지 끝에 모여 달린다. 아래쪽 꽃잎에 흰색 큰 점이 2개 있다. 열매는 삭과이고 납작한 달걀 모양이다.

애기봄맞이 〔앵초과〕

두해살이풀. 들의 습한 곳에서 키 15cm 정도 자란다. 잎은 모두 뿌리에서 나오고 타원형이며 가장자리에 둔한 톱니가 있다. 꽃은 4~8월에 흰색으로 피고 밑동에서 나온 긴 꽃줄기 끝에 모여 달린다. 열매는 삭과이고 둥글며, 익으면 윗부분이 5개로 갈라진다.

애기솔이끼 〔솔이끼무리〕

산지 숲 속 그늘의 땅 위에서 흔히 자란다. 줄기는 외대로 곧게 서고 잎은 넓은 피침형이며 둔한 톱니가 있다. 홀씨주머니는 달걀 모양이며 키 15cm 정도의 홀씨주머니대 끝에 1개씩 달린다.

애기원추리 〔백합과〕

여러해살이풀. 산지 초원에서 키 1m 정도 자란다. 잎은 2줄로 마주나고 깊게 골이 지며 밑이 서로 감싸고 있다. 꽃은 6~7월에 연한 노랑색으로 피고 줄기 끝에 3~6송이가 모여 달린다. 열매는 삭과이고 넓은 타원형이며 8~9월에 익는다. 어린 잎과 꽃은 식용한다.

애기현호색 〔양귀비과〕

여러해살이풀. 산에서 키 25cm 정도 자란다. 잎은 어긋나고 깃 모양으로 갈라지며, 갈래조각은 선형이고 잎자루가 길다. 꽃은 4월에 자주색 또는 하늘색으로 피고 줄기 끝에 여러 송이가 모여 달린다. 열매는 삭과이고 긴 타원형이다. 덩이줄기를 약재로 쓴다.

양배추 〔십자화과(겨자과)〕

한(두)해살이풀. 유럽 서북부 원산이며 채소로 재배한다. 잎은 두껍고 서로 겹쳐지며, 가장 안쪽에 있는 잎은 공처럼 둥글고 단단하다. 꽃은 5~6월에 노랑색으로 피고 뿌리에서 나온 꽃줄기 끝에 모여 달린다. 열매는 각과이고 짧은 원기둥 모양이며 비스듬히 선다. 잎을 식용한다.

에밀레. 〔아욱과〕

무궁화-배달계. 재래종 중에서 선발하여 1983년 서울대학교 농과대학에서 이름지었다. 꽃의 모양이 신라 시대에 만든 '에밀레 종'을 연상시킨다고 한다. 꽃은 연분홍색 홑꽃이고 종 모양이다. 단심은 크고 강하며 단심선은 회전감이 있다.

오랑캐장구채 〔석죽과〕

여러해살이풀. 산지 초원에서 키 60cm 정도 자란다. 밑에서부터 가지가 많이 갈라지며 전체에 잔털이 퍼져 있다. 잎은 마주나고 피침형이다. 꽃은 6~7월에 담홍색으로 피고 원줄기 끝에 여러 송이가 모여 달린다. 열매는 삭과이고 달걀 모양이며 익으면 6개로 갈라진다.

오죽 〔벼과(화본과)〕

늘푸른큰키나무. 중국 원산이며 마을에서 재배하고 키 10m 정도 자란다. 줄기가 첫해에는 녹색이지만 2년째부터 검은색으로 된다. 잎은 가지 끝에 달리고 피침형이며 가장자리에 잔톱니가 있다. 꽃은 60년 주기로 6~7월에 녹자색으로 피고 열매는 가을에 익는다. 꽃이 핀 후에 말라 죽는다.

온시디움 〔난초과〕

여러해살이풀. 브라질과 파라과이 원산이며 잎은 긴 타원형으로 두껍고 뻣뻣하다. 꽃은 겨울에서 봄까지 노랑색으로 피고 긴 꽃줄기에 빽빽히 달린다. 꽃 가운데에 적갈색 점무늬가 있다.

완두 〔콩과〕

두해살이풀. 유럽 원산. 농가에서 작물로 재배하며 길이 2m 정도 자란다. 잎은 어긋나고 깃꼴겹잎이며 끝의 잎은 덩굴손이 된다. 꽃은 5월에 홍색ㆍ자주색ㆍ흰색으로 피고 잎겨드랑이의 긴 꽃줄기에 2송이씩 달린다. 열매는 협과이고 칼 모양이다. 어린 순과 열매를 먹는다.

왕고들빼기 〔국화과〕

한해 또는 두해살이풀. 산과 들이나 밭 근처에서 키 80~150cm 자란다. 잎은 어긋나고 피침형이며 불규칙하고 깊게 갈라진다. 꽃은 7~9월에 연한 노랑색으로 피고 줄기와 가지 끝에 여러 송이가 모여 달린다. 열매는 수과이고 납작한 타원형이며 10~11월에 익는다. 어린 순을 식용한다.

왕원추리 [백합과]

여러해살이풀. 중국 원산. 산과 들에서 키 1m 정도
자란다. 잎은 뿌리에서 나와 2줄로 배열되며 뒤로
휘어진다. 꽃은 7~8월에 주황색으로 피고 잎 사이
에서 나온 꽃줄기에 6~8송이씩 달린다. 어린 잎을
식용하고 뿌리를 약재로 쓴다.

왜개연꽃 [수련과]

여러해살이물풀. 개천과 연못에서 자란다. 잎은 뿌
리줄기에서 나오고 물 속의 잎은 좁고 길며 물 위
의 잎은 달걀 모양이다. 꽃은 6~7월에 노랑색으로
피고 꽃줄기 끝에 1송이씩 달린다. 열매는 장과이
고 둥글며 초록색으로 익는다. 어린 잎은 식용하고
뿌리와 원줄기 및 잎은 약재로 쓴다.

왜솜다리 [국화과]

여러해살이풀. 높은 산 바위 틈에서 키 25~50cm 자
라며 줄기가 모여나고 전체에 흰 솜털로 덮여 있
다. 잎은 긴 타원형이며 끝이 뾰족하다. 꽃은 8~9
월에 회백색으로 피고 줄기 끝에 여러 송이가 모여
달린다. 열매는 수과이고 돌기가 있다. 어린 잎은
식용한다.

용둥굴레 [백합과]

여러해살이풀. 산지에서 키 20~60cm 자란다. 잎
은 어긋나고 타원형이며 2줄로 배열된다. 꽃은 5월
에 백록색으로 피고 잎겨드랑이에 붙은 잎 모양의
포 속에 달린다. 열매는 장과이고 둥글며 7~8월에
검게 익는다. 연한 순을 나물로 먹는다.

이고들빼기 [국화과]

한(두)해살이풀. 산과 들의 건조한 곳에서 키
30~70cm 자라며 줄기는 자줏빛을 띤다. 잎은 어
긋나고 주걱 모양이며, 밑부분이 줄기를 감싸고 가
장자리에 불규칙한 톱니가 있다. 꽃은 7~10월에
노랑색으로 피고 줄기 끝에 여러 송이가 달린다.
열매는 수과이고 9~10월에 갈색으로 익는다.

이끼살이버섯 [송이과]

독버섯. 여름에서 가을에 걸쳐 바늘잎나무의 썩은
나무에서 무리지어 나며 키 1~5cm 자란다. 균모는
등황색이나 황갈색이고 지름 0.8~2.5cm이며 처음
에는 종 모양이다가 호빵 모양을 거쳐 가운데가 오
목해진다. 자루는 노랑색이고 뿌리쪽은 갈색이다.

이원화립 [아욱과]

무궁화-백단심계. 일본 도입종으로 꽃은 뒷면에
분홍색 무늬가 감도는 반겹꽃이다. 기본꽃잎이 크
고 속꽃잎이 균일하게 발달한다.

일본조팝나무 [장미과]

갈잎떨기나무. 일본 원산이며 높이 1m 정도 자란
다. 잎은 어긋나고 끝이 달걀 모양이며 가장자리에
톱니가 있다. 꽃은 6~8월에 연한 분홍색으로 피고
가지 끝에 많이 모여 달린다. 열매는 골돌과이고 5
개씩이며 8~9월에 익는다.

자란 [난초과]

여러해살이풀. 남부 지방에서 자라며 줄기는 단축
되어 둥근 알뿌리로 되고 여기에서 나온 잎이 서로
감싸면서 줄기처럼 된다. 잎은 긴 칼 모양으로 밑
부분이 좁아져서 잎집처럼 되며 세로로 주름이 많이
있다. 꽃은 5~6월에 홍자색으로 피고 꽃줄기 끝에
6~7송이가 모여 달린다.

자목련 [목련과]

갈잎큰키나무. 관상용으로 심으며 높이 15m 정도
자라고 가지가 많이 갈라진다. 잎은 마주나고 달걀
모양이며 양면에 털이 있으나 점차 없어진다. 꽃은
4월에 잎보다 먼저 피고 검은 자주색이다. 열매는
골돌과이고 타원형이며, 10월에 갈색으로 익고 빨
간 씨가 실에 매달린다.

자우전 [국화과]

국화. 꽃은 자주색이고 꽃지름 20cm 정도로 크며
안쪽은 진한 자줏빛으로 11월 초순에 핀다.

자을녀 [국화과]

국화. 꽃은 자색이고 크며 10월 하순에 핀다.

자주괭이밥 [괭이밥과] —

여러해살이풀. 인가 부근의 밭둑이나 길가에서 키
10~30cm 자란다. 비늘줄기는 붉은빛을 띤 갈색
이고 달걀 모양이며 무더기로 자라며 잡초같이 퍼
져간다. 잎은 어긋나고 3개로 된 겹잎이며, 잎자
루가 길고 작은잎은 염통 모양이다. 꽃은 6~8월에
연한 홍색으로 피고 꽃줄기 끝에 모여 달린다. 열

매는 삭과이고 6월에 익는다.

자주괴불주머니 [양귀비과]

두해살이풀. 산과 들의 습지에서 키 20~50cm 자란다. 잎은 어긋나고 깃꼴겹잎이며, 작은잎은 삼각형이고 가장자리에 톱니가 있다. 꽃은 2~5월에 적자색으로 피며 원줄기 끝에 여러 송이가 모여 달린다. 열매는 삭과이고 가는 원통 모양이며 6~7월에 익는다. 씨는 검은색으로 윤기가 난다.

잔털제비꽃 [제비꽃과]

여러해살이풀. 산지에서 키 10cm 정도 자라며 전체에 잔털이 난다. 잎은 밑동에서 뭉쳐나고 둥글며, 가장자리에 톱니가 있고 잎자루가 길다. 꽃은 4월에 흰색으로 피고 잎 사이에서 나온 긴 꽃줄기 끝에 1송이씩 달린다. 열매는 삭과이고 세모지며 6~7월에 익으면 3개로 갈라진다.

점현호색 [양귀비과]

여러해살이풀. 산에서 키 20cm 정도 자란다. 잎은 어긋나고 깃털 모양으로 갈라지며 작은잎은 손바닥 모양이다. 잎 표면에 흰색 반점이 흩어져 있다. 꽃은 4월에 진한 청색으로 피고 줄기 끝에 여러 송이가 모여 달린다. 열매는 삭과다. 덩이줄기를 약재로 쓴다.

정영엉겅퀴 [국화과]

여러해살이풀. 산지에서 키 50~100cm 자란다. 잎은 어긋나고 끝이 뾰족한 달걀 모양이며 가장자리에 바늘 모양의 톱니가 있다. 꽃은 7~8월에 황백색으로 피고 줄기와 가지 끝에 모여 달린다. 열매는 수과이고 납작한 타원형이며 다갈색 관모가 있다. 어린 순을 식용한다.

제주양지꽃 [장미과] 제주소시랑개비

여러해살이풀. 한라산에서 나며 사방으로 벋어 길이 20cm 정도 퍼진다. 전체에 털이 나며 줄기는 자줏빛이 돈다. 잎은 깃꼴겹잎이며 작은잎은 타원

형이고 가장자리 윗쪽에 톱니가 있다. 꽃은 4~6월에 노랑색으로 피고 꽃줄기 끝에 1~3송이씩 달린다. 열매는 수과이고 달걀 모양이다.

조개껍질버섯 [구멍장이버섯과]

숲 속의 마른 나무에서 자란다. 균모는 가죽질이고 황회색이며, 좁은 동심고리무늬가 있고 반원형이나 조개껍질 모양이며 겉에 짧고 거친 털이 빽빽하게 난다. 끝이 뭉툭한 막대 모양이며 보통 1개씩 나지만 여러 개가 다발로 나기도 한다.

족제비싸리 [콩과] 왜싸리

갈잎떨기나무. 북아메리카 원산이며 높이 3m 정도 자란다. 잎은 어긋나고 깃꼴겹잎이며 작은잎은 달걀 모양이다. 꽃은 5~6월에 자줏빛을 띤 하늘색으로 피고 가지 끝에 모여 이삭처럼 달린다. 열매는 협과이고 약간 구부러지며 9월에 익는다.

졸방제비꽃 [제비꽃과]

여러해살이풀. 산에서 키 30cm 정도 자란다. 잎은 어긋나고 달걀 모양이며 가장자리에 둔한 톱니가 있다. 꽃은 5~6월에 담자색 또는 흰색으로 피고 잎겨드랑이에서 나온 긴 꽃줄기가 끝에 1송이씩 달린다. 열매는 삭과이고 세모지며 7~8월에 익는다. 어린 잎과 줄기는 나물로 먹는다.

좀개구리밥 [개구리밥과]

여러해살이풀. 논이나 연못의 물 위에 떠서 자란다. 엽상체는 넓은 타원형이며 표면 한쪽 중앙에 돌기가 있으며 3개의 맥이 있다. 꽃은 8월에 흰색으로 피고 꽃잎은 없으며 포 안에 수꽃 2송이와 암꽃 1송이가 들어 있다. 전체를 약재로 쓴다.

좀작살나무 [마편초과]

갈잎떨기나무. 산골짜기에서 높이 1.5m 정도 자란다. 잎은 마주나고 달걀 모양이며 가장자리 윗부분에 톱니가 있다. 꽃은 8월에 연자주색으로 피고 잎

겨드랑이에 10~20송이씩 달린다. 열매는 핵과이고 둥글며 10월에 자주색으로 익는다.

좀현호색 〔양귀비과〕

여러해살이풀. 산기슭에서 키 10cm 정도 자란다. 잎은 밑동에서 모여나고 깃꼴겹잎이며 잎자루가 길다. 꽃은 4월에 하늘색 또는 홍자색으로 피고 원줄기 끝에 여러 송이가 모여 달린다. 열매는 삭과이고 선형이다. 덩이줄기를 약용으로 쓴다.

줄민둥뫼제비꽃 〔제비꽃과〕

여러해살이풀. 숲 속에서 자라며 원줄기가 없다. 잎은 밑동에서 모여나고 달걀 모양이며, 겉에 흰색 줄무늬가 있으며 가장자리에 물결 모양의 톱니가 있다. 꽃은 4~5월에 연분홍색으로 피고 꽃줄기가 끝에 1송이씩 달린다. 꽃잎에 자주색 반점이 있다. 열매는 삭과이고 타원형이다.

중나리 〔백합과〕

여러해살이풀. 산에서 키 1.5m 정도 자란다. 잎은 어긋나고 끝이 뾰족한 선형이다. 꽃은 7~8월에 황적색으로 피고 꽃잎에 흑자색 반점이 있으며 줄기와 가지 끝에 여러 송이가 밑을 향해 달린다. 열매는 삭과이고 타원형이며 9월에 익는다. 비늘줄기와 어린 순은 먹고 비늘줄기는 약재로 쓴다.

쥐다래나무 〔다래나무과〕

갈잎덩굴나무. 깊은 산에서 길이 5m 정도 자란다. 잎은 어긋나고 긴 타원형이며 가장자리에 톱니가 있다. 꽃은 암수딴그루고 5월에 흰색으로 피며 잎겨드랑이에 1~3송이씩 달린다. 열매는 장과이고 달걀 모양이며 10월에 노랑색으로 익는다.

지느러미엉겅퀴 〔국화과〕 엉거시

두해살이풀. 산과 들에서 키 70~100cm 자란다. 줄기에 지느러미 모양의 날개가 있다. 잎은 어긋나고 깃 모양이며 가장자리에 가시가 많다. 꽃은 5~10월에 홍자색으로 피고 가지 끝에 달린다. 열매는 수과이고 11월에 익는다. 연한 줄기와 어린 잎을 먹고 전체를 약재로 쓴다.

진퍼리용담 〔용담과〕

여러해살이풀. 들의 습지에서 키 150~80cm 자라며 줄기는 자줏빛이다. 잎은 마주나고 피침형이며 가장자리에 잔 돌기가 있다. 꽃은 8~10월에 보라색으로 피고 줄기 끝이나 잎겨드랑이에 달린다. 열매는 삭과이고 길쭉하며 좁다.

진퍼리잔대 〔초롱꽃과(도라지과)〕

여러해살이풀. 깊은 산 습지에서 키 70m 정도 자

란다. 잎은 어긋나고 긴 타원형이며 가장자리에 희미한 톱니가 있다. 꽃은 넓은 종 모양이며 8월에 보라색으로 피고 줄기 끝에 여러 송이가 달린다. 열매는 삭과이다. 어린 잎과 뿌리를 먹는다.

참꽃마리 〔지치과〕

여러해살이풀. 산과 들의 습지에서 키 10~15cm 자란다. 잎은 어긋나고 달걀 모양이며 잎자루가 길다. 꽃은 5~7월에 연자주색으로 피고 줄기 윗부분의 잎겨드랑이에 달린다. 열매는 소견과이고 잔털이 있으며 9월에 갈색으로 익는다. 어린 잎을 나물로 먹고 잎과 줄기를 약재로 사용한다.

참으아리 〔미나리아재비과〕

갈잎덩굴나무. 산과 들에서 길이 5m 정도 자란다. 잎은 마주나고 깃꼴겹잎이며 작은잎은 달걀 모양이다. 꽃은 7~9월에 흰색으로 피고 가지 끝이나 잎겨드랑이에 모여 달린다. 열매는 수과이고 9~10월에 익으며 긴 깃털같은 암술대가 꼬리처럼 달린다. 어린 잎은 식용하고 뿌리는 약재로 쓴다.

참취 〔국화과〕 나물취

여러해살이풀. 산과 들에서 키 1m~1.5m 자란다. 줄기는 곧게 서고 전체에 거친 털이 있다. 잎은 어긋나고 염통 모양이며 가장자리에 톱니가 있다. 꽃은 8~10월에 흰색으로 피고 줄기와 가지 끝에 모여 달린다. 열매는 수과이고 긴 피침형이며 11월에 익는다. 어린 잎을 나물로 먹는다.

처녀버섯 〔벚꽃버섯과〕

식용. 가을에 숲 속이나 풀밭에서 키 3~4cm 자란다. 균모는 흰색이고 지름 2~5cm이며 처음에는 호빵 모양이다가 거의 편평해진다. 자루는 흰색이고 뿌리쪽으로 가늘어진다.

청알록제비꽃 〔제비꽃과〕

여러해살이풀. 산지의 양지쪽에서 자란다. 잎은 뿌

리에서 뭉쳐나고 넓은 타원형이며, 겉에 흰색 얼룩 반점이 있고 두꺼우며 가장자리에 둔한 톱니가 있다. 꽃은 5~6월에 자주색으로 피고 잎 사이에서 나온 꽃줄기 끝에 1송이씩 달린다. 열매는 삭과이고 타원형이며 8~9월에 익는다.

촛대승마 [미나리아재비과]

여러해살이풀. 산지의 숲 속에서 키 1.5m 정도 자라며 줄기에 흰털이 있다. 잎은 어긋나고 깃꼴겹잎이며, 작은잎은 달걀 모양이고 가장자리에 톱니가 있다. 꽃은 암수딴그루며 6~7월에 흰색으로 피고 줄기 끝에 모여 달린다. 열매는 골돌이고 긴 타원형이며 5~9월에 익는다. 뿌리를 약용한다.

충무 [아욱과]

무궁화-자단심계. 국내 육성종으로 1983년 원예시험장에서 이름지었다. 꽃은 흰색이 감도는 연분홍색 홑꽃이고 강한 단심과 시원하게 뻗은 단심선이 있으며 꽃잎맥이 발달한다.

층층잔대 [초롱꽃과(도라지과)]

여러해살이풀. 산에서 키 1m 정도 자란다. 잎은 돌려나고 긴 타원형이며 가장자리에 거친 톱니가 있다. 꽃은 7~9월에 연보라색 종 모양으로 피고 줄기에 여러 층으로 모여 달린다. 열매는 삭과이다.

칠보 [아욱과]

무궁화-자단심계. 자연교잡육성종이며 경기도 칠보산 기슭에서 선발하고 1990년 한국무궁화연구회에서 이름지었다. '칠보산'의 지명을 딴 것이다. 꽃은 분홍색 홑꽃이고 꽃지름 10cm 정도이며 강한 단심에 단심선이 길게 퍼진다.

카틀레야 [난초과]

여러해살이풀. 브라질 원산. 나뭇가지 등에 붙어 키 30~60cm 자란다. 잎은 넓은 칼 모양이고 두껍다. 꽃은 가을에서 겨울에 걸쳐 피고 잎 사이에서 나온 꽃줄기 끝에 여러 송이가 모여 달린다. 꽃빛깔은 노란색·주홍색·붉은색·흰색 등 여러 가지이다. 사무실이나 집 안에서 주로 화분에 키운다.

칼송이풀 [현삼과]

여러해살이풀. 높은 산 꼭대기 부근에서 키 15~50cm 자란다. 잎은 어긋나고 넓은 피침형이며 깃 모양으로 갈라진다. 꽃은 7~8월에 연황색으로 피고 줄기 윗부분 잎겨드랑이에 1송이씩 달린다. 열매는 삭과이고 넓은 달걀 모양이다.

크라인지아 [선인장과]

선인장. 멕시코 원산이며 새끼를 쳐서 무리지어 자란다. 육질은 공 모양이고 가장자리는 부드러운 흰색 가시로 덮인다. 가운데에 나는 가시는 길이 1cm 정도이며 적갈색이다. 꽃은 봄에 진분홍색으로 피며 지름 약 6cm 이다.

크림손스타 [미나리아재비과]

여러해살이풀. 매발톱꽃 원예종으로 키 40~60cm 자란다. 잎은 3개로 갈라져 손바닥 모양이며 끝이 다시 얕게 갈라진다. 꽃은 곧게 선 꽃줄기 끝에 1송이씩 달리는데, 바깥쪽 도홍색이고 안쪽은 노랑색이다. 각 꽃잎의 거는 직선이며 끝으로 갈수록 가늘어진다.

큰각시취 [국화과]

두해살이풀. 산에서 키 50~150cm 자란다. 뿌리에서 난 잎은 긴 타원형이고 깃꼴겹잎이며 잎자루가 길다. 꽃은 8~9월에 자주색으로 피고 줄기와 가지 끝에 많이 모여 달린다. 열매는 수과이고 납작하며, 관모는 흰색이다.

큰개별꽃 [석죽과]

여러해살이풀. 산지의 그늘에서 키 10~20cm 자라며 흰 털이 난다. 잎은 마주나고 큰 달걀 모양이다. 꽃은 4~6월에 흰색으로 피고 줄기 끝에 위를 향해 1송이 달린다. 열매는 삭과이고 둥글며, 7~8월에 익으면 4개로 갈라져서 씨가 나온다. 어린 숲을 나물로 먹는다.

큰개불알풀 [현삼과] 봄까치꽃

두해살이풀. 유럽 원산이며 길가나 빈터의 약간 습한 곳에서 키 10~30cm 자란다. 잎은 마주나거나 어긋나고 삼각형이다. 꽃은 5~6월에 하늘색으로 피고 꽃잎은 4장이며 잎겨드랑이에 1송이씩 달린다. 열매는 삭과이고 납작한 염통 모양이다.

큰개여뀌 [마디풀과(여뀌과)] 명아주여뀌

한해살이풀. 밭둑에서 키 1m 정도 자라며 줄기는 붉은빛이 돌고 흑갈색 점이 있다. 잎은 어긋나고 피

침형이며 가장자리에 털이 있다. 꽃은 7~9월에 홍자색으로 피고 가지 끝에 이삭 모양으로 달린다. 열매는 수과이고 납작한 원형이며 꽃받침에 싸인다.

큰괭이밥 〔괭이밥과〕

여러해살이풀. 깊은 산 숲 속에서 자란다. 잎은 3개로 된 겹잎이며 잎자루가 길고 작은 잎은 삼각형이다. 꽃은 5~6월에 흰색으로 피고 긴 꽃줄기 끝에 1송이씩 달린다. 열매는 삭과이고 둥글며 7~8월에 익는다. 잎을 먹고 약재로도 쓴다.

큰구슬붕이 〔용담과〕

두해살이풀. 산과 들의 숲 속에서 키 5~10cm 자란다. 잎은 마주나고 달걀 모양이다. 꽃은 5~6월에 자주색으로 피고 줄기와 가지 끝에 몇 송이씩

모여 달린다. 열매는 삭과이고 긴 자루가 있으며, 8~9월에 익으면 2개로 갈라진다. 씨는 양끝이 뾰족한 원기둥 모양이다.

큰금계국 〔국화과〕

여러해살이풀. 북아메리카 원산이며 키 30~100cm 자란다. 잎은 마주나고 피침형이며 3개로 갈라진다. 꽃은 6~8월에 노랑색으로 피고 꽃줄기 끝에 1송이씩 달린다. 열매는 수과이고 둥글며 얇은 날개가 있다.

큰까치수영 〔앵초과〕

여러해살이풀. 산에서 키 90cm 정도 자란다. 잎은 어긋나고 긴 타원형이며 털이 있다. 꽃은 6~8월에 흰색으로 피고 원줄기 끝에 여러 송이가 모여 달린다. 열매는 삭과이고 둥글며 9~10월에 익는다. 어린 잎을 식용하고 뿌리는 약재로 쓴다.

큰꽃으아리 〔미나리아재비과〕

갈잎덩굴나무. 산기슭의 양지에서 길이 2~4m 자란다. 잎은 마주나고 긴 잎자루가 있으며 3~5장으로 된 깃꼴겹잎이다. 꽃은 5~6월에 연자주색 또는

흰색으로 피고 가지 끝에 1송이씩 달린다. 열매는 수과이고 넓은 달걀 모양이며 10월에 익는다.

큰꿩의비름 〔돌나물과〕

여러해살이풀. 산과 들에서 키 30~70cm 자란다. 잎은 다육질이며 주걱 모양이다. 꽃은 8~10월에 홍자색으로 피고 원줄기 끝에 많이 모여 달린다. 꽃잎은 5장이고 넓은 피침형이다. 열매는 골돌과이고 곧추서며 끝이 뾰족하다.

큰달맞이꽃 〔바늘꽃과〕

두해살이풀. 북아메리카 원산이며 들에서 키 1.5m 정도 자란다. 줄기에 흰털이 나고 붉은 색 잔 돌기가 있다. 잎은 어긋나고 끝이 뾰족한 피침형이며 가장자리에 얕은 톱니가 있다. 꽃은 7월에 노랑색

으로 피고 가지와 줄기 끝에 달린다. 열매는 삭과이고 원기둥 모양이며 9~10월에 익는다.

큰애기나리 〔백합과〕

여러해살이풀. 산지 숲에서 키 50cm 정도 자란다. 잎은 어긋나고 타원형이며 잎자루가 짧다. 꽃은 5~6월에 흰색으로 피고 꽃잎은 6장이며 줄기 끝에 1~3송이가 달린다. 열매는 장과이고 둥글며 8~9월에 검게 익는다. 어린 잎을 식용한다.

큰엉겅퀴 〔국화과〕 장수엉겅퀴

여러해살이풀. 숲 가에서 키 1~2m 자란다. 잎은 어긋나고 타원형이며 깃처럼 갈라진다. 꽃은 7~10월에 홍자색으로 피고 가지 끝에 1송이씩 달린다. 열매는 수과이고 긴 타원형이며 10~11월에 익는다. 어린 순을 먹고 뿌리를 약재로 쓴다.

큰오이풀 〔장미과〕

여러해살이풀. 고산 지역의 습기가 많은 곳에서 키 40~80cm 자란다. 잎은 어긋나고 깃꼴겹잎이며 뿌리에 달린 잎은 잎자루가 길다. 꽃은 8~9월에 흰색으로 피고 가지 끝에 다닥다닥 달린다. 열매는

수과이고 네모진다. 어린 싹은 식용하고 뿌리를 약재로 사용한다.

타래난초 〔난초과〕

여러해살이풀. 산과 들의 풀밭에서 키 10~40cm 자란다. 잎은 뿌리에서 나고 좁은 피침형이며 끝이 뾰족하다. 꽃은 5~8월에 연홍색 또는 흰색으로 피고 투구 모양이며, 꽃줄기 끝에 모여 나선처럼 비꼬인 모양을 만들어 수상화서를 이룬다. 열매는 삭과이고 타원형이다.

태백기린초 〔돌나물과〕

여러살이풀. 산에서 키 20cm 정도 자란다. 잎은 어긋나거나 마주나고 넓은 달걀 모양이며, 줄기 끝에서 로젯 모양이 되고 가장자리에 둔한 톱니가 있다. 꽃은 6~7월에 노랑색으로 피고 줄기 끝에 5~7송이가 모여 달린다. 열매는 골돌과다.

태백제비꽃 〔제비꽃과〕

여러해살이풀. 산지에서 키 25cm 정도 자란다. 잎은 밑동에서 모여나고 달걀 모양이며 가장자리에 톱니가 있다. 꽃은 4~5월에 흰색으로 피고 잎 사이에서 나온 긴 꽃줄기 끝에 1송이씩 달린다. 열매는 삭과이고 달걀 모양이며, 6~7월에 익으면 3개로 갈라진다. 잎을 약재로 쓴다.

털머위 〔국화과〕

늘푸른여러해살이풀. 바닷가에서 키 30~50cm 정도 자란다. 잎은 콩팥 모양이고 두꺼우며 가장자리에 톱니가 있다. 꽃은 암수딴그루며 9~10월에 노랑색으로 피고 꽃줄기 끝에 여러 송이가 모여 달린다. 열매는 수과이고 11~12월에 익는다. 잎자루를 식용하고 잎은 약재로 사용한다.

털여뀌 〔마디풀과(여뀌과)〕

한해살이풀. 마을 부근에서 키 2m 정도 자라며 전체에 거친 털이 난다. 잎은 어긋나고 달걀 모양이다. 꽃은 7~8월에 붉은색으로 피고 줄기와 가지 끝에서 이삭처럼 처져 달린다. 열매는 수과이고 둥글며 검은 갈색으로 익는다.

털작살나무 〔마편초과〕 새비나무

갈잎떨기나무. 섬의 숲 속에서 높이 13m 정도 자라며 전체에 털이 많다. 잎은 마주나고 타원형이며 가장자리에 예리한 톱니가 있다. 꽃은 8월에 연자주색으로 피고 잎겨드랑이에 모여 달린다. 열매는 핵과이고 둥글며 10월에 자주색으로 익는다.

털장구채 〔석죽과〕

두해살이풀. 산과 들에서 키 30~80cm 자라며 전

체에 부드러운 털이 있다. 잎은 마주나고 넓은 피침형이다. 꽃은 7월에 흰색으로 피고 잎겨드랑이와 줄기 끝에 층층으로 달린다. 열매는 삭과이고 달걀 모양이며 8~9월에 익는다.

털중나리 〔백합과〕

여러해살이풀. 산에서 키 50~100cm 자라며 전체에 잿빛 털이 난다. 잎은 어긋나고 피침형이다. 꽃은 6~8월에 꽃잎에 자주색 반점이 있는 황적색으로 피고 가지와 원줄기 끝에 1~5송이씩 밑을 향해 달린다. 열매는 삭과이고 타원형이며 9~10월에 익는다. 어린 싹과 비늘줄기를 식용한다.

털쥐손이 〔쥐손이풀과〕

여러해살이풀. 높은 산에서 키 50cm 정도 자라며 전체에 거친 털이 많다. 잎은 손바닥 모양으로 깊게 갈라지고 작은잎은 가장자리에 불규칙한 톱니가 있다. 꽃은 7~8월에 홍자색으로 피고 줄기 끝에 여러 송이가 달린다. 열매는 삭과이고 9~10월에 익는다.

털진득찰 〔국화과〕

한해살이풀. 들에서 키 1m 정도 자라며 전체에 털이 많이 난다. 잎은 마주나고 뾰족한 달걀 모양이며 가장자리에 톱니가 있다. 꽃은 9~10월에 노랑색으로 피고, 가지와 줄기 끝에 작은 꽃이 많이 모여 달린다. 열매는 수과이고 긴 타원형이며 10~11월에 익는다. 전체를 약재로 쓴다.

톱잔대 〔초롱꽃과(도라지과)〕

여러해살이풀. 산지에서 키 50m 정도 자란다. 잎은 어긋나고 피침형이며 가장자리에 굵은 톱니가 있다. 꽃은 긴 종 모양이고 8월에 연보라색으로 피며, 줄기 끝에 여러 송이가 달린다. 열매는 삭과이다.

퉁둥굴레 〔백합과〕

여러해살이풀. 산지 숲 밑에서 키 30~70cm 자란

다. 잎은 어긋나고 긴 타원형이며 2줄로 배열된다. 꽃은 5~6월에 백록색으로 피고 잎겨드랑이에 3~7송이씩 달린다. 열매는 장과이고 둥글며 검은 자색으로 익는다. 어린 순과 뿌리를 식용한다.

파파메이란드 〔장미과〕

갈잎떨기나무. 장미의 일종. 북반구의 온대와 아한대 원산종의 교잡종이다. 꽃은 검붉은 홍색이고 꽃잎 표면이 광택이 난다. 꽃의 지름이 14cm 정도로 크며 꽃잎은 30~40장이다. 잎은 크고 구리빛을 띤 녹색이다.

패오니플로러스 〔아욱과〕

무궁화─아사달계. 미국 도입종으로 흰색 겹꽃이며 꽃지름 8cm 정도이고 꽃잎 끝에 홍색 반점이 있는 연분홍색 아사달무늬가 있다. 암술이 변하여 겹꽃잎이 잘 발달한다. 잎은 작은 편이며 가장자리에 톱니가 있다.

팽나무버섯 〔송이과〕

식용. 늦가을에서 봄에 걸쳐 넓은잎나무의 그루터기나 죽은 줄기에서 무리지어 나며 키 2~9cm 자란다. 균모는 노랑색이나 황갈색이고 지름 2~8cm이며 처음에는 반구형이다가 호빵 모양을 거쳐 점차 편평해진다. 자루는 황갈색이고 짧은 털이 빽빽하게 난다.

평화 〔아욱과〕

무궁화─아사달계. 재래종과 도입종 사이의 교배종에서 선발하여 1972년 서울대학교 농과대학에서 이름지었다. 처음에 '평화단심'으로 불리다가 1983년 '평화'로 바뀌었다. 꽃은 흰색 겹꽃이며 강렬한 적색 단심이 보이고 꽃잎 끝으로 엷은 홍색 아사달무늬가 선명하다.

표고버섯 〔송이과〕

식용 버섯. 봄과 가을에 넓은잎나무의 마른 나무에서 키 3~8cm 자란다. 균모는 다갈색이고 지름 4~10cm이며 호빵 모양을 거쳐 편평하게 되며 가운데가 솟고 가장자리는 안쪽으로 감긴다. 자루에 고리가 생겼다가 없어진다.

표주박 〔박과〕

한해살이덩굴풀. 아프리카 원산이며 농가에서 재배한다. 전체에 짧은 털이 있으며 각 마디에서 많은 곁가지가 나온다. 잎은 어긋나고 염통 모양이며 얕게 갈라진다. 꽃은 암수한그루며 7~9월에 흰색으로 피고 잎겨드랑이에 1송이씩 달린다. 열매는 박과이고 가운데가 잘록해지며, 다 익으면 껍질이 딱딱해진다.

풍란 〔난초과〕

여러해살이풀. 따뜻한 해안 지방 섬의 나무줄기와 바위 겉에서 키 3~15cm 자란다. 잎은 2줄로 마주나고 넓은 선형이며 딱딱하다. 꽃은 7월에 순백색으로 피고 잎겨드랑이에서 나온 꽃줄기에 1송이씩 달린다. 열매는 삭과이고 10월에 익는다.

프린세스마가렛 〔장미과〕

갈잎떨기나무. 장미의 일종. 북반구의 온대와 아한대 원산종의 교잡종으로 화단에서 재배하며 높이 1m 정도 자란다. 줄기는 길고 굵으며 곧게 자란다. 꽃은 자주색 계통의 진분홍색으로 많이 피고 꽃잎에 광택이 난다. 꽃지름이 14cm 정도이며 꽃잎 수는 35장 정도이다.

핑크자이언트 〔아욱과〕

무궁화─홍단심계. 외국 도입종으로 꽃은 분홍색 홑꽃이며, 단심은 강하나 단심선은 보통이고 아담하다.

하늘나리 〔백합과〕

여러해살이풀. 산과 들에서 키 30~80cm 자란다. 잎은 어긋나고 넓은 선형이다. 꽃은 6~7월에 꽃잎 안쪽에 자주색 반점이 많은 진황적색으로 피고 줄기 끝에 1~5송이가 위를 향해 달린다. 열매는 삭

과이고 긴 타원형이며 8월에 익는다. 비늘줄기를
먹는다.

하늘말나리 [백합과]

여러해살이풀. 산과 들에서 키 1m 정도 자란다. 잎
은 돌려나고 피침형이다. 꽃은 7~8월에 꽃잎 안쪽
에 자주색 반점이 있는 황적색으로 피고 원줄기와
가지 끝에 1~3송이가 위를 향해 달린다. 열매는 삭
과이고 긴 달걀 모양이며 10월에 익는다. 어린 포
기와 비늘줄기는 식용한다.

하와이무궁화 [아욱과]

갈잎떨기나무. 동부 아시아와 중국 남부 원산이며
높이 2~3m 자란다. 잎은 난상 피침형으로 가장자
리에 거친 톱니가 있다. 꽃은 넓은 깔때기 모양으
로 7~8월에 피고 햇가지 윗부분의 잎겨드랑이에 1
송이씩 달린다. 꽃색은 적색을 비롯하여 여러 가지
가 있다. 열매는 10월에 익는다.

한라구절초 [국화과]

여러해살이풀. 한라산 해발 1300m 이상 지역에서
자라는 구절초. 잎은 어긋나고 가늘게 깃처럼 갈라
진다. 꽃은 9~10월에 분홍색 또는 흰색으로 피고
줄기와 가지 끝에 1송이씩 달린다. 열매는 10~11
월에 익는다.

한라송이풀 [현삼과]

여러해살이풀. 한라산에서 키 5~15cm 자라며 원
줄기에 부드러운 털이 많다. 뿌리에서 난 잎은 모
여나고 깃꼴겹잎이며, 줄기에서 난 잎은 돌려나고
가장자리에 톱니가 있다. 꽃은 7~8월에 적자색으
로 피고 줄기 끝에 여러 송이가 모여 달린다. 열매
는 삭과이고 10월에 익으며 끝이 뾰족하다.

한서 [아욱과]

무궁화-배달계. 재래종과 외국 도입종의 혼식포장
에서 꽃이 가장 큰 것을 선발하였다. 1983년 서울
대학교 농과대학에서 '한서 남궁억 선생'을 기리
기 위해 호를 따 이름을 지은 것이다. 꽃은 우유빛
이 감도는 흰색 홑꽃이며 꽃잎이 투박하다.

해국 [국화과]

여러해살이풀. 바닷가에서 높이 30~60cm 자라며
전체에 부드러운 털이 많다. 잎은 어긋나고 주걱
모양이며 가장자리에 톱니가 있다. 꽃은 7~11월에
연자주색으로 피고 가지 끝에 1송이씩 달린다. 열
매는 수과이고 관모는 갈색이다.

해오라비난초 [난초과]

여러해살이풀. 양지쪽 습지에서 키 15~40cm 자

란다. 잎은 3~5개가 어긋나고 끝이 뾰족한 넓은
선형이며 밑부분은 잎집으로 되어 있다. 꽃은 7~8
월에 흰색으로 피고 원줄기 끝에 1~2송이가 달린
다. 꽃 모양이 해오라기를 닮았다.

향단심 [아욱과]

무궁화-자단심계. 전라도 지역에서 채취한 종자를
파종하여 선발하고 1979년 서울대학교 농과대학에
서 이름지었다. 꽃은 연분홍색 홑꽃이며 격렬한 적
색의 단심과 단심선이 발달한다. 꽃잎은 둥글고 속
꽃잎이 다소 발달한다.

현호색 [양귀비과]

여러해살이풀. 산과 들의 그늘지고 습한 곳에서 키
20cm 정도 자란다. 잎은 어긋나고 잎자루가 길며
깃털처럼 갈라진다. 꽃은 4월에 연한 홍자색으로
피고 줄기와 가지 끝에 5~10송이가 모여 달린다.
열매는 삭과이고 긴 타원형이며 6~7월에 익는다.
덩이줄기를 약재로 쓴다.

호접란 [난초과]

여러해살이풀. 필리핀 원산이며 관상용으로 심는
다. 잎은 두껍고 긴 타원형으로 길이 45cm 정도이
며 늘어진다. 꽃은 이른 봄부터 여름까지 자주빛을
띤 분홍색으로 피며 꽃줄기에 100여 송이가 달린
다. 꽃줄기는 가지를 쳐서 길이 1m 정도 자라며 구
부러져서 늘어진다.

홀아비바람꽃 [미나리아재비과]

여러해살이풀. 한국 특산종으로 산지의 습한 곳에
서 자란다. 잎은 뿌리에서 나며 손바닥 모양으로
갈라진다. 꽃은 4월에 흰색으로 피고 꽃줄기 끝에
1송이가 위를 향해 피며 꽃받침 5장이 꽃잎처럼 보
인다. 열매는 수과이고 한 데 모여 달린다.

홍순 [아욱과]

무궁화-적단심계. 전라남도 지역에서 선발하여
1972년 서울대학교 농과대학에서 이름지었다. 꽃

은 홍색 무늬가 있는 연자주색 반겹꽃이며 연적색 아사달 무늬가 있고 단심이 뚜렷하다. 기본꽃잎이 크고 뚜렷하고 작은 속꽃잎이 발달한다.

황무궁 〔국화과〕

국화. 중국과 일본 원산이며 꽃은 노랑색이고 약간 납작하며 10월 하순에 핀다.

황새냉이 〔십자화과〕

두해살이풀. 들판의 습지에서 무리지어 나며 키 10~30cm 자란다. 잎은 어긋나고 깃꼴겹잎이며 잔털이 있다. 작은잎은 달걀 모양이고 다시 갈라진다. 꽃은 4~5월에 흰색으로 피고 줄기 끝에 10여 송이가 모여 달린다. 열매는 각과이고 길쭉하다.

황진이 〔국화과〕

국화의 일종. 중국과 일본 원산이며 꽃은 순백색이고 10월 중·하순에 핀다.

회리바람꽃 〔미나리아재비과〕

여러해살이풀. 산지 숲 속 그늘에서 키 20~30cm 자란다. 총포는 잎 모양으로 3개가 돌려나고 포엽은 3개로 갈라지며, 갈래는 다시 깃털처럼 갈라진다. 꽃은 5월에 노란색 또는 흰색으로 피고 총포에서 나온 꽃줄기 끝에 1송이씩 달린다. 열매는 수과이다. 유독성식물.

흰그늘용담 〔용담과〕

여러해살이풀. 한라산에서 키 5~7cm 자란다. 잎은 마주나고 뿌리에서 난 잎은 크고 달걀 모양이며, 줄기에 난 잎은 작고 선형이다. 꽃은 깔때기 모양이며 5~7월에 흰색으로 피고 줄기 끝에 1송이씩 위를 향해 달린다. 열매는 삭과이고 7월에 익는

다. 뿌리를 약재로 쓴다.

흰꽃이질풀 〔쥐손이풀과〕

여러해살이풀. 산과 들에서 키 1m 정도 자란다. 잎은 마주나고 손바닥처럼 갈라지며, 작은잎은 긴 타원형이다. 꽃은 8~9월에 흰색으로 피고 잎겨드랑이에서 나온 꽃줄기에 1~3송이씩 달린다. 열매는 삭과이고 10월에 익는다. 전체를 약재로 쓴다.

흰꿀풀 〔꿀풀과〕

여러해살이풀. 산기슭 풀밭에서 키 30cm 정도 자라며 전체에 짧은 털이 난다. 잎은 마주나고 끝이 뾰족한 달걀 모양이다. 꽃은 5~8월에 흰색으로 피고 원줄기 끝에 모여 층을 이루며 달린다. 열매는 소견과이고 9월에 황갈색으로 익는다.

흰노랑민들레 〔국화과〕

여러해살이풀. 들의 양지쪽에서 자라며 원줄기가 없다. 잎은 뿌리에서 뭉쳐나고 피침형이며 가장자리는 깊게 갈라진다. 꽃은 5월에 노란빛을 띤 흰색으로 피고 꽃줄기가 끝에 1송이씩 달린다. 열매는 수과이고 긴 타원형이며 갈색으로 익는다.

흰돌기광대버섯 〔광대버섯과〕

식용. 여름에서 가을에 걸쳐 넓은잎나무 숲에서 키 8~20cm 자란다. 균모는 황갈색 또는 흰색이고 지름 7~20cm이며, 처음에는 반구형에서 편평하게 퍼지거나 약간 오목해진다. 자루는 노랑색 또는 청록색이고 단단하며 고리 주변에 털이 있다.

흰두메양귀비 〔양귀비과〕

두해살이풀. 백두산 등 높은 산에서 키 5~10cm 자란다. 전체에 퍼진 털이 빽빽하게 난다. 잎은 뿌리에서 모여나고 깃 모양으로 갈라지며 잎자루가 길다. 꽃은 7~8월에 흰색으로 피고 잎이 없는 꽃줄기 끝에 1송이씩 핀다. 열매는 삭과이고 달걀 모양이며 퍼진 털이 있다.

흰물봉선 〔봉선화과〕

한해살이풀. 산골짜기의 물가나 습지에서 무리지어 나며 키 40~80cm 자란다. 잎은 어긋나고 끝이 뾰족한 피침형이며 가장자리에 예리한 톱니가 있다. 꽃은 8~9월에 흰색으로 피고 가지 윗부분에 모여 달린다. 열매는 삭과이고 피침형이며, 10월에 익으면 껍질이 터지면서 씨가 튀어나온다.

흰민들레 〔국화과〕

여러해살이풀. 들의 양지쪽에서 자라며 원줄기가

없다. 잎은 뿌리에서 뭉쳐나고 피침형이며 가장자리는 깊게 갈라진다. 꽃은 4~6월에 흰색으로 피고 꽃줄기가 끝에 1송이씩 달린다. 열매는 수과이고 긴 타원형이며 7~8월에 갈색으로 익는다. 어린 순을 묵나물로 먹고 꽃은 약재로 쓴다.

흰병꽃나무 [인동과]

갈잎떨기나무. 산기슭 양지쪽에서 높이 2~3m 자란다. 잎은 마주나고 달걀 모양이며 가장자리에 잔톱니가 있다. 꽃은 5월에 흰색으로 피고 잎겨드랑이에 달린다. 열매는 삭과이고 단단하며, 잔털이 있고 9월에 익는다.

흰송이풀 [현삼과]

여러해살이풀. 산에서 키 60cm 정도 자란다. 잎은 어긋나고 긴 타원형이며 가장자리에 톱니가 있다. 꽃은 7~9월에 흰색으로 피고 줄기 끝에 여러 송이가 빽빽하게 달린다. 열매는 삭과이고 10월에 익으며 끝이 뾰족하다. 어린 순을 먹는다.

흰씀바귀 [국화과]

여러해살이풀. 산과 들에서 키 40~70cm 자란다. 뿌리에서 난 잎은 넓은 피침형이고 줄기에서 난 잎은 밑부분이 원줄기를 감싼다. 꽃은 흰색으로 피고 가지와 줄기 끝에 8~11송이가 모여 달린다. 열매는 수과이고 연한 노랑색 관모가 있다. 뿌리와 어린 순을 식용하고 전체를 약재로 쓴다.

흰여뀌 [마디풀과(여뀌과)]

한해살이풀. 들의 습지에서 키 30~50cm 정도 자란다. 잎은 어긋나고 피침형이며 가장자리에 잔털이 있다. 꽃은 5~9월에 연분홍색이나 흰색으로 피고 가지 끝에서 이삭처럼 달린다. 열매는 수과이고 납작한 원형이며 흑갈색으로 익는다.

흰자주쓴풀 [용담과]

두해살이풀. 산과 들에서 키 15~30cm 자라며 줄기는 흑자색을 띤다. 잎은 마주나고 피침형이며 끝이 뾰족하다. 꽃은 9~10월에 흰색으로 피고 줄기나 가지 끝에 모여 달린다. 열매는 삭과이고 피침형이며 11월에 익는다. 전체를 약재로 쓴다.

흰작살나무 [마편초과]

갈잎떨기나무. 산기슭에서 높이 2~4m 자란다. 잎은 마주나고 긴 타원형이며 가장자리에 가는 톱니가 있다. 꽃은 7~8월에 흰색으로 피고 잎겨드랑이에 모여 달린다. 열매는 핵과이고 둥글며 10월에 흰색으로 익는다.

흰잔대 [초롱꽃과(도라지과)]

여러해살이풀. 주로 오대산에서 발견되며 키 40~120cm 자라고 전체적으로 잔털이 있다. 잎은 어긋나거나 돌려나고 타원형이며 가장자리에 겹톱니가 있다. 꽃은 종 모양이며 7~9월에 흰색으로 피고 원줄기 끝에 여러 송이가 달린다. 열매는 삭과이고 10월에 익는다.

흰젖제비꽃 [제비꽃과]

여러해살이풀. 산과 들에서 키 10cm 정도 자라며 전체에 잔털이 있다. 잎은 밑동에서 뭉쳐나고 긴 타원형이며, 가장자리에 둔한 톱니가 있고 잎자루가 길다. 꽃은 4~5월에 흰색으로 피고 잎 사이에서 나온 가는 꽃줄기 끝에 1송이씩 달린다. 열매는 삭과이고 긴 타원형이며 6~7월에 익는다.

흰진범 [미나리아재비과] 흰진교

여러해살이풀. 산지의 숲 속에서 길이 1m 정도 자란다. 줄기는 비스듬히 자라거나 덩굴처럼 되고 윗부분에 구부러진 털이 있다. 잎은 손바닥 모양으로 갈라지며 가장자리에 톱니가 있다. 꽃은 8월에 연한 황백색으로 피고 원줄기 끝과 잎겨드랑이에 여러 송이가 모여 달린다. 열매는 골돌이고 3개가 붙으며 씨는 삼각형으로 날개가 있다. 뿌리를 약재로 쓴다.

흰철쭉나무 [진달래과]

갈잎떨기나무. 산지의 숲 속 또는 모래땅에서 키 2~5m 자란다. 잎은 어긋나고 넓은 달걀 모양이며 가지 끝에서는 5장씩 모여 난다. 꽃은 4~5월에 연분홍색으로 피고 가지 끝에 달린다. 꽃잎 안쪽에 짙은 자주색 반점이 있다. 열매는 삭과이고 계란 모양이며 10월에 익는다.

꽃과 잎의 구조

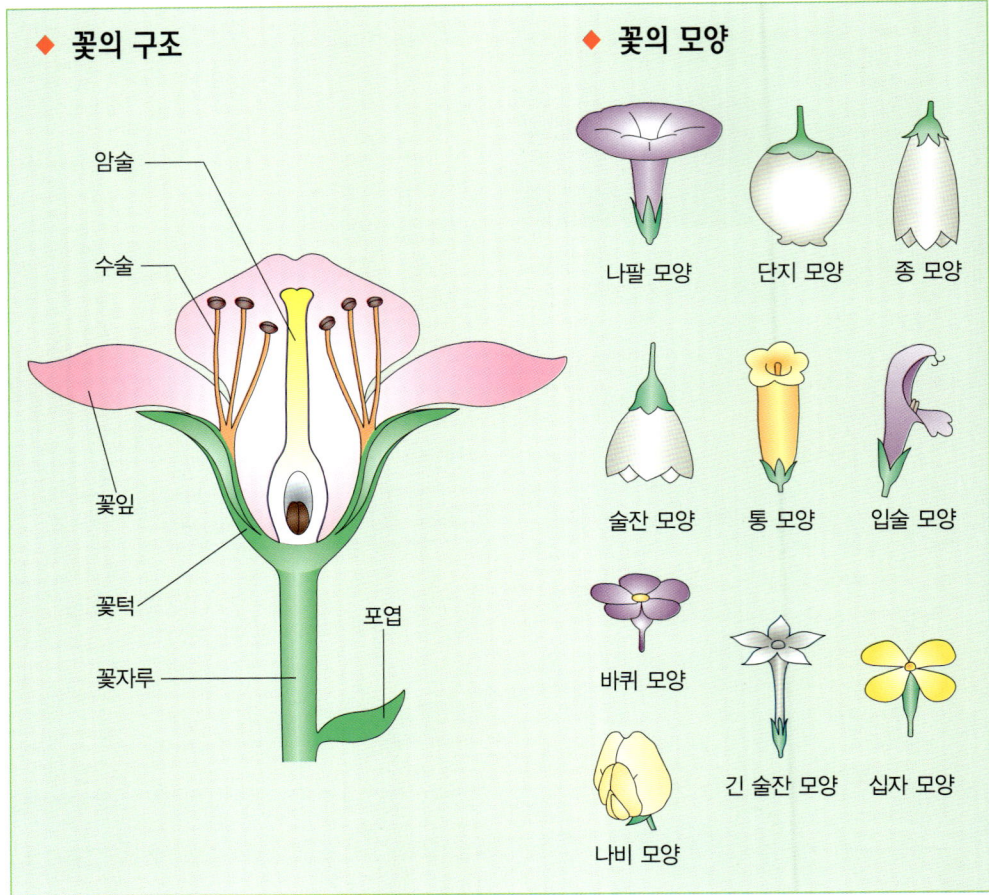

◆ 꽃의 구조

암술

수술

꽃잎

꽃턱

꽃자루

포엽

◆ 꽃의 모양

나팔 모양　　단지 모양　　종 모양

술잔 모양　　통 모양　　입술 모양

바퀴 모양

긴 술잔 모양　　십자 모양

나비 모양

1. 꽃

♣ 꽃의 구조

　꽃은 생식을 목적으로 특수하게 변화되고 단축
된 가지라고 할 수 있다. 줄기의 끝이 꽃판이며,
여기에 꽃턱 · 꽃부리(화관) · 수술 · 암술(심피)이
달린다. 각각 원래는 잎이 변한 것이다.
　꽃턱 하나하나를 꽃받침조각, 꽃부리 하나하나
를 꽃잎이라고 한다. 꽃턱과 꽃부리를 포함할 때
는 화피라고 한다. 화피가 이중인 꽃이 많은데,

홑겹인 것도 있으며, 전혀 꽃잎이 없는 것도 있
다. 화피가 없어도 수술과 암술이 있으면 꽃의 역
할을 다할 수 있기 때문이다.
　수술과 암술을 가진 꽃은 양성화라고 한다. 둘
중 어느 하나만 가진 것은 단성화이고, 수꽃과 암
꽃으로 구별된다. 그리고 수꽃과 암꽃이 한 식물
에 같이 달려 있으면 암수한그루라 하고, 각각 별
개의 식물에 달려 있으면 암수딴그루라고 한다.

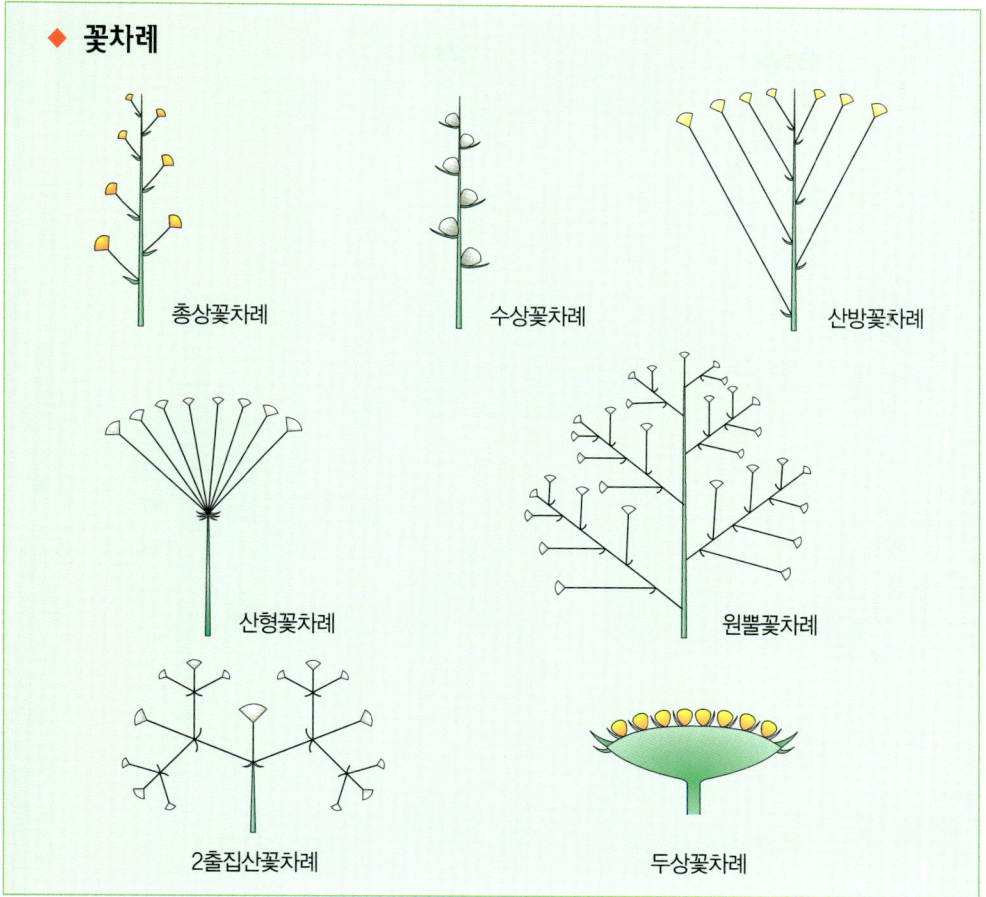

◆ 꽃차례

총상꽃차례

수상꽃차례

산방꽃차례

산형꽃차례

원뿔꽃차례

2출집산꽃차례

두상꽃차례

꽃의 외부에 포(포엽)가 붙어 있는 것도 있다. 이것도 잎이 변한 것이기 때문에 꽃봉오리일 때는 붙어 있지만, 일찍 떨어져 버리는 것도 있다.

♣ 꽃차례

얼레지는 잎 사이에서 나온 긴 꽃줄기 끝에 커다란 꽃이 한 송이만 달리지만, 대부분의 식물은 줄기 윗부분에 여러 송이가 모여 달린다. 이런 꽃이 달리는 방식을 꽃차례(화서)라고 하는데, 꽃이 모여 있는 방법은 종류에 따라 일정한 구조를 이루고 있다.

한 송이처럼 보이는 민들레 꽃은, 사실 수백 송이의 작은 꽃들이 한데 모여 있는 것이다. 꽃차례의 줄기(꽃자루)가 편평해지고 거기에 작은 꽃들이 붙어 바깥쪽부터 꽃이 핀다. 이것을 두상꽃차례(두상화)라고 한다.

꽃차례를 싸고 있는 잎을 총포(층포엽)라고 하고, 그 하나하나를 총포조각이라고 한다. 삼백초에서 4장의 흰색 꽃잎처럼 보이는 것은 실은 총포조각이다.

그 외, 꽃차례에는 여러 가지 양식이 있으며 각각 이름이 붙어 있다.

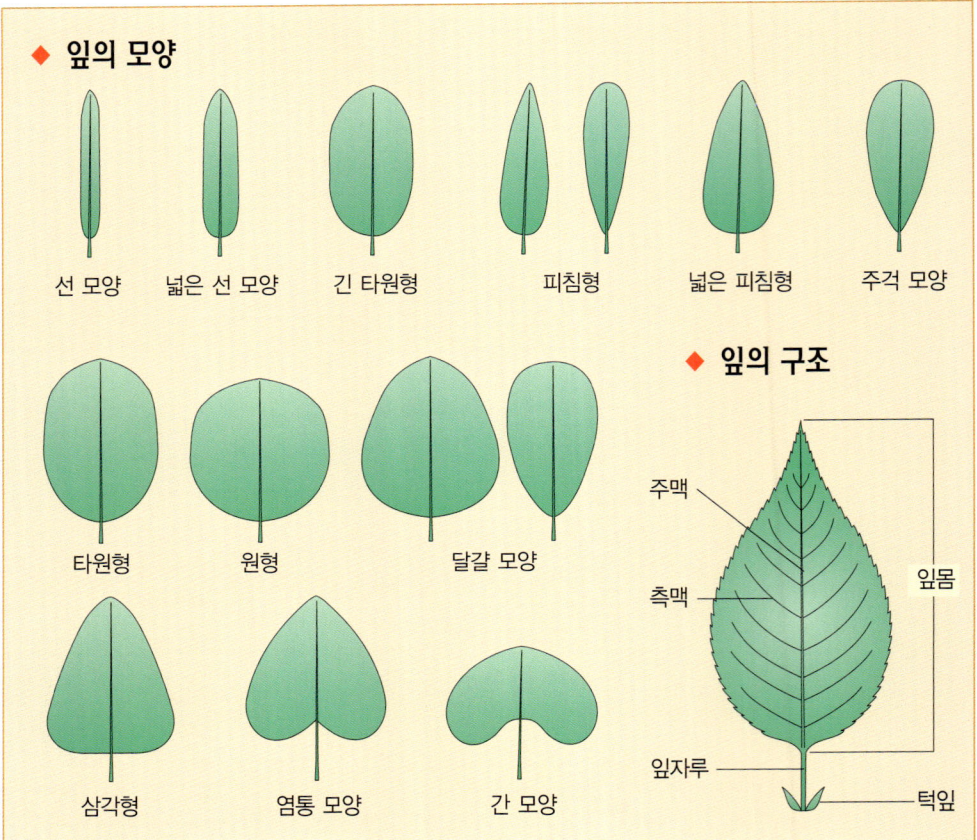

◆ 잎의 모양

선 모양　　넓은 선 모양　　긴 타원형　　피침형　　넓은 피침형　　주걱 모양

타원형　　원형　　달걀 모양

삼각형　　염통 모양　　간 모양

◆ 잎의 구조

주맥

측맥

잎자루

턱잎

잎몸

2. 잎

♣ 잎의 모양

잎은 빛을 잘 받기 위해 보통 평평한 모양을 하고 있다. 잎몸과 잎자루로 나뉘는데, 잎자루가 없는 것과 확실하지 않은 것도 있다. 잎자루의 기부에 턱잎이라고 하는 부속체가 있다. 턱잎은 크기가 큰 것(완두), 잎과 같은 모양인 것(꼭두서니), 눈에 잘 띄지 않는 것(칡), 가시로 변한 것(회화나무), 빨리 떨어지는 것(벚나무), 처음부터 없는 것(나팔꽃) 등 여러 가지가 있다. 잎자루가 없는 잎에는 턱잎도 없다.

잎몸의 가장자리는 매끄러운 것, 까실까실한 것(톱니), 깊게 갈라진 것과 얕게 갈라진 것 등이 있다.

♣ 엽초

여뀌과 풀은 턱잎(탁엽)이 칼집처럼 되어 줄기를 감싸고 있다. 이것을 엽초라고 하는데, 여뀌과를 구별하는 특징이다.

벼과 풀도 엽초가 있는데, 이것은 잎몸의 아래 부분이 칼집처럼 되어 줄기를 감싸고 있으므로 턱잎이 변한 것은 아니다. 벼과의 줄기는 엽초에 의해서 지탱되고 있다.

♣ 겹잎과 홑잎

잎을 빨리 커지게 하면 광합성을 하는 데는 유리하지만, 무거워져 꺾이기 쉽고 아래의 빛을 가리기 쉬운 단점도 있다.

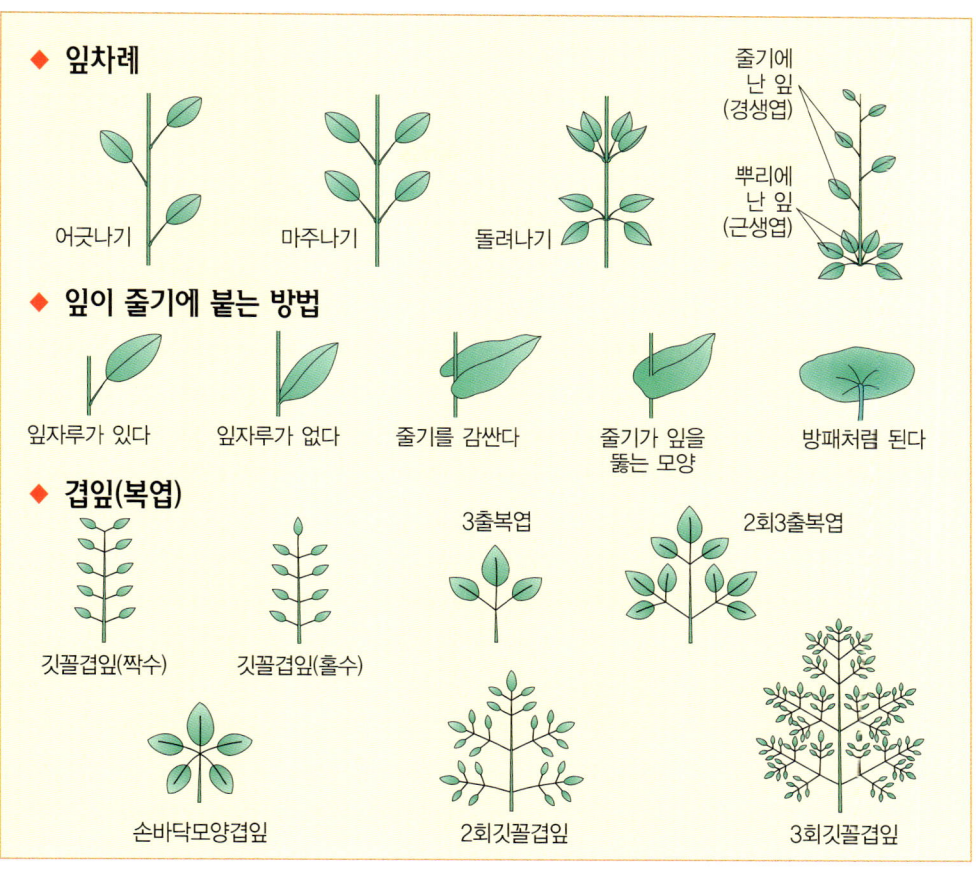

◆ 잎차례

어긋나기　　마주나기　　돌려나기　　줄기에 난 잎(경생엽)　　뿌리에 난 잎(근생엽)

◆ 잎이 줄기에 붙는 방법

잎자루가 있다　　잎자루가 없다　　줄기를 감싼다　　줄기가 잎을 뚫는 모양　　방패처럼 된다

◆ 겹잎(복엽)

깃꼴겹잎(짝수)　　깃꼴겹잎(홀수)　　3출복엽　　2회3출복엽

손바닥모양겹잎　　2회깃꼴겹잎　　3회깃꼴겹잎

겹잎(복엽)을 만든 것은 식물의 커다란 지혜라고 생각된다. 겹잎은 갈래가 깊어져 작은잎(소엽)으로 나누어진 형이다. 간단한 겹잎은 작은잎 2~3개로 되어 있다(2출복엽, 3출복엽). 작은잎 여러 개가 방사상으로 된 것은 손바닥모양겹잎(장상복엽), 작은잎이 2줄로 늘어선 것은 깃꼴겹잎(우상복엽)이다. 복잡한 모양은 겹잎이 2~3번 반복되어 구성된다.

겹잎처럼 작은잎으로 나누어지지 않은 것을 홑잎(단엽)이라고 한다.

♣ 잎차례

잎이 줄기에 달려 있는 모양을 잎차례라고 한다. 잎 2개가 마주보고 달려 있는 것이 마주나기(대생)이며, 마디마다 직각으로 돌며 마주 달리는 것을 열십자마주나기(십자대생)라고 한다. 잎이 3개 이상 1마디에 붙는 것을 돌려나기(윤생)라고 한다.

잎이 1개씩 달려 있는 것을 어긋나기(호생)라고 한다. 어긋나기는 규칙성이 있어서, 세로로 2줄을 만드는 것, 3줄을 만드는 것, 5줄·8줄 등이다. 각각 1/2잎차례·1/3잎차례·2/5잎차례·3/8잎차례라고 부른다.

줄기의 바깥 둘레를 따라서 잎의 뒤치를 바로 위쪽 잎과 연결하면 나선 모양이 된다. 세로로 3줄을 만드는 잎차례는 3번째마다 줄기를 한바퀴 돌아 같은 줄이 된다. 2/5줄 잎차례는 5번째마다 줄기를 2바퀴 돌아 같은 줄이 되며, 3/8잎차례는 8번째마다 줄기를 3바퀴 돌아 같은 줄이 된다. 그래서 나선잎차례라고도 부른다. 더 복잡한 잎차례도 있다.

식물 용어 사전

각과(角果) 익으면 2개의 씨방에 격벽이 생기고, 과피가 벗겨져 격벽에 붙은 씨가 노출되는 열매. 삭과의 일종으로 유채 등에서 볼 수 있다.

감과(柑果) 귤처럼 껍질이 가죽질인 열매.

거(距) = 꽃뿔

건과(乾果) 호두처럼 완전히 익었을 때 수분을 거의 함유하지 않는 열매.

견과(堅果) 도토리나 개암처럼 열매껍질이 딱딱하고 벌어지지 않는 열매.

겹산형꽃차례 산형꽃차례가 여러 개 모여 전체적으로 겹을 이룬 꽃차례. 미나리과 식물의 대부분은 겹산형꽃차례이다.

겹잎 하나의 잎몸이 갈라져서 두 개 이상의 작은 잎으로 구성된 잎. 갈라진 작은잎의 배열 상태에 따라 깃꼴겹잎·3출 겹잎·손바닥 모양 겹잎으로 나눈다. 복엽(複葉)이라고도 한다.

겹집산꽃차례 집산꽃차례의 일종. 꽃차례축의 끝에 꽃이 달리고, 그 밑 겨드랑이에서 굵기가 같은 2개의 가지가 발달하여 끝에 꽃이 달리고, 다시 겨드랑이에 같은 굵기의 가지가 발달하는 것이 반복되는 꽃차례이다.

겹쳐나기 꽃잎이나 꽃받침 조각이 마치 기왓장처럼 포개져 있는 상태. 꽃봉오리일 때의 꽃잎은 대부분이 겹쳐나기 모양이다. 복와상(複瓦狀)이라고도 한다.

경생엽(莖生葉) = 줄기에 난 잎

과피(果皮) = 열매껍질

관모(冠毛) 수과 열매 등에서 볼 수 있는 것으로 열매 위에 달린 털뭉치. 국화과 식물에서는 꽃받침이 털로 변한 것. 민들레의 동그란 솜 모양을 이루는 하나 하나가 모두 관모이다.

관목(灌木) = 떨기나무

관통형(貫通形) 마주나는 잎 2개가 줄기 부분에서 서로 붙어 버려서, 마치 줄기가 잎을 관통한 것처럼 보이는 잎의 모양.

괴경(塊莖) = 덩이줄기

괴근(塊根) = 덩이뿌리

교목(喬木) = 큰키나무

구경(球莖) 줄기가 저장 기관의 역할을 하는 것 중에서, 건조한 막질의 잎에 싸여 있고 다육질이거나 비늘 조각 모양의 구형인 것. 양파를 구경으로 착각하기 쉬우나, 양파는 비늘줄기(인경)로 분류한다. 글라디올러스에서 볼 수 있다.

구과(球果) = 솔방울

구근(球根) 땅 속에 있는 영양번식기관의 총칭으로, 잎이 저장기관이 되는 비늘줄기(인경), 줄기가 저장기관이 되는 구경, 뿌리가 저장기관이 되는 근경 등이 있다.

귀화식물(歸化植物) 본래 국내에 자생하고 있지 않던 식물이 외국에서 들어와 야생화에 성공한 식물.

근경(根莖) = 뿌리줄기

근생엽(根生葉) = 뿌리에 난 잎

기는줄기 땅 위를 기면서 자라는 줄기. 경우에 따라서는 마디에서 뿌리가 내리며, 곧게 위로 줄기가 자라기도 한다.

기생(寄生) 땅에서 양분이나 수분을 얻지 않고 다른 생물로부터 직접 양분과 수분을 얻어 생활하는 것. 겨우살이와 새삼 등이 있다.

깃꼴겹잎 작은잎들이 총잎자루에 붙어 있는 모양이 마치 깃털 모양 같다고 하여 붙여진 명칭이다. 우상복엽(羽狀複葉)이라고도 한다.

깃조각 깃꼴겹잎의 각 조각인 작은잎. 양치류처럼 잎이 깃털 모양으로 깊게 갈라진 경우에도 사용하는 용어. 우편(羽片)이라고도 한다.

까끄라기 벼과 식물에서 포영(苞穎)이나 호영(毫穎)의 끝 부분이 자라서 털 모양이 된 것. 벼과 식물을 분류하는 데 중요한 역할을 한다.

깔때기 모양 꽃부리 말 그대로 깔때기 모양을 한 꽃을 말한다.

꼬투리 콩과 식물의 전형적인 열매로서, 심피 하나로 이루어진 씨방이 발달한 열매. 보통 2개의 봉선을 따라서 저절로 터진다. 두과(豆果) 또는 협과(莢果)라고도 한다.

꽃가루덩이 여러 개의 꽃가루가 덩어리진 상태. 특히 난초과·박주가리과 식물의 특징적인 형질이다. 화분괴(花粉塊)라고도 한다.

꽃덮이 화피(花被)라고도 하며, 보통은 꽃잎과 꽃받침을 함께 일컬을 때 쓰는 용어. 거의 같은 모양인 것이 안팎으로 있을 때는 안쪽 것을 속꽃덮이(내화피), 바깥쪽 것을 겉꽃덮이(외화피)라고 하며, 다른 모양일 때는 바깥쪽 것을 꽃받침, 안쪽 것을 꽃잎이라고 한다.

꽃받침 꽃받침 조각의 복합어. 꽃의 가장 바깥쪽에 있으며 꽃부리와 함께 꽃덮이를 이룬다. 꽃받침은 통상 녹색이지만 아닌 경우도 있다.

꽃받침 조각 꽃받침을 이루는 각 조각이 서로 떨어져 있을 경우, 그 떨어져 있는 각각을 뜻한다. 보통은 녹색이지만, 색소를 함유하여 마치 꽃잎처럼 보이는 경우도 있다.

꽃밥 수술의 일부분으로서 꽃가루를 만드는 주머니. 약(葯)이라고도 한다.

꽃부리 꽃덮이 중에서 꽃받침 안쪽에 있으며, 꽃잎으로 이루어진다. 꽃잎이 서로 떨어져 있는 것을 이판 화관, 서로 붙어 있는 것을 합판 화관이라고 한다. 화관(花冠)이라고도 한다.

꽃뿔 꽃부리나 꽃받침의 일부가 길고 가늘게 뻗어 돌출된 부위. 보통 속이 비어 있거나 꿀샘이 있다. 제비꽃·물봉선·매발톱꽃 등의 꽃에서 볼 수 있다. 거(距)라고도 한다.

꽃술대 수술과 암술이 융합된 복합체이다. 고도로 특수화한 기관이며, 박주가리과와 난초과 식물의 특징이다.

꽃잎 꽃부리(화관)를 구성하는 요소로서, 수술과 꽃받침 사이에 있다. 어떤 식물은 꽃받침이 꽃잎처럼 보이는 경우가 있다.

꽃자루 꽃 또는 꽃차례의 자루. 화경(花莖)이라고도 한다. 열매가 다 익은 후에도 자루가 남아 있는 경우에는 과경(果莖)이라고 부른다.

꽃줄기 그 끝에 꽃이 달리는 줄기로서, 대개 잎은 달리지 않는다. 화경(花莖)이라고도 한다.

꽃차례 가지에 꽃이 배열되는 상태. 화서(花序)라고도 한다. 꽃이 피는 순서에 따라 유한꽃차례와 무한꽃차례로 구별한다. 유한꽃차례는 위에서 아

래쪽을 향해, 무한꽃차례는 아래에서 위쪽을 향해 꽃이 차례로 피게 된다. 형태에 따라서는 총상꽃차례와 집산꽃차례로 구분한다.

꽃턱 줄기에 꽃잎·꽃받침 등 꽃의 전 기관이 붙는 부위를 뜻한다. 화탁(花托)이라고도 한다.

꿀샘 꿀을 분비하는 다세포의 선(腺). 꿀샘이 꽃에 있는 경우는 화내 꿀샘, 꽃 이외의 부분에 있는 것을 화외 꿀샘이라고 한다. 밀선(蜜腺)이라고도 한다.

나비 모양 꽃부리 콩 등에서 볼 수 있는 좌우대칭의 꽃부리. 기판 1개, 익판 2개, 용골판 2개로 이루어져 있다. 기판은 가운데 위쪽에 있는 둥근 꽃잎이고, 익판은 기판의 좌우에서 날개처럼 벌어져 있는 꽃잎이며, 용골판은 두 익판 사이의 아래쪽으로 늘어진 꽃잎이다.

나이테 나무 내부의 형성층의 활동에 의해서 1년 동안 만들어진 목질부. 형성층은 횡단면으로 바퀴 모양을 이루며 안쪽으로 목부를 만든다.

낙엽(落葉) 잎자루나 잎몸 기부에 이층(離層)이 생겨, 잎이 줄기에서 떨어져 나오는 것.

다년생 초본 = 여러해살이풀
다년초(多年草) = 여러해살이풀
다육식물(多肉植物) 두꺼운 잎이나 굵은 줄기에 다량의 수분을 가진 식물. 선인장처럼 건조한 곳이

나 염분이 많은 곳에서 자라는 식물이 많다.

단성화(單性花) 수술이나 암술 중 한 쪽만 있는 꽃. 또 다 갖추고 있어도 한 쪽만 기능을 하는 꽃도 포함된다. 수꽃과 암꽃의 구별이 있다.

대과(袋果) 익어가면서 열매껍질이 건조해지고 하나의 선을 따라 세로로 나뉘어 씨를 노출하는 열매. 모란과 일본조팝나무에서 볼 수 있다.

대생(對生) = 마주나기
덩굴 줄기나 덩굴손으로 물체를 감거나, 담쟁이덩굴처럼 흡반으로 물체에 붙어 기어오르며 자라는 식물의 총칭. 줄기는 곧게 설 수 없다.

덩굴손 줄기나 잎의 일부가 변하여 물체를 감을 수 있게 변형된 부분이다. 콩과·박과 식물에서 흔히 볼 수 있다.

덩굴줄기 나팔꽃이나 칡·더덕 등과 같이 다른 물체에 의존하여 기어오르며 자라는 줄기. 어떤 종은 왼쪽으로만, 또 어떤 종은 오른쪽으로만 감기면서 자란다.

덩이뿌리 많은 양의 양분을 저장하여 비대해진 뿌리. 달리아처럼 월동기관인 동시에 영양번식(營養繁殖)에 쓰이는 경우도 있다.

덩이줄기 감자처럼 땅속줄기가 너무나 뚱뚱해진 나머지 덩어리처럼 된 것. 괴경(塊莖)이라고도 한다.

동아(冬芽) 겨울에 생장을 멈추고 있는 식물의 싹. 여러해살이풀은 땅 속이나 지표 부근에, 나무는 줄기나 가지에 있다. 월동아(越冬芽) 라고도 한다.

두과(豆果) = 꼬투리

두상꽃차례 무한꽃차례의 일종. 국화과 식물에서 흔히 볼 수 있다. 원판 모양의 줄기 끝에, 중심꽃(통꽃)과 주변꽃(혀꽃)이 다닥다닥 붙어 있어, 전체적으로는 하나의 꽃같이 보인다. 두상화서(頭狀花序)라고도 한다.

두상화서(頭狀花序) = 두상꽃차례

두해살이풀 싹이 튼 후, 꽃 피고 열매 맺고 죽을 때까지의 기간이 2년인 초본 식물. 2년초(二年草)라고도 한다.

돌려나기 줄기의 한 마디에 잎이나 가지가 3개 이상 나는 상태. 꼭두서니나 갈퀴덩굴속 식물은 잎과 턱잎이 돌려나는 특징적인 형질이 있다. 윤생(輪生)이라고도 한다.

땅속줄기 땅속을 수평으로 기어서 자라는 줄기. 지하경(地下莖)이라고도 한다.

떨기나무 큰키나무와 상대되는 용어. 대체로 사람과 키가 비슷한 높이의 나무. 흔히 뿌리나 밑부분에서 여러 개의 가지가 갈라져 중심 줄기가 분명하지 않다. 관목(灌木)이라고도 한다.

로제트(Rosette) 뿌리에서 나는 잎(근생엽)이 땅 위에 방사상으로 퍼진 상태. 이러한 식물을 로제트 식물이라고 부른다. 민들레 · 질경이 · 달맞이꽃 등에서 볼 수 있다.

마디 식물의 줄기에서 잎 또는 싹이 붙어 있는 자리를 말한다.

마름모형 잎 모양에서 넓은 달걀 모양이나 중앙부가 약간 모가 난 형태.

마주나기 줄기에 잎이 달리는 방법의 하나로, 한 마디에 한 쌍의 잎이 서로 반대 방향을 향해 나 있는 상태. 석죽과나 꿀풀과 식물에서 잎이 마주나는 것은 이들 과를 특징짓는 형질 중의 하나다. 대생(對生)이라고도 한다.

무성아(無性芽) = 살눈

밀선(蜜腺) = 꿀샘

바늘 모양 가늘고 길며 끝이 뾰족한 바늘 처럼 생긴 잎의 모양.

바늘잎 소나무잎과 같이 바늘 모양으로 생긴 잎. 침엽(針葉)이라고도 한다.

방사상칭화(放射相稱花) 꽃잎의 배열이 가운데 축을 중심으로 하여 여러 방향으로 대칭을 이루는 꽃. 기하학적으로 별 모양 같은 것은 방사상칭이라고 할 수 있다. 장미 · 도라지의 꽃에서 볼 수 있다.

방패형(防牌形) 연잎처럼 잎자루가 잎의 끝에 붙지 않고, 잎 뒷면의 중앙이나 중앙부 가까이에 붙어 있어 방패처럼 보이는 잎의 모양.

배상화서(杯狀花序) = 술잔꽃차례

배주(胚珠) 씨방 속에 들어 있으며 씨로 발달하게 될 부분. 씨방 하나에 들어 있는 배주의 수는 종에 따라 한 개부터 여러 개까지 다양하며, 보통 1~2겹의 주피(珠皮)로 싸여 있다.

복엽(複葉) = 겹잎

복와상(複瓦狀) = 겹쳐나기

복합꽃차례 꽃차례축이 하나에서 여러 개로 갈라지며, 갈라진 가지에 꽃이 달리는 꽃차례. 원추꽃차례 · 겹산형꽃차례 등이 이에 속한다.

분과(分果) 여러 개의 씨방이 성숙하면 한 개씩 분리되는 열매. 꿀풀과 · 쥐손이풀과 · 미나리과 등의 식물에서 볼 수 있다.

비늘잎 측백나무속 · 편백나무속 식물의 잎같이 편평한 모양의 잎. 인엽(鱗葉)이라고도 한다. 비늘잎은 겉씨식물 · 속씨식물 또는 양치식물 등, 분류군에 따라 개념을 달리하는 경우가 있으므로 주의할 필요가 있다.

비늘줄기 저장 기관의 역할을 하는 짧은 땅속줄기. 엽록소가 없고 백색인 다육질의 잎에 둘러싸여 있다. 나리속 식물에서 흔히 볼 수 있다. 크기가 특

히 짧은 비늘줄기는 살순, 또는 주아(珠芽)라고 한다. 인경(鱗莖)이라고도 한다.

뿌리에 난 잎 잎이 지면과 아주 가깝게 있기 때문에 뿌리에서 나온 것처럼 보이는 잎. 근생엽(根生葉)이라고도 한다. 사실 잎은 모두 줄기에서 나온 것이다.

뿌리줄기 땅 속에 있기 때문에 뿌리처럼 보이는 줄기. 잎만 땅 위로 내미는 것, 옆가지를 땅 위로 내어 잎과 꽃을 만드는 것 등이 있다.

삭과(朔果) 두 개 이상인 여러 개의 심피에서 유래하는 열매로서 통상 심피의 수만큼 갈라진다. 갈라지는 데는 붓꽃속·양귀비속·질경이속·유카속 식물의 4가지 유형이 있다. 튀는열매라고도 한다.

산방꽃차례 무한꽃차례의 일종. 밑부분에 있는 꽃의 작은 꽃자루가 길기 때문에 꽃차례를 이루는 꽃들이 전체적으로 거의 평면으로 배열한 모양이다. 찔레꽃이나 벚꽃나무류에서 흔히 볼 수 있으나 기하학적으로 정확하지는 않다.

산형꽃차례 무한꽃차례의 일종으로서, 꽃차례 축의 끝에 작은 꽃자루를 갖는 꽃들이 방사상으로 배열한 꽃차례. 앵초속 식물에서 볼 수 있으며, 미나리과·두릅나무과 식물의 기본 꽃차례인데, 작은 꽃자루의 길이가 같으므로 구형을 이루거나 편평한 것 등이 있다.

살눈 식물체의 일부분에 생겨, 별개의 개체로 발달하는 부분. 잎겨드랑이이가 비대해진 것(참나리), 줄기의 일부가 비대해진 것(마), 잎의 비대해진 것(백합류의 비늘줄기) 등이 있다. 무성아(無性芽)라고도 한다.

선형(線形) 길이와 폭의 비가 5:1에서 10:1 정도

이고, 양 가장자리가 거의 평행을 이루는 잎·꽃잎·꽃받침조각 등의 모양을 묘사하는 용어.

소수(小穗) = 작은이삭

소엽(小葉) = 작은잎

손바닥 모양 겹잎 잎자루 끝에 보통 5~7개의 잎이 손바닥 모양으로 달린 잎. 으름덩굴에서 볼 수 있다. 장상복엽(掌狀複葉)이라고도 한다.

솔방울 소나무나 삼나무 등의 열매를 말하며 통상 구과라고 한다. 암구화가 발달하여 목화(木化)한 것으로서, 여러 개의 종린(種鱗)이 중앙측 주변에 밀생하여 구형, 또는 원기둥·원뿔 모양을 이룬다.

송곳잎 향나무속 식물의 잎같이 바늘 모양으로 가늘고 끝이 날카롭게 뾰족하나 비교적 길이가 짧

은 잎을 말한다.

수과(瘦果) 껍질이 얇으며 씨앗과 분리되는 열매. 해바라기나 딸기에서 흔히 씨라고 하는 것이 수과이다.

수레바퀴 모양 꽃부리 통부가 짧고 수평에 가까운 방향으로 꽃이 피는 방사상칭의 꽃부리. 석죽과의 장구채속이나 지치과의 꽃마리속 식물에서 볼 수 있다. 복상꽃부리라고도 한다.

수상화서(穗狀花序) = 이삭꽃차례

수술 종자식물에서 꽃가루를 만드는 꽃의 수기관으로, 꽃밥과 수술대로 이루어진다. 수술대가 없고 꽃밥만 있는 수술도 있다.

수술대 수술의 일부분으로 꽃밥을 받치는 자루를 말한다. 화사(花絲)라고도 한다.

술잔꽃차례 항아리 모양의 기관 속에 암꽃 하나와 수꽃 다수가 모여 있는 꽃차례. 배상화서(杯狀花序)라고도 한다. 등대풀 등에서 볼 수 있는 특수한

꽃차례이다.

심장형(心臟形) = 염통 모양

심피(心被) 암술을 이루는 잎 모양의 구조에 대한 해부학적 용어. 꽃의 가장 안쪽이며, 한 개 내지 여러 개의 배주를 포함한다. 심피는 대포자엽이 퇴행적으로 진화한 것으로 보인다.

십자 마주나기 마주나는 두 쌍의 잎이 아래위로 (위에서 볼 때) 십자를 이루는 상태.

십자 모양 꽃 꽃잎 네 개가 십자 모양으로 붙어 있는 꽃이며, 십자화과 식물에서 볼 수 있는 특징적인 형질. 십자 모양 꽃의 꽃잎은 서로 붙어 있지 않으므로 꽃부리를 이루지 않는다. 십자화(十字花)라고도 한다.

십자화(十字花) = 십자 모양 꽃

씨방 암술 아래쪽의 부푼 부분으로, 심피에서 생겨나며 배주를 포함한다. 씨방은 보통 꽃턱 같은 꽃의 다른 부분과 융합되어 열매로 발달한다. 이때 배주는 씨로 발달하게 된다. 꽃덮이가 붙는 위치에 따라 상위·중위·하위 씨방으로 구분한다. 자방(子房)이라고도 한다.

암수한그루 암꽃과 수꽃이 구별되지만 같은 개체에 함께 달리는 경우를 말한다. 쐐기풀·수박 등이 여기에 속한다. 자웅동주(雌雄同株)라고도 한다.

암수딴그루 한 개체에 암꽃 또는 수꽃만이 달리는 경우이며 일반적으로 초본보다 목본에서 흔하다. 환삼덩굴·다래 등이 있다. 자웅이주(雌雄異株)라고도 한다.

암술 종자식물에서 열매를 이루는 암기관. 하나 또는 여러 개의 심피로 이루어지며, 보통 암술머리·암술대·씨방으로 이루어진다. 암술대가 없는

경우도 흔히 있다.

암술대 암술머리를 받치고 있는, 즉 암술머리와 씨방 사이의 조직. 모양과 수가 다양하며 식물 분류의 중요한 기준이 된다. 암술대가 없는 암술도 있다. 화주(花柱)라고도 한다.

암술머리 꽃가루를 받는 암술의 일부분으로, 통상 암술대의 끝부분을 말한다. 주두(柱頭)라고도 한다.

약(藥) = 꽃밥

어긋나기 줄기에 잎이 붙는 방법의 하나로, 마디마다 한 개의 잎이 줄기를 돌아가면서 배열되어 있는 상태. 종에 따라 위에서 내려다볼 때 위아래의 잎이 이루는 각도가 다르며, 이 각도에는 어느 정

도 규칙성이 있다. 호생(互生)이라고도 한다.

여러해살이풀 여러 해 동안 살아가는 초본식물을 뜻한다. 여러해살이풀은 겨울이 되면 땅 윗부분은 죽지만 땅속뿌리나 땅속줄기는 살아 있어, 이듬해 봄이 되면 다시 싹을 낸다. 다년초(多年草)라고도 한다.

열개과 성숙하면 껍질이 갈라져 씨앗이 창출되는 열매. 삭과·골돌·꼬투리·분리과·단각과·장각과 등이 있다.

열매 씨방이 성숙한 것. 통상 씨방벽이 변해서 된 과피와 배주가 변해서 된 씨앗으로 이루어지며, 모양과 종류가 다양하다. 식물 분류의 주요 지표가 된다.

열매껍질 씨방의 벽이 발달하여 생긴 것으로, 씨를 감싸고 있다. 과피(果皮)라고도 한다.

염통 모양 염통 형태의 잎 모양. 심장형(心臟形)이라고도 한다.

엽맥(葉脈) 잎의 그물망처럼 보이는 조직. 엽맥의 배열 상태는 잎모양과 관련되며, 통상 평행맥과 그물눈맥으로 구분한다.

엽병(葉柄) = 잎자루

엽설(葉舌) = 잎혀

엽신(葉身) = 잎몸

엽초 = 잎집

영과(穎果) 열매의 껍질과 씨앗이 붙은 형태의 열매. 흔히 곡류, 또는 낟알이라 부르는 것이다. 벼과 식물에서 볼 수 있다.

외영(外穎) 벼과 식물의 잔꽃을 둘러싸는 포(엽) 중에서 바깥쪽에 있는 것.

우상복엽(羽狀複葉) =깃꼴겹잎

우편(羽片) = 깃조각

원뿔꽃차례 총상꽃차례 또는 이삭꽃차례 등의 축이 갈라져서 전체적으로 원뿔 모양을 이룬 꽃차례. 원추화서(圓錐花序)라고도 한다.

원추화서(圓錐花序) = 원뿔꽃차례

원형(圓形) 전체적으로 둥근 모양을 나타내는 잎, 꽃잎 등의 모양을 표현하는 말.

월동아(越冬芽) = 동아

윤생(輪生) = 돌려나기

2년생 초본 = 두해살이풀

2년초(二年草) = 두해살이풀

이삭꽃차례 길고 가느다란 꽃차례축에 꽃자루(소화경)가 없는 꽃이 촘촘히 달린 꽃차례. 질경이속·벼과 식물 등의 꽃차례이다. 수상화서(穗狀花序)라고도 한다.

인경(鱗莖) = 비늘줄기

인엽(鱗葉) = 비늘잎

인피 벼과 식물의 퇴화한 꽃덮이에 해당하며, 막질의 비늘조각 같은 부속물을 말한다. 수술의 기부에 2~3개가 있다.

1년생 초본 = 한해살이풀

입술 모양 꽃부리 좌우대칭형으로, 끝부분이 위아래로 갈라져 튀어나온 입술 모양으로 보이는 꽃부리. 꿀풀과·현삼과 등에서 볼 수 있다.

잎몸 잎에서 잎자루를 제외한 넓은 부분. 엽신(葉身)이라고도 한다.

잎자루 잎몸과 줄기를 연결하는 부분으로, 엽병(葉柄)이라고도 한다. 쇠풀이나 톱풀같이 잎자루 없이 잎몸이 직접 줄기에 붙는 상태를 무병엽(無柄葉)이라고 한다.

잎집 벼과·방동사니과·마디풀과 식물 등에서 볼 수 있으며, 줄기를 둘러싸고 있는 부분. 엽초라고도 한다.

잎혀 잎집과 잎몸 연결부의 안쪽에 있는 작은 돌기. 벼과 식물 등에서 볼 수 있다. 종에 따라 잎혀가 없거나, 털 모양으로 변해 있기도 한다. 엽설(葉舌)이라고도 한다.

자방(子房) = 씨방

자엽 떡잎이나 씨에 양분을 저장하는 일.

자웅동주(雌雄同株) = 암수한그루

자웅이주(雌雄異株) = 암수딴그루

작은이삭 벼과 식물에서 여러 낱꽃이 모여 있는 것. 소수(小穗)라고도 한다.

작은잎 겹잎을 구성하는 작은 잎 하나하나를 말한다.

작은포 보통의 포보다 작은 포를 말하며, 낱꽃 밑에 있다.

잡성화(雜性花) 양성화와 단성화가 한 그루에 달려 있는 것을 말한다.

장상복엽(掌狀複葉) = 손바닥 모양 겹잎

절두형(切頭形) 위를 잘라 낸 듯한 모양.

점질(粘質) 끈적끈적한 성질.

정생(頂生) 꽃이나 줄기가 꼭대기에 나거나 줄기 끝에 나는 것.

종피(種被) 씨의 껍질.

주두(柱頭) = 암술머리

주피(珠被) 배주를 둘러싼 껍질.

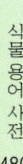

줄기에 난 잎 줄기에 나 있는 것이 명확한 잎. 경생엽(莖生葉)이라고도 한다.

중성화(中性花) 암술과 수술이 모두 없는 꽃.

지하경(地下莖) = 땅속줄기

집과(集果) 목련처럼 여러 열매가 모여서 덩어리가 된 것.

짝수깃꼴겹잎 겹잎을 구성하는 작은잎의 갯수가 짝수인 깃꼴겹잎.

초본(草本) 가을이 되면 땅 윗부분이 완전히 말라 버리는 식물.

총상화서(總狀花序) 긴 꽃차례축에 꽃자루의 길이가 같은 꽃들이 들러붙고, 아래에서 위쪽 순서로 꽃이 피는 꽃차례.

총생(叢生) 잎이나 줄기가 한데 모여 더부룩하게 무더기로 난 것.

총포(總苞) 꽃차례 밑에 붙은 포.

총포 조각 총포를 구성하는 총포 조각.

취산꽃차례 꽃차례의 끝에 달린 꽃 밑에서 한 쌍의 꽃자루가 나와 각각 그 끝에 꽃이 한 송이씩 달리고, 바로 그 꽃 밑에서 또 각각 한 쌍씩의 작은 꽃자루가 나와 그 끝에 꽃이 한 송이씩 달리는 꽃차례. 처음의 중앙에 있는 꽃이 먼저 핀 다음 주위의 꽃들이 핀다.

침형 = 바늘 모양

큰키나무 떨기나무와 상대되는 용어. 사람보다 키가 크며 중심 줄기가 곧고 굵게 자라는 나무. 교목(喬木)이라고도 한다.

타원형(楕圓形) 길이가 폭의 두 배 정도 되는 길고 둥근 잎의 모양.

탁엽(托葉) = 턱잎

턱잎 잎자루가 줄기에 붙어 있는 곳의 좌우에 달린 비늘 같은 잎. 탁엽(托葉)이라고도 한다.

튀는열매 = 삭과(蒴果)

폐쇄화(閉鎖花) 제비꽃 또는 땅콩에서 볼 수 있으며, 보통

땅 속에서 피는 꽃을 지칭한다.

포(苞) 잎이 작아져서 그 형태가 보통의 잎과 달라진 것.

포충낭(捕蟲囊) 땅귀이개와 통발과 같이 잎이 주머니 모양으로 되어 작은 벌레를 잡는 기관.

피목(皮木) 코르크층(層)을 가진 나무껍질에 산재하여 기체의 출입구가 되는 부분. 옆으로 긴 것(벚나무)과 세로로 긴 것(말오줌나무)이 있다.

피침형(皮針形) 창처럼 생겼으며, 길이가 폭의 몇 배가 되고, 밑에서 3분의 1 정도 되는 부분'가장 넓으며, 끝이 뾰족한 잎의 모양을 말한다.

한해살이풀 싹이 트고 자라며, 꽃이 피고 열매를 맺으며 죽는 일이 1년 내에 일어나는 초본 식물. 특히, 겨울에 싹이 트고 봄에 열매 맺는 초본 식물을 동계한해살이풀이라고 한다.

합판화(合版花) 꽃잎이 서로 붙어 있는 꽃.

핵과(核果) 다육질의 껍질을 지닌 열매. 속에 단단한 내과피가 씨앗을 둘러싸고 있다.

헛수술 양성화에서 수술이 형태만 갖추고 기능을 나타낼 수 없는 것.

협과(莢果) = 꼬투리

호생(互生) = 어긋나기

호영 벼과 식물 꽃의 맨 밑을 받치고 있는 한 쌍의 작은 조각.

홀수깃꼴겹잎 겹잎을 구성하는 작은잎의 숫자가 홀수인 깃꼴겹잎.

화경(花莖) = 꽃자루. 꽃줄기

화관(花冠) = 꽃부리

화분괴(花粉塊) = 꽃가루덩이

화사(花絲) = 수술대

화서(花序) = 꽃차례

화주(花柱) = 암술대

화총(花總) 꽃이 모여 붙어 다발처럼 된 것.

화탁(花托) = 꽃턱

화피(花被) = 꽃덮이

찾아보기

ㄱ

가는돌쩌귀 *Aconitum villosum* Reichenbach ·················143
가는잎구절초 *Chrysanthemum zawadskii Herb. ssp. acutilobum (Dc.) Kitagawa* ···281, 442
가는장구채 *Melandryum seoulensis* Nakai ·········135, 442
가는층층잔대 *Adenophora radiatifolia Nakai var. angustifolia Nakai* ···277, 442
가래 *Potamogeton distinctus* A. Benn. ·····················398
가래나무 *Juglans mandshurica* Max.·····················111
가새풀 *Achillea sibirica* L. ······························301
가솔송 *Phyllodoce coerulea* (L.) Babington ············231
가시갓버섯 *Lepiota acutesquamosa* (Weinm. ex Fr.) Gill ···334, 442
가시나물 *Cirsium maackii* Max.···························294
가시여뀌 *Persicaria fauriei* (Leveille & Vaniot) Nakai ···126, 442
가시연꽃 *Euryale ferox* Salisbury ························394, 442
가시오갈피 *Acanthopanax senticosus* (Rupr. et Max.) Harms ···222, 442
가지 *Solanum melongena* L. ·····························374
가지괭이눈 *Chrysosplenium ramosum* Max. ·········177, 442
가지꽃지의 ·····································409
각시둥굴레 *Polygonatum humile* Fischer ex Max. 307, 442
각시붓꽃 *Iris rossii* Baker ·····················323, 442
각시취 *Saussurea pulchella* Fischer ·············299, 443
간버섯 *Pycnoporus coccineus* (Fr.) Aoshima ······336, 443
갈대 *Phragmites communis* Trin. ························405
갈참나무 *Quercus aliena* Thunb. ··················118, 443
갈황색미치광이버섯 *Gymnopilus spectabilis* (Fr.) Sing.···336
감나무 *Diospyros kaki* Thunb. ·························370
감자 *Solanum tuberosum* L. ·····························373
감자란 *Oreorchis patens* (Lindl.) Lindl. ·············327, 443

갓 *Brassica juncea* Czern et Coss. var. *integrifolia* Sinsk. ···345
갓버섯 *Lepiota procera* (Scop. ex Fr.) S. F. Gray ···334, 443
갓버섯아재비 *Macrolepiota rhacodes* (Vitt.) Sing. 334, 443
강낭콩 *Phaseolus vulgaris* L.·····················354
강아지풀 *Setaria viridis* (L.) Beauv.····················320
개감채 *Lloydia serotina* Reichenb. ·················303
개구리밥 *Spirodela polyrhiza* (L.) Schleiden ············406
개국화 *Chrysanthemum boreale* (Makino) Makino ···79, 454
개꼬리풀 *Lysimachia barystachys* Bunge ·················233
개꽃 *Rhododendron schlippenbachii* Max. ·················58
개나리 *Forsythia koreana* Nakai ·························62
개나무 *Clerodendron trichotomum* Thunb. ·············247
개망초 *Erigeron annuus* (L.) Pers. ·····················279
개미취 *Aster tataricus* L. fil. ······················299, 443
개민들레 ······································288
개버무리 *Clematis serratifolia* Rehder ··················140
개별꽃 *Pseudostellaria heterophylla* (Miquel) Pax. 134, 443
개불알꽃 *Cypripedium macranthum* Swartz ·········327, 453
개비름 *Amaranthus lividus* L.·····················137, 443
개속단 *Leonurus macranthus* Max. ·····················252
개암나무 *Corylus heterophylla* Fischer var. *thunbergii* Blume ···116
개양귀비 *Papaver rhoeas* L. ······················164, 443
개여뀌 *Persicaria longiseta* (De Bruyn) Kitag. ···126, 443
개연꽃 *Nuphar japonicum* Dc. ····················394, 444
개오동나무 *Catalpa ovata* G. Don ······················74
개취 *Synurus deltoides* (Aiton) Nakai·············299, 457
갯까치수영 *Lysimachia mauritiana* Lamarck ······233, 444
갯메꽃 *Calystegia soldanella* R. Brown ·················243
갯버들 *Salix gracilistyla* Miq.························111
갯장구채 *Melandryum oldhamianum* Rohrbach var. *roseum* Nakai ···135, 444
거베라 *Gerbera hybrida* Hort. ·····················80
검정말 *Hydrilla verticillata* L. fil.·····················399
검종덩굴 *Clematis fusca* Turcz. var. *mandshurica* Kitagawa ···152, 451
겨우살이 *Viscum album* L. var. *coloratum* (Komarov) Ohwi ···129
겹황매화 *Kerria japonica* (L.) Dc. for. *plena* C. K. Schneid. ···32
계요등 *Paederia scandens* (Lour.) Merrill ·············241
계월향 *Hibiscus syriacus* L.······················50, 444
고구마 *Ipomoea batatas* Lam. ·····················371
고깔먹물버섯 *Coprinus disseminatus* (Pers. ex Fr.) S. F. Gray. ···339
고깔제비꽃 *Viola rossii* Hemsley ·················218, 444
고데티야 *Godetia amoena* (Lehm.) G. Don ···············55
고들빼기 *Youngia sonchifolia* Max.·····················280
고려엉겅퀴 *Cirsium setidens* Nakai ··············295, 444

고마리 *Persicaria thunbergii* (S. et Z.) H. Gross ⋯⋯⋯123
고만이 *Persicaria thunbergii* (S. et Z.) H. Gross ⋯⋯⋯123
고사리 *Pteridium aquilinum* var. *latiusculum*⋯⋯⋯⋯⋯110
고주몽 *Hibiscus syriacus* L.⋯⋯⋯⋯⋯⋯⋯⋯⋯50, 444
고추 *Capsicum annuum* L. ⋯⋯⋯⋯⋯⋯⋯⋯⋯⋯⋯374
고추나무 *Staphylea bumalda* Dc.⋯⋯⋯⋯⋯⋯⋯⋯⋯208
골담초 *Caragana sinica* (Buchoz) Lam.⋯⋯⋯⋯⋯⋯⋯38
골무꽃 *Scutellaria indica* L.⋯⋯⋯⋯⋯⋯⋯⋯⋯⋯⋯250
곰딸기 *Rubus phoenicolasius* Max. ⋯⋯⋯⋯⋯183, 453
곰취 *Ligularia fischeri* (Ledeb.) Turcz.⋯⋯⋯⋯⋯⋯298
공작선인장 *Epiphyllum hybrid* Hort ⋯⋯⋯⋯⋯⋯20, 444
공조팝나무 *Spiraea cantoniensis* Lour.⋯⋯⋯189, 444
과꽃 *Callistephus chinensis* (L.) Nnees ⋯⋯⋯⋯⋯⋯76
광대나물 *Lamium amplexicaule* L. ⋯⋯⋯⋯⋯⋯⋯⋯251
광대수염 *Lamium album* L. var. *barbatum* (S.et Z.) Franch. et Savat. ⋯251
광릉골무꽃 *Scutellaria insignis* Nakai⋯⋯⋯⋯250, 444
광릉제비꽃 *Viola kamibayashii* Nakai ⋯⋯⋯⋯218, 444
괭이눈 *Chrysosplenium grayanum* Max. ⋯⋯⋯⋯⋯177
괭이밥 *Oxalis corniculata* L. ⋯⋯⋯⋯⋯⋯⋯⋯⋯203
괭이사초 *Carex neurocarpa* Max.⋯⋯⋯⋯⋯⋯⋯⋯411
괴불주머니 *Corydalis pallida* (Thunb.) Pere. var. *tenuis* Yatabe ⋯161
구갑죽 ⋯⋯⋯⋯⋯⋯⋯⋯⋯⋯⋯⋯⋯⋯⋯⋯⋯⋯⋯103
구기자나무 *Lycium chinense* Miller ⋯⋯⋯⋯⋯⋯⋯70
구름송이풀 *Pedicularis verticillata* L.⋯⋯⋯⋯⋯⋯264
구상나무 *Abies koreana* Wilson ⋯⋯⋯⋯⋯⋯⋯⋯112
구슬갓냉이 *Rorippa globosa* (Turcz.) Thellung ⋯⋯⋯170
구슬붕이 *Gentiana squarrosa* Ledebour ⋯⋯⋯⋯⋯237
국수나무 *Stephanandra incisa* (Thunb.) Zabel ⋯⋯⋯180
국화 *Chrysanthemum morifolium* Ramat. ⋯⋯⋯⋯⋯78
국화과 ⋯⋯⋯⋯⋯⋯⋯⋯⋯⋯⋯⋯⋯⋯⋯⋯⋯⋯⋯73
군자란 *Clivia miniata* Regel ⋯⋯⋯⋯⋯⋯⋯⋯⋯95
권영초 *Aster yomena* Kitamura ⋯⋯⋯⋯⋯⋯⋯⋯292
귤나무 *Citrus unshiu* Markovich ⋯⋯⋯⋯⋯357, 445
그늘돌쩌귀 *Aconitum uchiyamai* Nakai⋯⋯⋯143, 445
그린드래곤 ⋯⋯⋯⋯⋯⋯⋯⋯⋯⋯⋯⋯⋯⋯⋯⋯⋯423
극락조화 *Strelitzia reginae* (Banks) Ait. ⋯⋯⋯⋯⋯104
글라디올러스 *Gladiolus gandavensis* Van Houtte ⋯⋯⋯99
금감 *Fortunella japonica* Swingle var. *margarita* (Swingle) Makino ⋯357
금강금매화 *Waldsteinia ternata* (Stephan.) Fritsch⋯185, 427
금강애기나리 *Streptopus ovalis* (Ohwi) Wang et Y. C. Tang ⋯312, 445
금강초롱 *Hanabusaya asiatica* Nakai⋯⋯⋯⋯⋯275, 445
금계국 *Coreopsis drummondii* Torr. et Gray ⋯⋯⋯⋯282
금구슬 *Chrysanthemum morifolium* Ramat. cv 'Kumkoosool' ⋯79, 445
금귤 *Fortunella japonica* Swingle var. *margarita* (Swingle) Makino ⋯357
금꿩의다리 *Thalictrum rochebrunianum* Franch. et Savat. ⋯141, 445
금낭화 *Dicentra spectabilis* (L.) Lemaire ⋯⋯⋯⋯162
금란초 *Ajuga decumbens* Thunb. ⋯⋯⋯⋯⋯⋯⋯252
금매화 *Trollius hondoensis* Nakai ⋯⋯⋯⋯⋯⋯⋯140
금병산 *Chrysanthemum morifolium* Ramat.cv. 'Kumbyoungsan' ⋯79, 445
금불초 *Inula britannica* L. ssp. *japonica* Kitamura ⋯⋯278
금붓꽃 *Iris savatieri* Nakai ⋯⋯⋯⋯⋯⋯⋯323, 445
금새우난초 *Calanthe striata* Decne.⋯⋯⋯⋯328, 445
금창초 *Ajuga decumbens* Thunb. ⋯⋯⋯⋯⋯⋯⋯252
기린초 *Sedum kamtschaticum* Fischer ⋯⋯⋯⋯⋯172
기와층버섯 *Inonotus xeranticus* (Berk.) Imaz. et Aoshima ⋯337

긴대안장버섯 *Leptopodia elastica* (St. Amans) Boud. ⋯⋯⋯339
긴산꼬리풀 *Pseudolysimachion kiusianum* (Furumi) Holub var. *japonica* (Miq.) Yamazaki ⋯265, 445
긴잎끈끈이주걱 *Drosera anglica* Huds. ⋯⋯⋯⋯⋯⋯416
김 *Porphyra tenera* ⋯⋯⋯⋯⋯⋯⋯⋯⋯⋯⋯⋯⋯414
까마중 *Solanum nigrum* L. ⋯⋯⋯⋯⋯⋯⋯⋯⋯⋯71
까치수염 *Lysimachia barystachys* Bunge ⋯⋯⋯⋯233
까치수영 *Lysimachia barystachys* Bunge ⋯⋯⋯⋯233
깨꽃 *Salvia splendens* L. ⋯⋯⋯⋯⋯⋯⋯⋯⋯⋯68
꼬리조팝나무 *Spiraea salicifolia* L. ⋯⋯⋯⋯89, 445
꼭두서니과 ⋯⋯⋯⋯⋯⋯⋯⋯⋯⋯⋯⋯⋯⋯⋯⋯241
꽃다지 *Draba nemorosa* L. var. *hebecarpa* Ledeb. ⋯⋯⋯169
꽃도라지 *Lisianthus russellianus* Hook. ⋯⋯⋯⋯⋯61
꽃마리 *Trigonotis peduncularis* (Trevir.) Benth. ⋯⋯⋯245
꽃며느리밥풀 *Melampyrum roseum* Max. ⋯⋯⋯⋯262
꽃무릇 *Lycoris radiata* (L' Herit) Herb. ⋯⋯⋯⋯⋯98
꽃버무리 *Clematis serratifolia* Rehder ⋯⋯⋯⋯⋯140
꽃범의꼬리 *Physostegia virginiana* (L.) Benth. ⋯⋯⋯68
꽃싸리 *Lespedeza macrocarpa* Bunge. ⋯⋯⋯199, 445
꽃잎이끼 *Parmelia tinctorum* Despr. ⋯⋯⋯⋯⋯409
꽃잔디 *Pylox subulata* L. ⋯⋯⋯⋯⋯⋯⋯⋯⋯⋯59
꽃쥐손이 *Geranium eriostemon* Fischer var. *megalanthum* Nakai ⋯205, 446
꽃치자 *Gardenia jasminoides* Eills var. *radicans* Makino ⋯65, 446
꽃창포 *Iris ensata* Thunb. var. *spontanea* (Makino) Nakai ⋯318
꽃향유 *Elsholtzia splendens* Nakai ex F. Maekawa ⋯257, 446
꽈리 *Physalis alkekengi* L. var. *francheti* (Masters) Hort. ⋯72
꾸지뽕나무 *Cudrania tricuspidata* (Call.) Bureau ⋯⋯⋯119
꿀풀 *Prunella vulgaris* L. var. *lilacina* Nakai ⋯⋯⋯253
꿀풀과 ⋯⋯⋯⋯⋯⋯⋯⋯⋯⋯⋯⋯⋯⋯⋯⋯⋯⋯249
꿩의다리 *Thalictrum aquilegifolium* L. ⋯⋯⋯⋯⋯141
꿩의바람꽃 *Anemone raddeana* Regel ⋯⋯⋯⋯⋯148
꿩의비름 *Sedum erythrostichum* Miq. ⋯⋯⋯⋯⋯174
끈끈이귀개 *Drosera peltata* var. *niponica* Ohwi. ⋯⋯⋯419
끈끈이주걱 *Drosera rotundifolia* Linne ⋯⋯⋯⋯⋯416
끼무릇 *Pinellia ternata* (Thunb.) Breitenbach ⋯⋯⋯⋯325

나나벌이난초 *Liparis krameri* Franch. et Savat. ⋯328, 446
나도냉이 *Barbarea orthoceras* Ledeb. ⋯⋯⋯170, 446
나도바람꽃 *Isopyrum raddeanum* (Regel) Max. ⋯149, 446

노박덩굴 *Celastrus orbiculatus* Thunb. ·················209
노송나무 *Juniperus chinensis* L. ·························13
노야기 *Elsholtzia ciliata* (Thunb.) Hylander ··········257
노인장대 *Persicaria orientalis* (L.) Assenov. ·······126, 453
녹두 *Phaseolus radiatus* L. ·····················355, 448
논싸리 *Indigofera kirilowi* Max. ··············199, 450
놋젓가락나물 *Aconitum ciliare* Dc. ··················143
누른종덩굴 *Clematis chiisanensis* Nakai ·········152, 448
누리장나무 *Clerodendron trichotomum* Thunb. ·········247
누린내풀 *Coryopteris divaricata* (S. et z.) Max. ·······247
누에나방동충하초 ·································340
누운주름잎 *Mazus miquelii* Makino ···········266, 448
눈괴불주머니 *Corydalis ochotensis* Turczaninow ··161, 448
눈뫼 *Hibiscus syriacus* L. ·····················50, 448
눈보라 *Hibiscus syriacus* L. ···················50, 448
느타리 *Pleurotus ostreatus* (Jacq. ex Fr.) Kummer···335, 448
느티나무 *Zelkova serrata* (Thunb.) Makino ··········117
능소화나무 *Campsis grandiflora* (Thunb.) K. Schumann ···74

ㄷ

다래나무 *Actinidia arguta* Planchon ················160
다시마 ·······································414
단풍나무 *Acer palmatum* Thunb. ····················207
달개비 *Commelina communis* L. ··················259
달걀버섯 *Amanita hemibapha* (Berk. et Br.) Sacc. ···332, 448
달구지풀 *Trifolium lupinaster* L. ··················194
달래 *Allium monanthum* Max. ····················303
달리아 *Dahlia pinnata* Cav. ····················77
달링토니아 *Darlingtonia californica* Green. ··········429
달맞이꽃 *Oenothera odorata* Jacquin ···············224
닭의장풀 *Commelina communis* L. ················259
담배 *Nicotiana tabacum* L. ·····················372
담자리꽃나무 *Dryas octopetala* L. var. *asiatica* (Nakai) Nakai ··181
담쟁이덩굴 *Parthenocissus tricuspidata* (S.et Z.) Planch. ···37
당개지치 *Brachybotrys paridiformis* Max. ex Oliber ·····246
당근 *Daucus carota* L. var. *sativa* Dc. ·············368
당잔대 *Adenophora stricta* Miq. ···············277, 448
대추나무 *Ziziphus jujuba* Miller var. *inermis* Rehder ·····358
댓잎현호색 *Corydalis turtschaninovii* Besser var. *linearis* (Regel) Nakai ···167, 449
더덕 *Codonopsis lanceolata* (S. et Z.) Trautv ··········273
덤불조팝나무 *Spiraea miyabei* Koidz. ············189, 449
덩굴강낭콩 *Phaseolus vulgaris* L. ················354
덩굴딸기 *Rubus oldhamii* Miq. ···············183, 449
덩굴손 ·······································67
덩굴장미 *Rosa multiflora* var. *platyphylla* Thory ·······34, 449
데이지 *Bellis perennis* L. ·······················80
도깨비바늘 *Bidens bipinnata* L. ··················283
도깨비사초 *Carex dickinsii* Franch. et Savat. ·········413
도깨비엉겅퀴 *Cirsium schantarense* Trautv. et Meyer ···295, 449
도꼬마리 *Xanthium strumarium* L. ················283
도라지 *Platycodon grandiflorum* (Jacq.) A. Dc. ·······376
도루박이 *Scirpus radicans* Schx. ·················412
도월 *Chrysanthemum morifolium* Ram. 'Dowall' ······79, 449
독우산광대버섯 *Amanita pseudoporphyria* (Fr.) Bertillon ···333, 449

나도송이풀 *Phtheirospermum japonicum* (Thunb.) Kanitz ···265, 446
나도양지꽃 *Waldsteinia ternata* (Stephan.) Fritsch 185, 446
나도풍란 *Aerides japonicum* Gray et Sweet ···········327
나물취 *Aster scaber* Thunb. ··················298, 462
나사말 *Vallisneria asiatica* Miki ··················399
나코치밋숀벨리 *Blc.* Nacouchee 'Mission Valley' ······107
나팔꽃 *Pharbitis nil* Choisy ·····················66
낙동구절초 *Chrysanthemum zwadskii* Herb. ssp. *naktongense* (Nakai) Y. Lee stat. nov. ···281, 446
낙엽송 *Larix leptolepis* (S. et Z.) Gordon ············112
낚시제비꽃 *Viola grypoceras* A. Gray ············218, 446
난초과 ·······································105
날개하늘나리 *Lilium maculatum* Thunb. ssp. *davuricum* (Baker) Hara ···305, 447
남산제비꽃 *Viola dissecta* Ledeb. var. *chaerophylloides* (Regel) Makino ···218, 447
내사랑 *Hibiscus syriacus* L. ···················50, 447
내장금란초 *Ajuga decumbens* Thunb. var. *rosa* Y. Lee ···252, 447
너도바람꽃 *Eranthis stellata* Max. ··············148, 447
넓은잎천남성 *Arisaema robustum* (Engler) Nakai ···326, 447
네펜데스 *Nepenthes* ····························425
네펜데스 라플레시아 *Nepenthes raffiesiana* Jack.···426, 447
네펜데스 막시마 *Nepenthes maxima* Nees. ·······426, 447
네펜데스 벤트리코사 *Nepenthes bentricosa* ···········425
네펜데스 벤틀라타 *Nepenthes ampullaria* Jack. ···427, 447
네펜데스 알라타 하이랜드 *Nepenthes alata* ···········426
네펜데스 암플라리아 *Nepenthes ampullaria* Jack. ···427, 447
네펜데스 암플라리아 스팟 *Nepenthes ampullaria* ·······426
네펜데스 텐타쿨라타 *Nepenthes tentaculata* Hook. f. ···427
네펜데스 트런카타 *Nepenthes truncata* ·············428
네펜데스 후커리아나 ·····························428
노란만병초 *Rhododendron aureum* Georgi ···········230
노란털벚꽃나무버섯 *Hygrophorus lucorum* Kalchbr. ·····333
노랑꽃창포 *Iris pseudoacorus* L. ··················403
노랑느타리 *Pleurotus cornucopiae* (Paulet) Rolland var. *citrinopileatus* (sing.) Ohita ···335
노랑매미꽃 *Hylomecon vernale* Max. ···············163
노랑물봉선 *Impatiens noli-tangere* L. ············206, 447
노랑붓꽃 *Iris savatieri* Nakai ··············323, 445
노랑싸리버섯 *Ramaria flava* (Schaeff. ex Fr.) Quel. ···336, 447
노랑어리연꽃 *Nymphoides peltata* (Gmelim) O. Kuntze ···397, 447
노랑제비꽃 *Viola orientalis* W. Becker ···········218, 448
노루귀 *Hepatica asiatica* Nakai ··················142
노루발풀 *Pyrola japonica* Klenze ex Alefeld ··········229
노루오줌 *Astilbe chinensis* (Max.) Franch. et Savat. var. *chinensis* ···178
노린재동충하초 *Cordyceps nutans* Pat. ·············340

돌꽃 *Rhodiola rosea* L. ·····································173, 452
돌나물 *Sedum sarmentosum* Bunge ························176
돌단풍 *Aceriphyllum rossii* Engler·························178
돌담고사리 *Asplenium sarelii* Hooker ············110, 449
돌양지꽃 *Potentilla dickinsii* Franch. et Savat. ···185, 449
동박꽃 *Lindera obtusiloba* Blume ························138
동백나무 *Camellia japonica* L. ·····························46
동부 *Vigna sinensis* King ·································355
동의나물 *Caltha minor* Nakai ···························145
동자꽃 *Lychnis cognata* Max. ····························131
돼지감자 *Helianthus tuberosus* L. ·······················284
돼지나물 *Solidago virgaurea* L. var. *asiatica* Nakai···300, 451
두루미천남성 *Arisaema heterophyllum* Blume······326, 449
두메부추 *Allium senescens* L. ···························309
두메양귀비 *Papaver coreanum* Nakai ············165, 449
두메자운 *Oxytropis anertii* Nakai ·······················194
둑새풀 *Alopecurus aequalis* Sobol. ·····················319
둥굴레 *Polygonatum odoratum* (Maller) Druce var. *pluriflorum* (Naq.) Ohwi ···307
둥굴레아재비 *Polygonatum humile* Fischer ex Max. ···307, 442
둥근잎유홍초 *Quamoclit angulata* Bojer····················244
둥근잎천남성 *Arisaema amurense* Max. ·········326, 450
둥근털제비꽃 *Viola collina* Besser ···············219, 450
드로세라 비나타 *Drosera binata* Labil. ·················420
드로세라 비나타 디코토마 *Drosera binata* var. *dichotoma* ···421
드로세라 비나타 무르티피다 *Drosera binata* var. *multifida* ···421
드로세라 비나타 T형 *Drosera binata* var. *binata* ·········420
드로세라 아델라 *Drosera adelae* ························417
드로세라 카펜시스 *Drosera capensis* Linne ···············422
드로세라 카펜시스 레드 *Drosera capensis* ······423, 450

디기탈리스 *Digitalis purpurea* L. ·······················69
딸기 *Fragaria ananassa* Duchesne ·····················348
땅귀개 *Utricularia bifida* L. ···························436
땅나리 *Lilium callosum* S. et Z.·················305, 450
땅비싸리 *Indigofera kirilowi* Max. ·············199, 450
땅벌동충하초 ···340
땅콩 *Arachis hypogaea* L.·····························353
때죽나무 *Styrax japonica* S. et Z. ·····················235
떡갈나무 *Quercus dentata* Thunb.·····················119
떡잎골무꽃 *Scutellaria indica* L. var. *tsusimensis* Ohwi ···250, 450
뚝새풀 *Alopecurus aequalis* Sobol. ····················319
뚱딴지 *Helianthus tuberosus* L. ·······················284

ㄹㅁ

라넌큘러스 *Ranunculus asiaticus* L. ·······················25
라일락 *Syringa vulgaris* L.······························63
레드클로버 *Trifolium pratense* L. ···············201, 453
루시 *Hibiscus syriacus* L.·····················50, 450
리시언서스 *Lisianthus russellianus* Hook. ··············61
마가목 *Sorbus commixta* Hedlund ·····················181
마늘 *Allium sativum* L. for. *pekinense* Makino ·········380
마디풀과 ··122
마름 *Trapa japonica* Flerov. ·························396
마타리 *Patrinia scabiosaefolia* Fischer ·················271
마타리과 ··270
말즘 *Potamogeton crispus* L. ··························398
망태버섯 *Dictyphora indusiata* (Vent. ex Pers) Fisch. ······339
매발톱꽃 *Aquilegia buergariana* S. et Z. var. *oxysepala* (Traut. et Mey.) Kitamura···144
매화노루발 *Chimaphila japonica* Miq. ···········229, 451
맥문동 *Liriope platyphylla* Wang et Tang·················306
맥카나스 자이안트 *Aquilegia hybrida* Hort. Mckanas Giant ···145, 451
맨드라미 *Celosia cristata* L. ··························16
맹종죽 *Phyllostachys pubescens* Mazel ··········103, 451
머루 *Vitis coignetiae* Palliat ·························210
머위 *Petasites japonicus* (S. et Z.) Max. ················284
먼지버섯 *Astraeus hygrometricus* (Pers.) Morg. ·········338
멍석딸기 *Rubus parvifolius* L. ···············183, 451
메감자 *Leontice microrhyncha* S. Moore ················157
메세리아나 ··439
메꽃 *Calystegia japonica* Choisy ···········243, 451
메꽃과 ···242
메밀 *Fagopyrum esculentum* Moench ···················344
멕시코불꽃풀 *Poinsettia pulcherrima* Graham ············41
멜론 *Cucumis melo* L. var. *reticulatus* (Naud.) Ser. ······362
멧용담 *Gentiana niponica* Max.·············239, 451
며느리밑씻개 *Persicaria senticosa* (Franch. et Savat.) H. Gross ···124
며느리배꼽 *Persicaria perfoliata* (L.) H. Gross ··········123
며느리주머니 *Dicentra spectabilis* (L.) Lemaire ··········162
명아주 *Chenopodium album* L. var. *centrorubrum* Makino ···137
명아주과 ···136
명아주여뀌 *Persicaria lapathifolia* (L.) S. F. Gray···125, 464
명이 *Allium victorialis* L. ··························310
명자나무 *Chaenomeles lagenaria* (Loisel) Koidz ·········33
모과나무 *Chaenomeles sinensis* Koehne ·········348

드로세라 카펜시스 알바 *Drosera capensis* ·············423
드로세라 카펜시스 티피칼 *Drosera capensis* ···423, 450
드로세라 헤밀토니 *Drosera hamiltonii* ··················417
들깨 *Perilla frutescens* Britton var. *japonica* (Hassk) Hara···379
들별꽃 *Pseudostellaria heterophylla* (Miquel) Pax. 134, 443
들엉겅퀴 *Cirsium tanakae* Matsumura ··········295, 450
들현호색 *Corydalis ternata* Nakai ·····················166
등 *Wistaria floribunda* (Willd.) Dc. ····················39
등심붓꽃 *Sisyrinchium angustifolium* Miller ·······323, 450
등칡 *Aristolochia manshuriensis* Komarov ···············158

모데미풀 *Megaleranthis saniculifolia* Ohwi ··············151
모라넨시스 ································439
모란 *Paeonia suffruticosa* ·····················24
모싯대 *Adenophora remotiflora* (S.et Z.) Miq. ···········273
목단 *Paeonia suffruticosa* ·····················24
목련 *Magnolia kobus* A. P. De Candolle ···············22
목화 *Gossypium indicum* Lam. ···············359
뫼제비꽃 *Viola orientalis* W. Becker ············219, 451
묘아자나무 *Ilex cornuta* Lindley ···············208
무 *Raphanus sativus* L. var. *acanthiformis* Makino ·······346
무궁화 *Hibiscus syriacus* L. ·····················48
무궁화종덩굴 *Clematis fusca* Turcz. var. *mandshurica* Kitagawa ···152, 451
무릇 *Scilla scilloides* (Lindl.) Durce ···············308
무스카리 *Muscari armeniacum* Leichtlin. ex Baker ·········86
무엽란 *Lecanorchis japonica* Blume ············328, 451
무화과나무 *Ficus carica* L. ···············342
문주란 *Crinum asiaticum* L. var. *japonicum* Baker ·······97
물달개비 *Monochoria vaginalis* (L.) Presl var. *plantaginea* (Roxb.) Solms-Laubach ···402
물레나물 *Hypericum ascyron* L. ···············173
물망초 *Myosotis alpestris* F. W. Schmidt ·············64
물매화풀 *Parnassia palustris* L. ···············179
물봉선 *Impatiens textori* Miq. ·····················206
물솜방망이 *Senecio pseudo-sonchus* Vant. ········290, 451
물양귀비 *Hydrocleys nymphoides* (Wild) Buchen. ········406
물양지꽃 *Potentilla cryptotaeniae* Max. ·········185, 451
물옥잠 *Monochoria korsakowi* Regel et Maack ·········402
물외 *Cucumis sativus* L. ·····················362
미나리 *Oenanthe javanica* (Blume) Dc. ···············368
미나리냉이 *Cardamine leucantha* (Tausch) O. E. Schulz ···170
미나리아재비 *Ranunculus japonicus* Thunb. ···············146
미나리아재비과 ································139
미류나무 *Populus deltoides* Marsh. ················14
미모사 *Mimosa pudica* L. ···············195
미선나무 *Abeliophyllum distichum* Nakai ···············236
미역 ································414
미역취 *Solidago virgaurea* L. var. *asiatica* Nakai ···300, 451
미치광이풀 *Scopolia japonica* (Dunn) Nakai ···········258
민감풀 *Mimosa pudica* L. ···············195
민들레 *Taraxacum platycarpum* H. Mazz. ···············286
밀 *Triticum aestivum* L. ···············388

바구지 *Ranunculus japonicus* Thunb. ···············146
바나나 *Musa paradisiaca* L. var. *sapientum* O. kuntze ···383
바늘꽃과 ································223
바디나물 *Angelica decursiva* Fr. et Sav. ···············227
바늘솔이끼 *Pogonatum spinulosum* Mitt. ·········409, 452
바위구절초 *Chrysanthemum zawadskii* Herb. ssp. *acutilobum* (Dc.) Kitagawa var. *alpinum* (Nakai) Y. Lee comb. nov. ···281
바위돌꽃 *Rhodiola rosea* L. ···············175, 452
바위미나리아재비 *Ranunculus erucilobus* Leveille 146, 452
바위솔 *Orostachys japonicus* (Max.) A. Berger ···············176
바위취 *Saxifraga stolonifera* Meerburgh ···············180
바이올렛 *Saintpaulia pendula* B. L. Burtt ·············67
박 *Lagenaria leucantha* Rusby var. *depressa* Makino ···361
박과 ································358
박새 *Veratrum patulum* Loes. fil. ···············308
박주가리 *Metaplexis japonica* (Thunb.) Makino ···········240
박쥐나무 *Marlea macrophylla* S. et Z. var. *trilobata* (Miq.) Nakai ···215
박태기나무 *Cercis chinensis* Bunge ···············40
박하 *Mentha arvensis* L. var. *piperascens* Malinvand ·······253
반디지치 *Lithospermum zollingeri* A. Dc. ···········246, 452
반하 *Pinellia ternata* (Thunb.) Breitenbach ···············325
밤나무 *Castanea crenata* S. et Z. ···············343
방동사니 *Cyperus amuricus* Steudel ···············410
방석연꽃 *Euryale ferox* Salisbury ···············394, 442
방울꽃 *Aristolochia contorta* Bunge ···············159
배나무 *Pyrus serotina* Rehder. var. *culta* Nakai ···········349
배롱나무 *Lagerstroemia indica* L. ·····················53
배초향 *Agastache rugosa* (F. et M.) O. Kuntze ···············254
배추 *Brassica campestris* L. ssp. *napus* Hook. fil. et Anders var. *pekinensis* Makino ···347
백두산벌레잡이제비꽃 ································424
백등나무 *Wistaria brachybotrys* S. et Z. f. *alba* Hurusawa ···39, 452
백란 *Hibiscus syriacus* L. ···············51, 452
백매 *Prunus glandulosa* Thunb. for. *albiplena* Koehne ·······32
백서향 *Daphne kiusiana* Miq. ···············213, 452
백선 *Dictamnus dasycarpus* L. ···············204
백일홍 *Zinnia elegans* Jacq. ·····················81
백일홍나무 *Lagerstroemia indica* L. ·····················53
백작약 *Paeonia japonica* Miyabe et ···············26, 452

백조 *Hibiscus syriacus* L.⋯⋯⋯⋯⋯50, 452
백합 *Lilium longiflorum* Thunb. ⋯⋯⋯⋯⋯⋯⋯87
백합과 ⋯⋯⋯⋯⋯⋯⋯⋯⋯⋯⋯⋯⋯⋯302
백합나무 *Liriodendron tulipifera* L.⋯⋯⋯⋯⋯129
뱀딸기 *Duchesnea chrysantha* (Zoll. et Morr.) Miq. ⋯⋯182
뱀밥 *Equisetum arvense* L.⋯⋯⋯⋯⋯⋯⋯⋯110
버드나무 *Salix koreensis* Anderss. ⋯⋯⋯⋯⋯14
버섯 ⋯⋯⋯⋯⋯⋯⋯⋯⋯⋯⋯⋯⋯⋯⋯329
버즘나무 *Platanus orientalis* L.⋯⋯⋯⋯⋯⋯23
벌깨덩굴 *Meehania urticifolia* (Miq.) Makino ⋯⋯254
벌노랑이 *Lotus corniculatus* L. var. *japonicus* Regel⋯⋯196
벌동충하초 *Cordyceps Sphecocephala* Klotsch. ⋯⋯⋯340
벌레잡이제비꽃 *Pinguicula vulgaris var. macroceras Herd.* ⋯438
벌씀바귀 *Ixeris polycephala* Cassini ⋯⋯⋯⋯293, 452
범꼬리 *Bistorta major* S. F. Gray var. *japonica* Hara ⋯⋯124
범부채 *Belamcanda chinensis* (L.) Dc. ⋯⋯⋯⋯319
벗풀 *Sagittaria trifolia* L.⋯⋯⋯⋯⋯⋯⋯400
벚나무 *Prunus serrulata* Lindley var. *spontanea* (Max.) Wils. ⋯33
베고니아 *Begonia semperflorens* Link et Otto⋯⋯⋯47
벼 *Oryza sativa* L.⋯⋯⋯⋯⋯⋯⋯⋯⋯⋯386
벼과 ⋯⋯⋯⋯⋯⋯⋯⋯⋯⋯⋯⋯⋯⋯⋯384
벽오동 *Firmiana simplex* (L.) W. F. Wight ⋯⋯⋯⋯44
별꽃 *Stellaria media* (L.) Villars ⋯⋯⋯⋯⋯134
병꽃나무 *Weigela subsessilis* (Nakai) Bailey ⋯⋯⋯268
보리 *Hordeum vulgare* var. *hexastichon* Aschers. ⋯⋯⋯385
보리똥나무 *Elaeagnus umbellata* Thunb. ⋯⋯⋯⋯44
보리수나무 *Elaeagnus umbellata* Thunb. ⋯⋯⋯⋯44
보풀 *Sagittaria trifolia* L.⋯⋯⋯⋯⋯⋯⋯400
복사나무 *Prunus persica* (L.) Batsch ⋯⋯⋯⋯⋯350
복수초 *Adonis amurensis* Regel et Radde ⋯⋯⋯⋯150
복숭아나무 *Prunus persica* (L.) Batsch ⋯⋯⋯⋯⋯350
복주머니란 *Cypripedium macranthum* Swartz ⋯⋯327, 453
봄구슬붕이 *Gentiana thunbergii* (G. Don) Griseb. ⋯237, 453
봄까치꽃 *Veronica persica* Poir.⋯⋯⋯⋯⋯261, 463
봄맞이 *Androsace umbellata* (Lour.) Merrill⋯⋯⋯⋯234
봉선화 *Impatiens balsamina* L. ⋯⋯⋯⋯⋯⋯⋯43
봉숭아 *Impatiens balsamina* L. ⋯⋯⋯⋯⋯⋯⋯43
부들 *Typha orientalis* L. ⋯⋯⋯⋯⋯⋯⋯⋯407
부레옥잠 *Eichhornia crassipes* Solm.-Laub.⋯⋯⋯⋯401
부용 *Hibiscus mutabilis* L. ⋯⋯⋯⋯⋯⋯⋯⋯52

부처꽃 *Lythrum anceps* (Koehne) Makino⋯⋯⋯⋯⋯215
부추 *Allium tuberosum* Rottler ⋯⋯⋯⋯⋯⋯⋯381
부평초 *Spirodela polyrhiza* (L.) Schleiden ⋯⋯⋯⋯406
분꽃 *Mirabilis jalapa* L. ⋯⋯⋯⋯⋯⋯⋯⋯⋯28
분홍망태버섯 *Dictyphora indusiata* (Vent. ex Pers) Fisch. F. *aurantiaca* Kobay ⋯339, 453
분홍바늘꽃 *Epilobium angustifolium* L. ⋯⋯⋯⋯⋯225
분홍장구채 *Melandryum capidatum* (Kom.) Nakai 135, 453
분홍할미꽃 *Pulsatilla davurica* Spreng.⋯⋯⋯⋯155, 453
불가리스 ⋯⋯⋯⋯⋯⋯⋯⋯⋯⋯⋯⋯⋯⋯436
불두화 *Viburnum sargentii* Koehne for. *sterile* (Makino) Hara ⋯267
붉은가시딸기 *Rubus phoenicolasius* Max. ⋯⋯183, 453
붉은꼭지버섯 *Rhodophyllus quadratus* (Berk. et Curt.) Hongn) S.ng. ⋯335
붉은병꽃나무 *Weigela florida* (Bunge) Dc. ⋯⋯268, 453
붉은털여뀌 *Persicaria orientalis* (L.) Assenov. ⋯⋯126, 453
붉은토끼풀 *Trifolium pratense* L. ⋯⋯⋯⋯⋯201, 453
붓꽃 *Iris nertschinskia* (Loddiges) ⋯⋯⋯⋯⋯322
붕어마름 *Ceratophyllum demersum* L.⋯⋯⋯⋯⋯396
비늘말불버섯 *Lycoperdon mammaeforme* Pers. ex Pers. ⋯337
비로용담 *Gentiana jamesii* Hemsley ⋯⋯⋯⋯239, 453
비름 *Amaranthus mangostanus* L. ⋯⋯⋯⋯⋯137
비름과 ⋯⋯⋯⋯⋯⋯⋯⋯⋯⋯⋯⋯⋯⋯136
비모란 *Gymnocalycium mihanovichii* (F. & G.) Br. & R. Rubra ⋯21, 454
비브리스 리니프로라 *Byblis liniflora* Salisb ⋯⋯⋯424
비비추 *Hosta longipes* (Franch. et Savat.) Matsumura⋯⋯86
뻐꾹나리 *Tricyrtis dilatata* Nakai ⋯⋯⋯⋯305, 433
뻐꾹채 *Rhapontia uniflora* Dc. ⋯⋯⋯⋯⋯⋯⋯285
뽕나무 *Morus alba* L. ⋯⋯⋯⋯⋯⋯⋯⋯⋯⋯13

ㅅ

사과나무 *Malus pumila* Miller ⋯⋯⋯⋯⋯⋯⋯351
사라세니아 루브라 *Sarracenia rubra* L.⋯⋯⋯⋯⋯430
사라세니아 미노르 *Sarracenia minor* Walt. ⋯⋯⋯⋯429
사라세니아 베노사 ⋯⋯⋯⋯⋯⋯⋯⋯⋯⋯432
사라세니아 알라타 *Sarracenia alata* Wood. ⋯432, 454
사라세니아 이븐다인 ⋯⋯⋯⋯⋯⋯⋯⋯⋯434
사라세니아 오레오필라 *Sarracenia oreophilia* Wherry. 431
사라세니아 퍼프레아 *Sarracenia purpurea* L. ⋯⋯⋯431
사라세니아 프라바 *Sarracenia flava* L.⋯⋯⋯⋯⋯430
사르비아 *Salvia splendens* L. ⋯⋯⋯⋯⋯⋯⋯⋯68

사약채 *Angelica decursiva* Fr. et Sav. ·················227
사위질빵 *Clematis apiifolia* A. P. Dc. ·················151
사임당 *Hibiscus syriacus* L. ·················50, 454
사철나무 *Euonymus japonicus* Thunb. ·················42
사초과 ·················410
사프란 *Crocus sativus* L. ·················100
산괭이눈 *Chrysosplenium japonicum* (Max.) Makino177, 454
산괴불주머니 *Corydalis speciosa* Max. ·················161, 433
산구절초 *Chrysanthemum zawadskii* Herb. ssp. *acutilobum* (Dc.) Kitagawa ·····281, 442
산국 *Chrysanthemum boreale* (Makino) Makino ·····79, 454
산꼬리풀 *Pseudolysimachion rotundum* (Nakai) Holub var. *subintegrum* (Nakai) Yamazaki ·····265
산딸기나무 *Rubus crataegifolius* Bunge ·····183, 454
산딸나무 *Cornus kousa* Buerger et Hance·················221
산마늘 *Allium victorialis* L. ·················310
산매발톱 *Aquilegia flabellata* S. et Z. var. *pumila* Kudo ·····144, 454
산목련 *Magnolia sieboldii* K. Koch. ·················128
산민들레 *Taraxacum ohwianum* Kitamura ·········288, 454

삿갓나물 *Paris verticillata* M. v. Bieberst.·················311
상사화 *Lycoris squamigera* Max. ·················94
상수리나무 *Quercus acutissima* Carruthers ·················118
상추 *Lactuca sativa* L. ·················377
새며느리밥풀 *Melampyrum setaceum* (Max.) Nakai var. *nakaianum* Yamazaki ·····262, 456
새비나무 *Callicarpa mollis* S.et Z. ·················248, 465
새삼 *Cuscuta japonica* Choisy ·················244
새아침 *Hibiscus syriacus* L.·················50, 456
새콩 *Amphicarpaea edgeworthii* Benth. var. *trisperma* (Miq.) Ohwi ·····196
샐비어 *Salvia splendens* L. ·················68
생강 *Zingiber officinale* Roscoe ·················383
생강나무 *Lindera obtusiloba* Blume ·················138
서덜취 *Saussurea grandifolia* Max. ·················300, 456
서울제비꽃 *Viola seoulensis* Nakai ·················219, 456
서향나무 *Daphne odora* Thunb. ·················212
석류나무 *Punica granatum* L. ·················366
석무 *Mammillaria microhelia* Werd. ·················20, 456

산부추 *Allium thunbergii* G. Don ·················309, 455
산삼 *Panax ginseng* Nees ·················367
산솜다리 *Leontopodium coreanum* Nakai ·········289, 455
산솜방망이 *Senecio flammeus* Turcz. ex. Dc. ssp. *flammeus* ···290, 455
산수국 *Hydrangea serrata* for. *acuminata* (S. et Z.) Wils. ···179
산수유나무 *Cornus officinalis* S. et Z. ·················54
산씀바귀 *Ixeris raddeana* Max. var. *raddeana* ······293, 455
산오이풀 *Sanguisorba hakusanensis* Makino·········186, 455
산옥잠화 *Hosta lancifolia* Engler ·················88
산용담 *Gentiana algida* Pall. ·················239, 455
산자고 *Tulipa edulis* (Miq.) Baker ·················309
산조팝나무 *Spiraea blumei* G. Don ·················189, 455
산처녀 *Hibiscus syriacus* L.·················50, 455
산철쭉 *Rhododendron yedoense* Max. var. *poukhanense* Nakai ···58, 455
산형과 ·················226
살구나무 *Prunus armeniaca* L.·················351
삼백초 *Saururus chinensis* Baill. ·················157
삼색병꽃나무 *Weigela florida* (Bunge) Dc. for *subtricolor* Nakai ···268, 455
삼색제비꽃 *Viola tricolor* L. var. *hortensis* Dc. ·················45
삼잎국화 *Rudbeckia laciniata* var. *hortensis* Bailey ·········82
삼지구엽초 *Epimedium koreanum* Nakai ·················156
삽주 *Atractylodes japonica* Koidz. ·················285

석산 *Lycoris radiata* (L' Herit) Herb. ·················98
석잠풀 *Stachys riederi* Chamisso var. *japonica* Hara·········255
석죽과 ·················130
선개불알풀 *Veronica arvensis* L. ·················261
선덕 *Hibiscus syriacus* L.·················50, 456
선인장 *Opuntia ficus-indica* (L.) Mill. ·················21
설앵초 *Primula modesta* Bisset et Morren ·········234, 456
섬제비꽃 *Viola thakeshimana* Nakai ·················219, 456
세발버섯 *Pseudocolus schellenbergiae* (Sumst.) Johns ···339, 456
세신 *Asarum sieboldii* Miq. ·················158
세잎양지꽃 *Potentilla freyniana* Bornmueller ·····185, 456
세잎종덩굴 *Clematis koreana* Komarov ·········152, 456
세잎쥐손이 *Geranium wilfordii* Max. ·················205, 457
세팔로투스 *Cephalotus follicularis* Labill. ·················435
센토레아 *Centaurea cyanus* L. ·················82
소나무 *Pinus densiflora* S. et Z. ·················113
소리쟁이 *Rumex japonicus* Houtt. ·················125
소맥 *Triticum aestivum* L.·················388
소철 *Cycas revoluta* Thunb. ·················11
소코베니에 *Hibiscus syriacus* L. 'Sokobeni Yae' ······51, 457
솔나무 *Pinus densiflora* S. et Z. ·················113
솔잎말 *Ceratophyllum demersum* L.·················396

솜다리 *Leontopodium coreanum* Nakai ·················289
솜방망이 *Senecio integrifolius* (L.) Clairuill ssp. *fauriei* (Lev. et Vant.) Kitamura ···290
솜양지꽃 *Potentilla discolor* Bunge ··········185, 457
송광납판화 *Corylopsis coreana* Uyeki ·············171
송이 *Tricholoma matsutake* (S. Ito et Imai) Sing. ·······330
송장풀 *Leonurus macranthus* Max. ···············252
쇠뜨기 *Equisetum arvense* L.··················110
쇠별꽃 *Stellaria aquatica* Scop. ···········134, 457
쇠비름 *Portulaca oleracea* L. ·················121
수국 *Hydrangea macrophylla* (Thunb.) Seringe for. *otaksa* (S. et Z.) Wilson ···30
수련 *Nymphaea tetragona* Georgi ········395, 457
수리취 *Synurus deltoides* (Aiton) Nakai ·······299, 457
수박 *Citrullus vulgaris* Schrader ···············363
수박풀 *Hibiscus trionum* L. ·····················211
수선화 *Narcissus tazetta* L. var. *chinensis* Roemer ·······96
수세미오이 *Luffa cylindrica* Roemer ··············56
수세미외 *Luffa cylindrica* Roemer ···············56
수수 *Sorghum bicolor* Moench ················390
수영 *Rumex acetosa* L. ······················125
수치하나가사 *Hibiscus syriacus* L.············51, 457
수크령 *Pennisetum alopecuroides* (L.) Spreng.·········321
숙은노루오줌 *Astilbe koreana* (Komarov) Nakai ···178, 457
순지화립 *Hibiscus syriacus* L. ··········51, 457
술패랭이꽃 *Dianthus superbus* L. var. *longicalycinus* (Max.) Williams ···132
슈퍼스타 *Rosa hybrida* Hort. 'Super Star' ·····34, 457
스노우드리프트 *Hibiscus syriacus* L. ·······50, 457
승마 *Cimicifuga heracleifolia* Komarov ··········146
시금치 *Spinacia oleracea* L.···················344
시네라리아 *Senecio cruentus* (Masson) Dc. ·········83
시로미다레 *Hibiscus syriacus* L. ···········51, 452
시클라멘 *Cyclamen persicum* Mill. ···············60
신경초 *Mimosa pudica* L.······················195
실새삼 *Cuscuta australis* R. Brown ·······244, 457
심비디움 *Cymbidium* ·························106
십자화과 ·····························168
싱글레드 *Hibiscus syriacus* L. ···········51, 457
싸리나무 *Lespedeza bicolor* Turczaninow var. *japonica* Nakai ···199, 458
쌍동바람꽃 *Anemone rossii* S. Moore ········149, 458
쑥 *Artemisia princeps* Pampan. ·················291
쑥갓 *Chrysanthemum coronarium* L.·············377
쑥부쟁이 *Aster yomena* Kitamura ··············292
쓴풀 *Swertia japonica* (Schult.) Makino ···········238
씀바귀 *Ixeris dentata* (Thunb.) Nakai ·············293
씬나물 *Youngia sonchifolia* Max.················280
씸배나물 *Ixeris dentata* (Thunb.) Nakai ···········293

아가판서스 *Agapanthus africanus* (L.) Hoffmanns············88
아까시나무 *Robinia pseudoacacia* L.···············39
아네모네 *Anemone coronaria* L.··················25
아사달 *Hibiscus syriacus* L.············51, 458
아욱 *Malva verticillata* L.····················358
아주까리 *Ricinus communis* L.··················41
아카시아나무 *Robinia pseudoacacia* L.··············39

아프리카금잔화 *Tagetes erecta* L.················84
안개꽃 *Gypsophila elegans* Bieb ················17
안수리움 *Anthurium scherzerianum* Schott ··········92
앉은부채 *Symplocarpus renifolius* Schott ex Miq. ·······325
알로에 *Aloe vera* (L.) Webb et Berth ·············89
알록제비꽃 *Viola variegata* Fischer ·······219, 458
암회색광대버섯 *Amanita pseudoporphyria* (Alb. et Schw. ex Fr.) Secr. ···332, 458
암회색광대버섯아재비 *Amanita pseudoporphyria* Hongo ···332
애광대버섯 *Amanita citrina* S. F. Gray ·······332, 458
애괭이사초 *Carex laevissma* Nakai ··············411
애기괭이눈 *Chrysosplenium flagelliferum* Fr. Schmidt ···177, 458
애기국화 *Bellis perennis* L.····················80
애기나리 *Disporum smilacinum* A. Gray ···········312
애기낙엽버섯 *Marasmius siccus* (Schw.) Fr.···331, 458
애기달맞이꽃 *Oenothera laciniaca* Hill. ·······224, 458
애기똥풀 *Chelidonium majus* L. var. *asiaticum* (Hara) Ohwi 163
애기머느리밥풀 *Melampyrum setaceum* (Max.) Nakai ···262, 458
애기별꽃 ····························134
애기봄맞이 *Androsace filiformis* Retzius ······234, 459
애기솔이끼 *Pogonatum akitense* Besch. ·········408, 459
애기원추리 *Hemerocallis minor* Miller. ·······314, 459
애기풀 *Polygala japonica* Houtt. ···············206
애기현호색 *Corydalis turtschaninovii* var. *fumariaefolia* (Max.) T. Lee ···167, 459
앵두나무 *Prunus tomentosa* Thunb.··············349
앵속 *Papaver somniferum* L.···················164
앵초 *Primula sieboldii* Morren ·················234
야합수 *Albizzia julibrissin* Duraz. ··············197
양귀비 *Papaver somniferum* L.··················164
양닭개비 *Tradescantia reflexa* Rafin. ·············92
양배추 *Brassica oleracea* L. var. *capitata* L. ·······347, 459
양아욱 *Pelargonium inquinans* Ait.···············29
양지꽃 *Potentilla fragarioides* L. var. *major* Max.·········184
양파 *Allium cepa* L.·························381
어리연꽃 *Nymphoides indica* (L.) O. Kuntze ·········397
어수리 *Heracleum moellendorffii* Hance ···········227
어저귀 *Abutilon avicennae* Gaertner ·············211
어제일리어 *Rhododendron indicum* Sweet ·············57
억새 *Miscanthus sinensis* Andersson ·············321
얼레지 *Erythronium japonicum* Decne ············311
엉거시 *Carduus crispus* L. ············296, 462

엉겅퀴 *Cirsium maackii* Max. ·······························294
에밀레 *Hibiscus syriacus* L ·······················51, 459
여뀌 *Persicaria hydropiper* (L.) Spach ···········126
여주 *Momordica charantia* L. ·······························56
연꽃 *Nelumbo nucifera* Gaertn ·······························392
염아자 *Phyteuma japonicum* Maq. ···························274
영산홍 *Rhododendron indicum* Sweet ·················57
영신초 *Polygala japonica* Houtt. ·························206
오갈피나무 *Acanthopanax sessiliflorus* Seem. ·········222
오디나무 *Morus alba* L. ·······························13
오랑캐꽃 *Viola mandshurica* W. Becker ·········217
오랑캐장구채 *Silene repens* Person ···········135, 459
오얏나무 *Prunus salicina* Lindl. ·······················352
오이 *Cucumis sativus* L. ·······························362
오이풀 *Sanguisorba officinalis* L. ·················186
오죽 *Phyllostachys nigra* Munro ···········103, 459
옥수수 *Zea mays* L. ·······························389
옥douts ·······························20
옥잠화 *Hosta plantaginea* Aschers. ·················89
온시디움 *Oncidium flexuosum* Lodd. ···········106, 459
올방개 *Eleocharis kuroguwai* Ohwi. ·················412
완두 *Pisum sativum* L. ·······················355, 459
왕고들빼기 *Lactuca indica* L. ···········280, 459
왕과 *Thladiantha dubia* Bunge ·······················213
왕대 *Phyllostachys bambusoides* S. et Z. ·········102
왕원추리 *Hemerocallis fulva* L. var. *kwanso* Regel 314, 459
왜개연꽃 *Nuphar japonicum* Dc. ···········394, 460
왜솜다리 *Leontopodium coreanum* Nakai···········289, 460
왜싸리 *Amorpha fruticosa* L. ···········199, 461
용담 *Gentiana scabra* Bunge var. *buergeri* (Miq.) Max. ···238
용둥굴레 *Polygonatum involucratum* Max. ···307, 460
용안초 *Solanum nigrum* L. ·······························71
우산이끼 *Marchantia polymorpha* L. ·················408
우엉 *Arctium lappa* L. ·······························378
우엉취 *Symplocarpus renifolius* Schott ex Miq. ·········325
원추리 *Hemerocallis fulva* L. ·························314
원추천인국 *Rudbeckia bicolor* Nutt ·················83
유럽포도 *Vitis vinifera* L. ·······························356
유자 *Momordica charantia* L. ·······················56
유자나무 *Citrus junos* Tanaka ·······················357
유채 *Brassica campestris* L. ssp. *napus* var. *nippo-oleifera* Makino ···27
유카 *Yucca gloriosa* L. ·······························101
윤판나물 *Disporum sessile* D. Don ssp. *flavens* Kitagawa ···315
으름덩굴 *Akebia quinata* (Thunb.) Decaisne·················138
으아리 *Clematis mandshurica* Rupr. ·······················147
은방울꽃 *Convallaria keiskei* Miq. ·················313
은행나무 *Ginkgo biloba* L. ·······························10
음양곽 *Epimedium koreanum* Nakai ·················156
이고들빼기 *Youngia denticulata* (Houtt.) Kitamura ···280, 460
이끼살이버섯 *Xeromphalina campanella* (Batsch. ex Fr.) Maire ···331, 460
이별초 *Lycoris squamigera* Max. ·················94
이삭귀개 *Utcularia racemosa* Wallich ·················437
이삭사초 *Carex dimorpholepis* Steuder ·················413
이원화립 *Hibiscus syriacus* L. ·······················50, 460
이질풀 *Geranium nepalense* ssp. *thunbergii* (S. et Z.) Hara ···204

익모초 *Leonurus sibiricus* L. ·······················256
인동덩굴 *Lonicera japonica* Thunb. ·················269
인삼 *Panax ginseng* Nees ·······························367
일본잎갈나무 *Larix leptolepis* (S. et Z.) Gordon ·········112
일본조팝나무 *Spiraea japonica* L. fil ···········189, 460
잇꽃 *Carthamus tinctorius* L. ·······················296

ㅈ

자귀나무 *Albizzia julibrissin* Duraz. ·················197
자귀풀 *Aeschynomene indica* L. ·······················200
자두나무 *Prunus salicina* Lindl. ·······················352
자라풀 *Hydrocharis dubia* Miq. ·······················400
자란 *Bletilla striata* Reichb.fil. ···········106, 460
자리귀 *Cephalonoplos segetum* (Bunge) Kitamura ·········290
자목련 *Magnolia liliflora* Desrduss ···········23, 460
자우전 *Chrysanthemum morifolium* Ram. ’Chawoochun’ 79, 460
자운영 *Astragalus sinicus* L. ·······················200
자원 *Aster tataricus* L. fil. ·······················295, 443
자을녀 *Chrysanthemum morifolium* Ram. cv. ’Jaoolnyo’ ···79, 460
자주괭이밥 *Oxalis martiana* Zuccarinl. ···········203, 460
자주괴불주머니 *Corydalis incisa* (Thunb.) Pers. ···161, 461
자주꽃방망이 *Campanula glomerata* L. var. *dahurica* Fischer ···274
자주달개비 *Tradescantia reflexa* Rafin. ·················92
자주반하 ·······························325
작살나무 *Callicarpa japonica* Thunb. ·················248
작약 *Paeonia lactiflora* Pall. var. *hortensis* Makino ···26
잔대 *Adenophora triphylla* (Thunb.) A. Dc. var. *japonica* (Regel) Hara ···276
잔디 *Zoysia japonica* Steud. ·······················104
잔털제비꽃 *Viola keskei* Miq. var. *okuboi* Makino ···219, 461
잣나무 *Pinus koraiensis* S. et Z. ·······················115
장구채 *Melandryum firmum* (S. et Z.) Rohrb. ·········135
장미 *Rosa hybrida* Hort. ·······························34
장미과 ·······························31
장수엉겅퀴 *Cirsium pendulum* Fischer ·················295, 464
적작약 *Paeonia lactiflora* Pall. var. *hortensis* Makino ·········26
전나무 *Abies holophylla* Max. ·······················114
점현호색 *Corydalis maculata* B. Oh et Y. Kim ······167, 461
접시꽃 *Althaea rosea* Cavanil ·······················52

젓나무 *Abies holophylla* Max. ················114
정영엉겅퀴 *Cirsium chanroenicum* Nakai ·······295, 460
젖풀 *Chelidonium majus* L. var. *asiaticum* (Hara) Ohwi······163
제라늄 *Pelargonium inquinans* Ait.···············29
제비꽃 *Saintpaulia pendula* B. L. Burtt ············67
제비꽃 *Viola mandshurica* W. Becker ·············217
제비꽃과 ················216
제비동자꽃 *Lychnis wilfordii* Max. ············132
제주소시랑개비 *Potentilla stolonifera* Lehm. var. *quelpaertensis* Nakai ···185, 461
제주양지꽃 *Potentilla stolonifera* Lehm. var. *quelpaertensis* Nakai ···185, 461
조 *Setaria italica* (L.) Beauv.···············388
조개껍질버섯 *Lenzites betulina* (L. ex Fr.) Fr ······336, 461
조개나물 *Ajuga multiflora* Bunge···············255
조롱박 *Lagenaria leucantha* Rusby var. *gourda* Makino ···361, 443
조록싸리 *Lespedeza maximowiczii* C. K. Schneider ·········198
조뱅이 *Cephalonoplos segetum* (Bunge) Kitamura ·······290
조팝나무 *Spiraea prunifolia* S. et Z. for. *simpliciflora* Nakai ····188
족나무 *Styrax japonica* S. et Z. ·············235
족도리풀 *Asarum sieboldii* Miq. ···············158
족제비싸리 *Amorpha fruticosa* L. ···········199, 461
졸방제비꽃 *Viola acuminata* Ledebour ·············218, 461
좀개구리밥 *Lemna paucicostata* Torrey ·······406, 461
좀노란창싸리버섯 *Clavulinopsis helvola* (Fr.) Corner ···338
좀작살나무 *Callicarpa dichotoma* Raeusch. ·······248, 462
좀현호색 *Corydalis decumbens* Pers. ···········167, 462
좁쌀풀 *Lysimachia vulgaris* L. var. *davurica* (Ledebour) R. Knuth ···235
좁은잎돌꽃 *Rhodiola angusta* Nakai··········175
종꽃 *Campanula medium* L. ················278
종덩굴 *Clematis fusca* Turcz. var. *violacea* Max. ··········152
주름잎 *Mazus japonicus* Burm. fil. Van Steenis ·······266
주목 *Taxus cuspidata* S.et Z. ············116
죽도화 *Kerria japonica* (L.) Dc. for. *plena* C. K. Schneid. ···32
죽순대 *Phyllostachys pubescens* Mazel ·········103, 431
줄딸기 *Rubus oldhamii* Miq. ·············183, 449
줄민둥뫼제비꽃 *Viola tokubuchiana* Makino var. *takedana* F. Maekawa for. *variegata*···218, 462
중국다래 *Actinidia chinensis* Planch ············345
중나리 *Lilium leichtlinii* Hook. fil.···········305, 462
쥐다래나무 *Actinidia kolomikta* Max. ··········160, 462
쥐똥나무 *Ligustrum obtusifolium* S. et Z. var. *regelianum* (Koehne) Rehder ···237
쥐방울덩굴 *Aristolochia contorta* Bunge ··········159

쥐손이풀 *Geranium sibiricum* L. ·············205
쥐오줌풀 *Valeriana fauriei* Briquet ·········271
지느러미엉겅퀴 *Carduus crispus* L. ·········296, 462
지면패랭이 *Pylox subulata* L. ··············59
지장보살 *Smilacina japonica* A. Gray ············316
지칭개 *Hemistepta lyrata* Bunge ·············297
진교 *Lycoctonum loczyanum* (R. Raym.) Nakai ·········152
진달래 *Rhododendron mucronulatum* Turez. var. *mucronulatum* ···232
진득찰 *Siegesbeckia glabrescens* Makino ·········297
진범 *Lycoctonum loczyanum* (R. Raym.) Nakai ·········153
진부애기나리 *Streptopus ovalis* (Ohwi) Wang et Y. C. Tang ···312, 445
진퍼리용담 *Gentiana scabra* Bunge var. *buergeri* (Miq.) Max. for. *stenophylla* Ohwi ···239, 462
진퍼리잔대 *Adenophora palustris* Komarov ···276, 462
질경이 *Plantago asiatica* L. ···············266
짚신나물 *Agrimonia pilosa* Ledeb. ···········187
쪽동백나무 *Styrax obassia* S. et z. ···········236
찔레나무 *Rosa multiflora* Thunb. ············190

##

차나무 *Thea sinensis* L. ···············47
참깨 *Sesamum indicum* L.·················369
참꽃 *Rhododendron mucronulatum* Turez. var. *mucronulatum* ···232
참꽃마리 *Trigonotis nakaii* Hara ·········245, 462
참나리 *Lilium lancifolium* Thunb. ············304
참나무 *Quercus acutissima* Carruthers ·············118
참나무겨우살이 *Viscum album* L. var. *coloratum* (Kom.) Ohwi ···129
참당귀 *Angelica gigas* Nakai ···········228
참등 *Wistaria floribunda* (Willd.) Dc. ·············39
참배암차즈기 *Salvia chanroenica* Nakai ·········259
참빗나무 *Euonymus alatus* (Thunb.) Sieb. ············209
참억새 *Miscanthus sinensis* Andersson ············321
참오동나무 *Paulownia tomentosa* (Thunb.) Steudel ········69
참외 *Cucumis melo* L. var. *makuwa* Makino ·············365
참으아리 *Clematis terniflora* Dc. ·········147, 462
참취 *Aster scaber* Thunb. ···········298, 462
창포 *Acorus calamus* L. ···············404
채송화 *Portulaca grandiflora* Hooker ············15
처녀버섯 *Camarophyllus virgineus* (Wulf. ex Fr.) Kummer···333, 462
처녀치마 *Heloniopsis orientalis* (Thunb.) C. Tanaka········316

큰까치수영 *Lysimachia clethroides* Duby ·········233, 464
큰꽃으아리 *Clematis patens* Morren et Decaisne ···147, 464
큰꿩의비름 *Sedum spectabile* Boreau ········174, 464
큰달맞이꽃 *Oenothera lam.iana* Seringe ········225, 464
큰뱀무 *Geum aleppicum* Thunb. ·······················191
큰애기나리 *Disporum viridescens* (Max.) Nakai ···312, 464
큰엉겅퀴 *Cirsium pendulum* Fischer ·········295, 464
큰오이풀 *Sanguisorba sitchensis* C. A. Meyer ···186, 465
클로버 *Trifolium repens* L. ·····················201
키위 *Actinidia chinensis* Planch ·················345

천남성 *Arisaema amurense* Max. var. *serratum* Nakai ······326
천남성과 ···324
천당조화 *Strelitzia reginae* (Banks) Ait. ·····················104
천수국 *Tagetes erecta* L.···84
철쭉나무 *Rhododendron schlippenbachii* Max. ·············58
청알록제비꽃 *Viola variegata* Fischer var. *ircutiana* Regel ···219, 463
초롱꽃 *Campanula punctata* Lamarek ······················275
초롱꽃과 ··272
초롱이풀나무 *Fuchsia hybrida* Voss ·····························55
촛대승마 *Cimicifuga simplex* Wormsk. ···········146, 463
충무 *Hibiscus syriacus* L. ··························51, 463
측백나무 *Thuja orientalis* L. ·····························12
층층나무 *Cornus controversa* Hemsley ·············221
층층붓꽃 *Gladiolus gandavensis* Van Houtte ···········99
층층잔대 *Adenophora radiatifolia* Nakai ·········277, 463
치자나무 *Gardenia jasminoides* Ellis for. *grandiflora* Makino ···65
치커리 *Cichorium intybus* L. ·····························378
칠엽수 *Aesculus turbinata* Blume ·····················37
칠보 *Hibiscus syriacus* L. ························51, 463
칡 *Pueraria thunbergiana* (S. et Z.) Benth. ·············202

카네이션 *Dianthus caryophyllus* L.·························18
카틀레야 Cattleya ······························107, 463
칸나 *Canna generalis* Baily ···························108
칼미아 *Kalmia latifolia* L. ·····························57
칼송이풀 *Pedicularis lunaris* Nakai ·············265, 463
컴프리 *Symphytum officinale* L. ·······················65
코스모스 *Cosmos bipinnatus* Cav. ·······················84
콩 *Glycine max* Merr. ·····································354
콩과 ··193
크라인지아 *Krainzia guelzowiana* (Werd.) Backbg.···21, 463
크로커스 *Crocus vernus* L. J. Hill 'Yellow' ···········99
큰각시취 *Saussurea japonica* (Thunb.) Dc. ·········300, 463
큰개별꽃 *Pseudostellaria palibiniana* (Takeda) Ohwi ·134, 463
큰개불알풀 *Veronica persica* Poir. ·············261, 463
큰개여뀌 *Persicaria lapathifolia* (L.) S. F. Gray ······127, 464
큰괭이밥 *Oxalis obtriangulata* Max.··············203, 464
큰구슬붕이 *Gentiana zollingeri* Fawcett ·········237, 464
큰금계국 *Coreopsis Lanceolata* L. ·············282, 464

타래난초 *Spiranthes sinensis* (Pers.) Ames ········327, 465
탑꼴이끼 *Cladonia verticillata* Hoffm.·················408
태백기린초 *Sedum latiovalifolium* Y. Lee ········172, 465
태백제비꽃 *Viola albida* Palibin ·············219, 465
탱자나무 *Poncirus trifoliata* (L.) Rafinesque ··············40
털머위 *Farfugium japonicus* (L.) Kitamura ·········284, 465
털여뀌 *Persicaria cochinchinensis* Kitagawa ········127, 465
털작살나무 *Callicarpa mollis* S.et Z. ·············248, 465
털장구채 *Melandryum firmum* (S. et Z.) Rohrb. for. *pubescens* Ohwi···135, 465
털중나리 *Lilium amabile* Palibin ·············305, 465
털쥐손이 *Geranium eriostemon* Fischer var. *reinii* (Franch. et Savat.) Max. ···205, 465
털진득찰 *Siegesbeckia pubescens* Makino·········297, 465
테두리방귀버섯 *Geastrum sessile* (Sow.) Pouz. ·········338
토끼풀 *Trifolium repens* L. ·····················201
토란 *Colocasia antiquorum* Schott var. *esculenta* Engl. ······379
토마토 *Lycopersicon esculentum* Miller ·················375
톱잔대 *Adenophora curvidens* Nakai ·········277, 465
톱풀 *Achillea sibirica* L. ·····························301
통발 *Utricularia japonica* Makino. ·················440
투구꽃 *Aconitum jaluense* Komarov ·················153
퉁둥굴레 *Polygonatum inflatum* Komarov ········307, 466
튤립 *Tulipa gesneriana* L. ·····························90
튤립나무 *Liriodendron tulipifera* L. ·················129

파 *Allium fistulosum* L. ·····························382

파리지옥풀 *Dionaea muscipula* (L.) Ellis ……………424
파슬리 *Petroselinum sativum* ……369
파인애플 *Ananas comosus* (L.) Merrill……………382
파파메이란드 *Rosa hybrida* Hort. 'Papa Meilland' …34, 466
팔레놉시스 ……107
팔손이나무 *Fatsia japonica* Decne. et Planch. ……53
팥 *Phaseolus angularis* W. F. Wight ……………356
패랭이꽃 *Dianthus chinensis* L. ……133
패오니플로러스 *Hibiscus syriacus* L. ……51, 466
패이미야모토포카이 *Blc.* Faye Miyamoto 'Pokai' ……107
팬지 *Viola tricolor* L. var. *hortensis* Dc. ……45
팽나무버섯 *Flammulina velutipes* (Curt. ex Fr.) Sing. …331, 466
평화 *Hibiscus syriacus* L. ……………51, 466
포도나무 *Vitis vinifera* L. ……356
포인세티아 *Poinsettia pulcherrima* Graham ……………41
표고버섯 *Lentinula edodes* (Berk.) Pegler ……331, 466
표주박 *Lagenaria leucantha* Rusby var. *gourda* Makino …361, 466
푸크시아 *Fuchsia hybrida* Voss ……55
풀솜대 *Smilacina japonica* A. Gray ……316
풀협죽도 *Phlox paniculata* L. ……228
풋베기콩 *Glycine max* Merr. ……354
풍년화 *Hamamelis japonica* S. et Z. ……171
풍란 *Neofinetia falcata* (Thunb.) Hu ……328, 466
풍접초 *Cleome spinosa* L. ……19
프리뮬러 *Primula julian-hybrida* Hort. ……………60
프리지어 *Freesia hybrida* L. H. Bailey ……101
프린세스마가렛 *Rosa hybrida* Hort. 'Princess Magaret of England' …34, 466
플라타나스 *Platanus orientalis* L. ……23
피 *Echinochloa crusgalli* (L.) Beauv. var. *frumentacea* (Roxb.) Wight …404
피그미 끈끈이주걱 *Drosera pygmae*a Dc. ……418
피나물 *Hylomecon vernale* Max. ……163
피라칸다 *Pyracantha angustifolia* Schneid. ……36
피마자 *Ricinus communis* L. ……41
피망 *Capsicum annuum* L. ……375
피뿌리풀 *Stellera chamaejasme* L. ……214
피튜니아 *Petunia hybrida* Hort. ……73
핑크자이안트 *Hibiscus syriacus* L.……………50, 466

하늘나리 *Lilium concolor* Salisb. var. *partheneion* Baker …305, 467
하늘말나리 *Lilium tsingtauense* Gilg. ……………305, 467
하늘매발톱 *Aquilegia flabellata* S. et Z. var. *pumila* Kudo …144, 454
하와이무궁화 *Hibiscus rosa-sisensis* L. ……51, 467
한계령풀 *Leontice microrhyncha* S. Moore ……157
한라구절초 *Chrysanthemum zawadskii* Herb. ssp. *coreanum* (Nakai) Y. Lee stat. nov. …281, 467
한라송이풀 *Pedicularis verticillata* L. var. *holaisanensis* (Hurus.) Y. Lee stat. nov. …264, 467
한련초 *Eclipta prostrata* L. ……300
한삼덩굴 *Humulus japonicus* S. et Z. ……120
한서 *Hibiscus syriacus* L. ……………51, 467
한죽 ……103
할미꽃 *Pulsatilla koreana* Nakai ……154
함박꽃 ……26
함박꽃나무 *Magnolia sieboldii* K. Koch. ……128
해국 *Aster spathulifolius* Max. ……………79, 467

해당화 *Rosa rugosa* Thunb. ……………192
해바라기 *Helianthus annuus* L. ……85
해오라비난초 *Habenaria radiata* K. Spreng.………107, 467
향나무 *Juniperus chinensis* L. ……13
향단심 *Hibiscus syriacus* L. ……………50, 467
향오동 *Catalpa ovata* G. Don ……74
향유 *Elsholtzia ciliata* (Thunb.) Hylander ……257
현삼과 ……260
현호색 *Corydalis turtschaninovii* Besser ……167, 467
협죽도 *Nerium indicum* Mill. ……61
호두나무 *Juglans sinensis* Dode ……342
호랑가시나무 *Ilex cornuta* Lindley ……208
호박 *Cucurbita moschata* Duchesne ……364
호접란 *Phalaenopsis schilleriana* Reichb. f. ……107, 467
홀아비꽃대 *Chloranthus japonicus* Sieb. ……173
홀아비바람꽃 *Anemone koraiensis* Nakai ……149, 467
홍당무 *Daucus carota* L. var. *sativa* Dc. ……368
홍순 *Hibiscus syriacus* L. ……………48, 468
홍초 *Canna generalis* Baily ……108
홍화 *Carthamus tinctorius* L. ……296
화살나무 *Euonymus alatus* (Thunb.) Sieb. ……209
환삼덩굴 *Humulus japonicus* S. et Z. ……120
황매화 *Kerria japonica* (L.) Dc. ……32
황무궁 *Chrysanthemum morifolium* Ram. cv 'Hwangmookoong' …79, 468
황새냉이 *Cardamine flexuosa* With. ……170, 468
황진이 *Chrysanthemum morifolium* Ram. cv 'Hwangjinee' …79, 468
회리바람꽃 *Anemone reflexa* Stephan & Willdenow …149, 468
회양목 *Buxus microphylla* S. et Z. var. *koreana* Nakai………42
흰그늘용담 *Gentiana pseudo-aquatica* Kusnezoff 239, 468
흰꽃이질풀 *Geranium thunbergii* S. et Z. for. *albiflorum* Chung …204, 468
흰꿀풀 *Prunella vulgaris* L. var. *lilacina* Nakai for. *albiflora* Nakai …253, 468
흰넓적잔대 ……276
흰노랑민들레 *Taraxacum coreanum* Nakai var. *flavescens* Kitamura …288, 468
흰돌기광대버섯 *Amanita echinocephala* (Vitt) Quel. …333, 468
흰두메양귀비 *Papaver radicatum* Rott. var. *pseudoradicatum* (Kitagawa) Kitagawa for. *albiflorum* ' Lee …164, 468
흰물봉선 *Impatiens textori* Miq. var. *koreana* Nakai 206, 468
흰민들레 *Taraxacum coreanum* Nakai ……288, 469
흰병꽃나무 *Weigela florida* (Bunge) Dc. for *candida* Rehder …268, 469
흰송이풀 *Pedicularis resupinata* L. var. *resupinata* L. for. *albiflora* Y. Lee for nov. …264, 469
흰씀바귀 *Ixeris dentata* (Thunb.) Nakai var. *albiflora* Nakai …293, 469
흰여뀌 *Persicaria scabra* (Moench) Mold. ……127, 469
흰자주쓴풀 *Swertia pseudochinensis* (Bunge) Hara for. *alba* Y. Lee for. nov. …238, 469
흰작살나무 *Callicarpa japonica* Thunb. var. *leucocarpa* Nakai …248, 469
흰잔대 *Adenophora triphylla* (Thunb.) A. Dc. var. *japonica* (Regel) Hara for. *albiflora* Y. Lee for nov. …277, 469
흰젖제비꽃 *Viola lactiflora* Nakai ……220, 469
흰주름버섯 *Agaricus arvensis* Svhaeff. ex Fr. ……332
흰진교 *Lycoctonum longecassidatum* Nakai ……153, 469
흰진범 *Lycoctonum longecassidatum* Nakai ……153, 469
흰철쭉나무 *Rhododendron schlippenbachii* Max. var. *albiflora* Uyeki …58, 469
히아신스 *Hyacinthus orientalis* L. ……93
히어리 *Corylopsis coreana* Uyeki ……171

■ 도움을 주신 분

김경호 : 숨은길 대표
문순열 : 한국자연사진가협회 회장
박찬수 : 사진가, 조일양행 대표
안승일 : 사진가, 그린스튜디오 대표
이화진 : 한국벌레잡이식물원 원장
한영일 : 사진가

■ 주요 참고 문헌

●《꽃이있는삶 上·下》김대성·오병훈著 반야刊
●《나의꽃문화산책》손광성지음 을유문화사刊
●《大韓植物圖鑑》李昌福著 鄕文社刊
●《독도의우리꽃》김태정著 집현전刊
●《몸에좋은山野草》尹國炳·張俊根著 石悟出版社刊
●《빛깔있는책들 약이되는야생초》김태정著 대원사刊
●《식물도감》이창복감수 (주)은하수미디어刊
●《약이되는한국의산야초》김태정著 국일미디어刊
●《약이되는야생초》김태정著 대원사刊
●《우리꽃참좋을씨고》한국생태조경연구소著 얼과알刊
●《원색도감한국의야생화》김태정著 敎學社 刊
●《原色資源樹木圖鑑》金昌浩·尹相旭編著 아카데미서적刊
●《原色韓國植物圖鑑》李永魯著 敎學社刊
●《趣味의 山野草》(株)月刊さつき硏究所(일본)刊
●《한국민속식물》최영전著 아카데미서적刊
●《韓國樹木圖鑑》山林廳林業硏究院刊
●《韓國野生花圖鑑》김태정著 敎學社刊
●《한국의천연기념물》윤무부 서민환 이유미共著 敎學社刊

식물 도감

펴낸이 / 이홍식   글·사진 / 김완규   기획 / 숨은길
발행처 / 도서출판 지식서관   등록 / 1990.11.21 제96호
주소 / 경기도 고양시 덕양구 고양동 31-38
전화 / 031)969-9311(대)   팩시밀리 / 031)969-9313
e-mail / jisiksa@hanmail.net

초판 1쇄 발행일 / 2004년 7월 1일
초판 7쇄 발행일 / 2019년 10월 5일